云端脚下

从一元二次方程到规范场论

曹则贤 著

世界图书出版公司
北京·广州·上海·西安

图书在版编目（CIP）数据

云端脚下：从一元二次方程到规范场论 / 曹则贤著. —北京：世界图书出版有限公司北京分公司，2021.7（2022.6 重印）

ISBN 978-7-5192-8479-4

Ⅰ.①云… Ⅱ.①曹… Ⅲ.①数学—普及读物 ②物理学—普及读物 Ⅳ.①O1-49 ②O4-49

中国版本图书馆CIP数据核字（2021）第050756号

书　　名	云端脚下：从一元二次方程到规范场论
著　　者	曹则贤
责任编辑	陈　亮　金　博
出版发行	世界图书出版有限公司北京分公司
地　　址	北京市东城区朝内大街137号
邮　　编	100010
电　　话	010-64038355（发行）　64033507（总编室）
网　　址	http://www.wpcbj.com.cn
邮　　箱	wpcbjst@vip.163.com
销　　售	新华书店
印　　刷	三河市国英印务有限公司
开　　本	710mm × 1000mm　1/16
印　　张	18
字　　数	265千字
版　　次	2021年7月第1版
印　　次	2022年6月第3次印刷
国际书号	ISBN 978-7-5192-8479-4
定　　价	99.00元

献　给

徐立华　同学

不妨为人类贡献一点儿数学和物理

没有创造，

天才便不可原谅！

人们有浅薄的惯性，

坚持克服这种惯性的极少数人成就了人类的伟大。

浅薄不该是我们的宿命，浅薄是我们要拒绝的恶习。

$$F_{\mu\nu} = [D_\mu, D_\nu]$$

$$ax^2 + bx + c = 0$$

Necesse igitur est optimum mundum a Deo electrum fuisse.

——Gottfried Wilhelm Leibniz

上苍必然是选择了最好的世界。

——莱布尼兹

目 录

第9章 / 167
群论

作者序

We are all in the gutter, but some of us are looking at the stars.

——Oscar Wilde

我们都身陷阴沟里，但有人仰望星空。

——王尔德

我想写一本垂直的书。具体地，我想写一本描绘从一元二次方程到规范场论的数学和物理演化路径的书。用数学和物理惯常使用的符号语言来说，本书要描绘的是一条从一元二次方程 $ax^2+bx+c=0$ 到标准模型 $SU(3)\times SU(2)\times U(1)$ 理论的概念演化路径，补上发现历程之历史的和心理的缺口，途中要经过复数、超复数、群论等数学型的和电磁学、量子力学、相对论、量子场论、规范场论等物理型的著名景点，还会碰到卡尔达诺（Cardano）、塔尔塔亚（Tartarglia）、欧拉（Euler）、拉格朗日（Lagrange）、阿贝尔（Abel）、鲁菲尼（Ruffini）、伽罗华（Galois）、柯西（Cauchy）、黎曼（Riemann）、凯莱（Cayley）、克莱因（Klein）、哈密顿（Hamilton）、格莱乌斯（Graves）、麦克斯韦（Maxwell）、格拉斯曼（Grassmann）、外尔（Weyl）、薛定谔（Schrödinger）、伦敦（London）、维格纳（Wigner）、内山龙雄（Ryoyu Utiyama）、杨振宁等一干为我们构筑了神奇数理风景的人物。记住这些伟大的名字，记住那些同这些伟大的名字相联系的概念、思想和方程。**天才是上天派到人间的使者，他们用独特的语言为我们讲述自然的奥秘。**从 $ax^2+bx+c=0$ 到 $F_{\mu\nu}=[D_\mu, D_\nu]$ 再到$SU(3)\times SU(2)\times U(1)$，这中间有许多天才的思想，也有一些看似平凡的步骤，可惜在教科书中大多被遗漏了。对于我这个笨人来说，这些恰是困扰我的地方。这些年来，我时常会在从事糊口型劳作之余试图建立起那些丢失了的细节，一旦弄懂了一点儿我就喜不自胜。这种经历伴我度过了很多年的孤独岁月。每当我打通一个小关节，我都会诧异于人家是怎么轻松想到了的。某一天，我发现了一个惊天的秘密，就是那些伟大的人物之所以那么轻松地就成就了他们的伟大，不只是因为聪明，最重要的是人家很早的时候就念过正经的、有学问的书。他们生来注定要伟大，他们所受的教育指向伟大，在成长的岁月里他们一直有伟大的自觉。

记得是 1978 年夏季某日，12 岁乡间少年的我在自家房后的河岸上捡到了半张揉皱了的《参考消息》，在那上边看到了胶子、夸克、非阿贝尔群等奇怪的字眼，天书一般。那年秋，我开始接触到一元二次方程，令我感到新奇因而印象深刻的是那个 b^2-4ac。1994 年闲来无事时，我在德国凯撒斯劳滕（Kaiserslautern）大学物理系的图书馆里思考高阶代数方程的解法（那时候要靠在图书馆找资料）。面对一元五次方程没有有限根式解的说法，我自己推导出了拉格朗日对称多项式，然后试图用方程 $x^n=1$ 的根张开的空间构造解的一般形式，然后，然后就一筹莫展了。后来我知道，法国小青年伽罗华在 1830 年前后就解决了这个问题，并深刻地影响了数学的发展。让我大受刺激的是，伽罗华辞世时也才不足 21 周岁，也就是说，人家是在 20 岁以前就学会了解决这些问题的系统知识的。我呢，我 20 岁以前学过什么代数方程的知识？b^2-4ac？

这件事一直压在我心头。虽然这些年来我拉拉杂杂地学过晶体群，读过群论在量子力学中的应用、抽象代数，但也一直没有把五次方程没有有限根式解相关的学问弄通过。2017 年，我不想再这样糊弄自己了。哪怕因为不务正业砸了饭碗，我也要把这个问题理理清楚。不把这个问题弄清楚，心里不敞亮。这本小书，可以说就是记录了我为了弄懂一元二次方程从而一路学到规范场论的笔记，当然还有一些个人思考。有些思考是我个人得来的收获，我也不揣鄙陋写进了书里。我这么说是因为我真不知道此前有相关文献。若有人发现在此前的某个文献里有相关论述，盼不吝指教以正视听。

这本书的内容涵盖我误以为小时候就学会了的一元二次方程直到我现在清楚地知道我也不甚了了的规范场论，这中间经过一元三次、四次方程的解法，一元五次方程的没有代数解的证明，抽象代数特别是群论的发展，复数（复分析）及其在物理学中的应用，四元数与八元数这些超复数，群的表示与应用，电磁学理论、广义相对论与量子力学，等等。本书，以及其他的拙著，唯一的限制来自作者本人的水平、眼界与品位。在我写作的时候，我从来都是预设读者们都是好学之士（mathematician 的本义）的。面对这些内容，少年（无关岁数）朋友们完全不必心生怯意，这本书是为你们写的，我会努力让你们看懂的。本书的内容对你们有益，最重要的是，我认为这是每个人在 20 岁前就该学会的——至少你要学过。我再强调一遍，本书的关键内容之一，代数方程理论，是差不多 200 年前一个法国中学生为我们于仓促间创造的。面对本书的内容，教授朋友们也完全不必心生鄙夷。我个人的经历是，哪怕是我第一天上算术课就开始学的加法，也是 deceitfully simple（具有欺骗性地看似简单），有很多我没认识到、即便认识到也可能理解不了的内容。学问的深浅，取决于学习者自身境界的深浅，这真是一件有趣好玩的事儿。

从一元二次方程到规范场论，对于作者本人来说，就是脚下与云端了。我生长于泥泞之中，不止是雨天上学的路上满是泥泞，我读到初三时课桌还是泥垒的呢。脚下有泥，天上有云，我不想让我的双脚总停留在泥泞中。所谓“人在泥里，气在云端”，这真是一句鼓舞人心的话。就学数学而言，$ax^2+bx+c=0$ 就是脚下泥泞的开始了，可是它里面隐藏着通向云端的学问。云泥作对照，古已有之。拿我 1978 年学过的一元二次方程课本，对比拉格朗日 1770 年的《关于方程代数解的思考》（*Réflexions sur la Résolution Algébrique des Équations*），所谓云泥之别、高下立判就是这个景象吧。而在我试着阅读拉格朗日这本经典的时候，果然有“乘云行泥……何尝不叹”（语出范晔《后汉书》）的感觉。所谓受过教育的人啊，总要多多地去读一些深刻的书才好。

这本书如我从前的著作，依然会关注所讲述对象的历史。一门学问发生的历史，必然暗含它的内在逻辑，虽然成熟学问的逻辑关系未必是其历史的再现。学问要严谨，历史则是学问的联络。本书试图体现的是学问自身发展的逻辑，而对人的提及则着眼于未来科学家的培养，那些学问家与其所创造的具体学问之间的关联、相遇绝不是偶然的，那中间的联系至少是放言有能力培养科学家的人该关注的地方。我总认为，给初学者的数学和物理的好教科书应当是七分学问、三分历史。这是我的观点，我的著作受我的观点支配。本书每一章前除了摘要和关键词，还会列出相关的关键人物，这也算是鲁莽的创举。一本好书首先必须是一件艺术品。其次，一本学术书必须有学术的品位。这本书，一如我从前的和未来的书，严格按照学术著作的格式撰写。我们的少年，尤其是立志成为科学家的少年，要从小习惯于科学范式，早早受到严格的学术训练。读书，要读真是书的书。

借助这本书，我还想传达一个被蔑视了的，也许只是被忽视了的观念，即数理一家。从前的数学家、物理学家是一个人的角色，那些有能力认识自然从而为我们创造物理知识的人，大多是数学达人甚至本身也是数学的缔造者，having a visionary with the deepest sense of mathematics。实际上，如果我们检视一下科学发展的历史，就会发现从前的数学和物理很多是共生的、相纠缠的。笔者多年修习物理最惨痛的教训是，没有基本的数学功底那物理就是一团迷雾，这种感觉在初学量子力学和相对论时特别强烈。我希望我们的物理课程还能多少沾上一点儿从前的古典传统，把数学、物理、哲学放在一起参详。譬如煮粥，大米小米玉米碴儿，红豆绿豆蚕豆瓣儿，放一起，熬成一锅的紧致绵密、浑然一体，求的是能融会贯通、涵气养神。2019 年，承朋友襄助，笔者在一所高校开启了“学不分科”讲座，就是为了传达这种理念。后来这个名称被散播了开来，看来不乏心有戚戚之人。啥叫专业？广袤背景上的过人之处，那才叫专业。

我一如既往地拒绝认为本书内容太难的评论。这本书确实很难，首先对笔者来说就很难，否则笔者也不会花了数年的时间才将它写成。可是，畏难不是必然会造成我们的浅薄吗？恰恰是因为笔者在从前求学和做学问的过程中学的东西太浅，浅薄得愧对祖宗，才有了如今深深的愧意以及愧意催生的这本书。其实，以我的能力，我能介绍的这些远远谈不上高深。这本书里的内容，可多是 100 年前甚至 200 年前人家少年的创造物啊。我们得有怎样的勇气才好意思嫌它难呢？心灵，应该朝高远处悠荡。

不要强求读懂一本书所有的内容。内容能完全读懂的书是不值得读的，或者说对做学问是没有帮助的。一本书应该含有一些一时读不懂的内容，一时不易弄懂但又有必要弄懂的内容才是一本书的价值所在。理解当前内容的钥匙在下一个高度上。学习如登山，总要登到力所不逮处才肯停歇。即便这停歇时，也请不要放弃向更高处的张望。知识的疆域不是平的。居高临下是观风景的正确打开方式之一：**会当凌绝顶，一览众山清楚**。

可能是因为作者表述不到位，也可能是因为自己理解不到位，遇到一下子读不懂的书那是学者的日常。在不能一遍就懂的时候你一定要坚持读下去。读完一本完全不懂的书是一个读书人的基本素养，而坚持读完一本打开了的书也是读书人对自己的礼赞。多年前，我一个希腊语的字儿都不认识，但我数着字母读完了柏拉图的《蒂迈欧篇》(*Τίμαιος*)。读完了再看那希腊语文本，字儿固然还是不认识，但感觉亲切多了。

绝大部分人类已有的数学、物理知识，就物理而言也许超过 80%，还未进入中文世界，还未为我们所认识，遑论应用之，发展之。数学相较而言可能更严重、也更不严重。数学是显性的，它的成果可以都体现在纸面上，而物理学却具有更多水面以下的东西。物理学是水中的冰山，露出头的只是一角。对一门学问最好的敬重，是学会它，应用它，延伸它，深化它直至最后使它成为历史的遗迹。不要用静止的、单纯的眼光看待一门学问，要学会看到每一门学问后面的艰辛（它教你如何做学问）和前方的无限风景（它教你往哪里做学问）。

多少基础知识，我只学了个皮毛，更多的是闻所未闻。幸亏，我没无知到以为天下知识只有我知道的那么一点儿那么愚蠢的地步。多少未曾认真学过一天数学的人在真诚地叫嚣数学很难学。只有深入地学习过数学的人，才能真正理解数学的艰难所在，而这时的他对数学已爱得不能自拔。数学的魅力，是任何有思想的人都无法抗拒的。

总有人指望学习低配版，总有人试图教给别人简化版，愚以为这可不是什么好习惯。学问就该以学问本来的面目呈现到我们面前。删减了的学问，不是简化不简化的问题，而是不完备的问题。没有完备，就没有正确理解。太多的问题，不理解还因为我们未曾深入过。每一个水滴都联系着大海，蕴藏着整个大海的信息。本书里遇到的每一个主题，都有大海一样的宽广与深邃。把你扔到深水里挣扎，让你学会在风浪里搏击，那才是教育的艺术。

知识的贫穷限制了我们的想象力，但是受过一定程度教育的人应该告诉后来者在远处、高处有更多、更美的风景，甚至有那些我们只是道听途说但未曾亲临也无力想象的风景。多少人不过学了几年加减乘除外加数理方程微分几何就以为自己懂得了加减乘除。每当我看到 b^2-4ac，我就会想起童年的我自己。因式分解是我小时候做过最认真的事情，没有之一，那就是解代数方程的基本功啊。那些无人教诲的岁月，那些无处安放的好奇心，都在贫瘠的土地上随风扬长而去。

亲爱的朋友，不要害怕读不懂。当你捧起这本书的时候，你已经不是原来的你了。如果你发现你还是你，那请你耐心地把这本书读完再说。作为这本书的作者，本书所涉及的许多内容我也不懂，可我依然决定写这样一本书，我想用这样的一本书来安慰那些个从前不同时刻的我。那个可怜的小男孩，曾经的我，那时候没有书，没有老师，只有无知的眼里浓得化不开的懵懵懂懂。

这是一本导引性的小书，an introductory booklet。Introduce, intro（往里）+ducere（导引），就是领入门。其实正确的说法是我恍惚置身一个看似是门的地方，向你指点许多个可能是门的地方。从这本书你会看到一条断断续续的从脚下到云端的小路，云端之上有更广阔的天地。从泥泞的脚下到旷远的云端是一条真实的路，因为抽象而比真实更加真实。我非常笨，任何跳跃我都跟不上，都需要补足。也为此，我写书总喜欢把历史的、逻辑的步骤给补齐了，免得跟我一样笨的读者看不懂。我不可能在这样的一本书里深入讲述我提及的所有主题。但是，你请注意，我提及了（Yet I mentioned it!）。那意味着我知道了点儿什么。那意味着，这个世界存在那样的学问，（对我而言）很深的学问。那是人类中的精英带给人类的宝贵财富。学会她，赞美她！**赞美自然，赞美知识的创造者，赞美热爱知识的我们自己。**依科学史而观之，每一个时代，都有零星的不那么猥琐。

写书的人，大概只能欺负或者怜悯青少年朋友知识之暂时不足。所以，一本书欲图见功，还得指望读者的合作意愿（sympathetic willingness to cooperate is expected from the reader）。一本书，当然是写给那些愿意读它、想从中学到点儿什么的人的。博学如大神海尔曼·外尔也明言其经典著作《经典群》（*The Classical Groups*）不是写给对相关内容烂熟于胸的傲骄又博学的人的（rather than for the proud and learned who are already familiar with the subject）。关于这本书的缺点，我自己都忍不住要批评。但是，我还是觉得，无所助益的批评是无意义的。这本书的所有缺点，无它，都来自作者的力有不逮，这在最后两章尤为明显。

本书撰写过程中，笔者有幸阅读了部分真大学者之原始文献，时常得享抓耳挠腮的喜悦。其间的感慨之一，便是这些大学问者之文采斐然，所谓“不求其成文，而文生焉者，文之至也”。故而阅读真学问家之文章，不独可以窥见其学识之渊博，亦可浸染其文意之隽秀。我希望，此书面世之后，吾中华少年在解一元二次方程的时候，手边的参考书能是拉格朗日的《关于代数方程解的思考》和克莱因的《二十面体与五次方程解教程》之类的典籍。

庄子《外篇·刻意》云:“刻意尚行，离世异俗，高论怨诽，为亢而已矣；此山谷之士，非世之人，枯槁赴渊者之所好也。”好吧，我就是枯槁赴渊者，我不跟命运别扭。关于书的命运，我觉得书的命运就是作者的命运，虽然法国人说过一本杰作（本书不是）出版以后就有了自己的命运，与作者无关了。作者应该在工作的乐趣和去除了思想负担的释然中找到回报而不问其他，管它是赞扬还是非难，失败还是成功。某智者云，他写这些书除了自娱自乐以外若还有任何想法他都是三倍的傻蛋——这个态度我很赞赏。本书的学术价值，我个人认为在于补（通）足（告）从一元二次方程到规范场论之间的知识断层，其社会意义在于给中国未来的学子介绍那些把学问从脚下做到了云端的榜样。

这本书的风格，如果谈得上有什么风格的话，就是聊家常话。聊作者的困惑、思考、惊喜与感慨，捎带着分享找到的原始文献。有作者认为一本好书应该让读者读完后有成就感和美的感觉。成就感好说。一个人若能坚持读完这本书，知道 $\mathrm{Gal}(K/F)$ 和 $SU(3)\times SU(2)\times U(1)$ 的字面意思，就足以有点儿成就感了。至于美的感觉，这个却让人为难了。成就一篇美文，哪怕是对数学、物理著作而言，也是著述第一义，却也是极难达到的境界。著述者有此意识，也十分地努力过了，结果未能差强人意，那也是没法子的事儿。范晔所谓“此书行，故应有赏音者”，这得算是许多作呕心沥血状的作者的愿望吧。

我的书，期待“风神颖悟，力学不倦”的少年。

2017 年 05 月 14 日 动笔

2020 年 09 月 13 日 完稿

PS. 建议读者从第二章开始读起，遇到不懂的地方可跳过去，坚持读完，返回头仔细阅读第一章导论以后再开始第二遍。有足够数理基础的朋友可自行选取合适的阅读策略。本书尽可能提供相关主题的关键原始文献，其中非英文的文献名会翻译成中文，以供读者决定是否查阅。感谢曹逸锋同学拨冗阅读了本书的初稿并给出了有益的修改意见。

第1章 导言

Natura non facit saltus.

—— Gottfried Wilhelm Leibniz

大自然不玩跳跃。

——莱布尼兹

物理学是理解自然的学问，希腊文的物理，φυσις，本意就是自然，而我们的老祖宗也认为“物理固自然”（杜甫语）。一如整体的人类文明，物理学的进展是伴随着数学作为它的语言同步进行的，一定程度上是以数学的进展为前提的。历史上数学、物理是一家，关于这一点在修习经典力学——包括光学和流体力学——的时候感觉特别明显，微分和变分计算是经典力学的数学前提。物理和数学的分家，甚至两者内部之狭窄区域间也变得老死不相往来，固然有学问分化的客观原因，恐怕更多的是因为人之主观取舍。数学家不关注数学是物理一部分的事实，可能只是嫌麻烦，而物理学家们不关心数学的有效性与严谨性，可能只是嫌麻烦，也可能有其他的因素在作祟。然而，不管数学家与物理学家的心性如何变化了，物理学要用数学表达，要仰仗数学来完成公理化、系统化从而得到升华的事实却不会改变。

缺乏足够的数学知识是学物理者学物理时遭遇的最大障碍，未清晰阐述物理背后的数学主线是某些物理教科书天然的缺陷。笔者亲身体会之一可资为例，不识普通三维世界矢量是四元数的虚部以及如何用四元数表示转动，稍微严肃一点儿的量子力学文本读来都会让人茫然无头绪。

量子力学（量子场论）、广义相对论、规范场论是一般物理系的学生也会望而却步的学问，它们的典型特征是其中有艰深数学的广泛应用。对这些艰深的数学，青年时期即已融会贯通，中年时期便运用自如，几乎是那些近代杰出物理学家的标准范儿，我们普通人却只有望洋兴叹的份儿。

将物理学的大概内容，包括经典力学、经典光学、热力学与统计力学、电磁学（电动力学）、量子力学、相对论和规范场论等等，放到一起参详，吾等智力平平之人固然不能指望有所创建，但或许能瞥见那里面若隐若现的一些物理理论赖以成为理论的数学内容。将这些粗浅的认识脉线说出来，无论对错，都可能有益于后来者的学习。

本书从代数方程讲起，先谈论如何解一元二次方程、三次方程、四次方程以至五次方程遭遇代数不可解的问题。代数方程首先带来整数→

有理数→实数这样的数域扩展，在解三次方程时不得不接受 $\sqrt{-1}$ 的存在，从而有实数到复数的数域扩展，但也是从一元数到二元数的数系扩展。由复数引来复变函数、复分析、复几何等内容。由二元数引出了四元数、八元数这些数系，有关于可除代数的胡尔维茨定理。四元数引出了标量和矢量的概念，四元数可用来表述转动。由四元数经矢量分析、扩展的学问、线性结合代数发展出了线性代数，这可是理科学生的必修课程，是近代物理的基础之一。由一元五次方程代数不可解问题引出了群的概念，当然群的概念也来自几何、分析和数论。群论帮助构造了代数方程理论，作为必要的表达工具它也是量子力学和相对论的基础。熟悉了二元数（复数）、四元数和群论的语言，可以更好地理解量子力学和狭义相对论。有了一点儿量子力学和狭义相对论的基础，配合在微分几何、场论基础上习得的广义相对论知识，容易顺着外尔（1918）→薛定谔（1922）、伦敦（1927）、福克（1927）→外尔（1929）→杨振宁-米尔斯（1954）→肖（1955）、内山龙雄（1956）→杨振宁（1974）这条时间线学得一点儿规范场论的皮毛。这里是掺杂着我的情感的我的粗浅理解，希望能有益于读者。我就是想告诉未来的少年们，世上有这些知识，而且这些知识的发展脉线大体是这样的 (图 1.1)。如果我们愿意，我们能学会，哪怕是只学会一点点，那也很好。

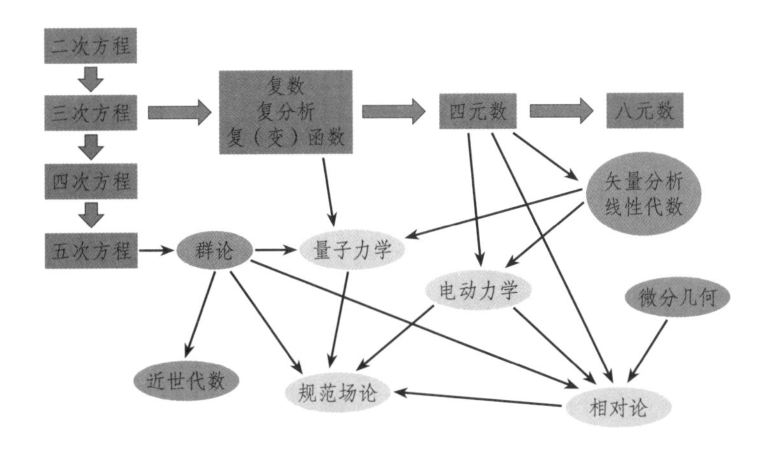

图1.1　本书相关内容关系图

本书涉及的部分代表性表达式罗列如下：

一元二次方程：$x^2+bx+c=0$，解为 $x_{1,2}=-\frac{b}{2}\pm\sqrt{\left(\frac{b}{2}\right)^2-c}$。形式解为

$$x_{1,2}=\frac{1}{2}\{(x_1+x_2)+[\pm1\times\sqrt{(x_1+x_2)^2-4x_1x_2}]\}$$

一元三次方程：$x^3+px+q=0$，解之一为

$$x_1=\sqrt[3]{-\frac{q}{2}+\sqrt{\frac{p^3}{27}+\frac{q^2}{4}}}+\sqrt[3]{-\frac{q}{2}-\sqrt{\frac{p^3}{27}+\frac{q^2}{4}}}$$

复数：$z=a+\mathrm{i}b$，$z=r\mathrm{e}^{\mathrm{i}\theta}$（其中 $\mathrm{i}^2=-1$），$z=\begin{pmatrix} x & -y \\ y & x \end{pmatrix}$，$z=x+\sigma_1\sigma_2 y$

四元数：$q=a+b\mathrm{i}+c\mathrm{j}+d\mathrm{k}$，$q=\begin{pmatrix} a+\mathrm{i}b & c+\mathrm{i}d \\ c-\mathrm{i}d & a-\mathrm{i}b \end{pmatrix}$

八元数：$x=x_0\mathrm{e}_0+x_1\mathrm{e}_1+x_2\mathrm{e}_2+x_3\mathrm{e}_3+x_4\mathrm{e}_4+x_5\mathrm{e}_5+x_6\mathrm{e}_6+x_7\mathrm{e}_7$

群最大正规子群合成列：$G=H_0\supset H_1\supset\cdots\supset\{e\}$

$$A\to A'=A+\nabla\chi$$

规范理论：$\varphi\to\varphi'=\varphi-\frac{1}{c}\frac{\partial\chi}{\partial t}$

$$\psi\to\psi'=\psi\exp(\mathrm{i}e\chi/\hbar c)$$

$$\gamma=\frac{h}{2\pi\sqrt{-1}}$$

$$D_\mu=\partial_\mu+\Gamma_\mu(x)+\frac{\mathrm{i}e}{\hbar c}A_\mu(x)$$

$$F=\partial\wedge A+A\wedge A$$

$$F_{\mu\nu}=[D_\mu,D_\nu]$$

标准模型：$SU(3)\times SU(2)\times U(1)$

能将这些表达式各自的相关内容补齐，把故事用公式从 $ax^2+bx+c=0$ 一路讲到 $SU(3)\times SU(2)\times U(1)$，是本书对作者本人、对读者的预期。

为了迅速获得对本书全貌的一个大概了解——了解大概以后细节探究才能做到有的放矢，建议读者先浏览下面的内容概览。在阅读完相关

的章节时，请留心此处强调的关键内容。

代数一词来自花剌子模，意思是移项后等式两端恢复平衡；方程的中文原意是线性方程组，西文（Equation；die Gleichung）意思是相等、等式。对于多项式方程 $x^n + a_1x^{n-1} + \cdots + a_{n-1}x + a_n = 0$，建议把变量 x 看成具有长度量纲 [L] 的物理量，则系数 $a_1, a_2, \cdots, a_n$ 及其组合都有相应的量纲 $[L]^k$。求解过程中出现的任何表达式，相加（减）的项具有相同的量纲。方程 $x^n + a_1x^{n-1} + \cdots + a_{n-1}x + a_n = 0$ 总可以利用切恩豪斯变换改写成 $x^n + a_2x^{n-2} + \cdots + a_{n-1}x + a_n = 0$ 的形式，x^{n-1} 项缺省。

一元二次方程

系数为有理数的一元二次方程，$x^2 + bx + c = 0$，古巴比伦时期即有公式解 $x_{1,2} = \dfrac{-b \pm \sqrt{b^2 - 4c}}{2}$。方程解可为无理数。若 $\Delta = b^2 - 4c < 0$，则遇到 $\sqrt{-1}$ 的问题，方程无解。此方程可用平面几何图解。将方程改写成 $(x - x_1)(x - x_2) = 0$ 的形式，得基本对称多项式 $s_1 = x_1 + x_2$，$s_2 = x_1x_2$。由 $(x_1 - x_2)^2 = s_1^2 - 4s_2 = b^2 - 4c$，根可用待得到的根表示，为 $x_{1,2} = \dfrac{1}{2}\{(x_1 + x_2) + [\pm 1 \times \sqrt{(x_1 + x_2)^2 - 4x_1x_2}]\}$，$\pm 1$ 为方程 $x^2 = 1$ 的根，由此可见方程结构的深意。

一元二次方程启发我们，对于多项式方程：1. 系数可表示为根的对称多项式，伴随着正负号的交替；2. 用根之差的乘积 $\delta = \prod_{j<k}(x_j - x_k)$ 构造判别式；3. 用待求的根来表示根；4. 根的表示中会用到分圆方程 $x^n = 1$ 的根，算法是内积；等等。

一个整数系数的一元二次方程，就足以引出诸多博大精深的内容。例如，$x^2 - x - 1 = 0$ 的根 $(\sqrt{5} + 1)/2$ 之倒数 $(\sqrt{5} - 1)/2$，为黄金分割数。黄金分割数同斐波那契数列相关联，那里面隐藏着诸多自然过程的奥秘。

简单的一元二次方程和高深的规范场论其实有很好的类比。$x^2+bx+c=0$ 中含一次项 bx，总可以经切恩豪斯变换而变成 $x^2=c$ 这样的简单二次型的形式，笔者以为这应该也是一种规范自由度。进一步地，在 $c>0$ 的情形，加入尺度变换 $x \to \sqrt{c}x$，方程变为 $x^2=1$ 的样子 (这暗示了 $x^n=1$ 的解对求解一般代数方程的意义)。反过来说，二次型 $x^2=c$ 可添加一次项而成 $x^2+bx+c=0$ 的样子。未来的规范场论，是将关于时空结构的微分 2- 形式加上关于电磁相互作用的微分 1- 形式的叙事，本质上都是二次型如何纳入一次项的问题。

一元三次方程

一元三次方程的一般缺项形式为 $x^3+px+q=0$，有卡尔达诺解公式

$$x_1=\sqrt[3]{-\frac{q}{2}+\sqrt{\frac{p^3}{27}+\frac{q^2}{4}}}+\sqrt[3]{-\frac{q}{2}-\sqrt{\frac{p^3}{27}+\frac{q^2}{4}}}$$

此外有胡德法得到同样的结果。解法的本质是将解表示为两个未知数之和，得到一个一元二次方程。当 $(\frac{p}{3})^3+(\frac{q}{2})^2<0$ 时，又遇到 $\sqrt{-1}$ 的问题，不得已要接受 $\sqrt{-1}$ 存在的事实。欧拉（Leonhard Euler, 1707—1783）记 $\sqrt{-1}=\mathrm{i}$，为单位虚数。形如 $a+\mathrm{i}b$ 的数为复数。方程另两根为

$$x_2=\omega\sqrt[3]{-\frac{q}{2}+\sqrt{(\frac{p}{3})^3+(\frac{q}{2})^2}}+\omega^2\sqrt[3]{-\frac{q}{2}-\sqrt{(\frac{p}{3})^3+(\frac{q}{2})^2}}$$

$$x_3=\omega^2\sqrt[3]{-\frac{q}{2}+\sqrt{(\frac{p}{3})^3+(\frac{q}{2})^2}}+\omega\sqrt[3]{-\frac{q}{2}-\sqrt{(\frac{p}{3})^3+(\frac{q}{2})^2}}$$

其中

$$\omega=\frac{-1+\mathrm{i}\sqrt{3}}{2},\quad \omega^2=\frac{-1-\mathrm{i}\sqrt{3}}{2}$$

或者

$$\omega=\frac{-1-\mathrm{i}\sqrt{3}}{2},\quad \omega^2=\frac{-1+\mathrm{i}\sqrt{3}}{2}$$

引入了 $\sqrt{-1}=\mathrm{i}$，则当 $\Delta=b^2-4c<0$ 时，一元二次方程有解

$$x_{1,2}=\frac{-b\pm \mathrm{i}\sqrt{|b^2-4c|}}{2}$$

复数解必以共轭对 $\alpha+\mathrm{i}\beta$，$\alpha-\mathrm{i}\beta$ 的形式出现。这其实是说，$\sqrt{-1}=\pm\mathrm{i}$。韦达法利用恒等式 $\cos(3\theta)=4\cos^3\theta-3\cos\theta$，不具有一般性意义。

一元四次方程

一元四次方程常见于求圆锥曲线交点问题。方程 $x^4+cx^2+dx+e=0$ 有三个自由参数，费拉里、笛卡尔、欧拉、贝佐、拉格朗日和拉马努金等都给出了别出心裁的解法，但万变不离其宗，都是寻找三阶的辅助解式方程。拉格朗日系统地分析了四次方程的解法，引入了对称多项式和解式方程的概念，指出根的置换性质是理解方程代数可解性的关键。

一元五次方程

一元五次方程可以一直约化到布灵形式，$x^5+px+q=0$，但给出根式解的尝试都失败了。欧拉发现 $x^5-5px^3+5p^2x-q=0$ 形式的五次方程可解，范德蒙和瓦林开始怀疑五次多项式方程是否有公式解。拉格朗日对根的置换作了深入讨论，认识到方程的代数可解性依赖于解的置换对称性。方程可解在于找到一个合适的方程根的有理函数作为辅助解式，这个策略对五次多项式方程失效。将 n 次多项式方程的 n 个根与分圆方程 $x^n=1$ 的 n 个根，作矢量内积然后求其 n 次方，结果如下：

二次方程	$(x_1-x_2)^2$	2个根2种置换只得出1个值
三次方程	$(x_1+\omega x_2+\omega^2x_3)^3$	3个根6种置换只得出2个值
四次方程	$(x_1+\mathrm{i}x_2+\mathrm{i}^2x_3+\mathrm{i}^3x_4)^4$	4个根24种置换只得出3个值
五次方程	$(x_1+\zeta x_2+\zeta^2x_3+\zeta^3x_4+\zeta^4x_5)^5$	5个根120种置换得出24个值

到五次方程，事情突然变得可怕了。

1799 年意大利人鲁菲尼试图证明五次方程代数不可解，1824 年挪威人阿贝尔证明了通用求根公式不存在。Abel-Ruffini 定理断言：“五次及五次以上的一般多项式方程没有代数通解，即用加减乘除和有限根式表达的解。”到了 1830 年，法国数学天才伽罗华彻底解决了五次多项式方程何时可以有根式解的问题，引入了群的概念，发展出了伽罗华理论。这里的思想转变是，从根而不是系数的角度去考察方程的可解性，即研究方程的结构。

伽罗华理论关于五次及五次以上方程代数不可解的证明从根的置换出发。根的置换构成群。群有最大正规子群，对一个群可构造其最大正规子群合成列，$G = H_0 \supset \mathrm{H}_1 \supset \cdots \supset \{e\}$，如果合成列的指数都是素数时（商群都是阿贝尔群），该伽罗华群才是可解的，相应的代数方程是可解的。对于群 S_n，$n \geqslant 5$，群 S_n 的第一个最大正规子群一定是交替群 A_n，而交替群 A_n，$n \geqslant 5$，是单群，不可解。具体地，一般五次方程的根置换群为群 S_5，群 S_5 的最大正规子群是阶数为 60 的交替群 A_5，60 不是素数。

阿诺德通过考察参数环路的对易式 $[\gamma_1, \gamma_2] = \gamma_1\gamma_2\gamma_1^{-1}\gamma_2^{-1}$，用拓扑学证明了五次方程的根式解必是无限嵌套的。

五次及更高阶方程解

五次及更高阶方程一般没有有限根式解，但可利用特殊函数求解。当且仅当其伽罗华群包含于 20 阶弗罗贝尼乌斯群 F_{20} 中时，五次方程有根式解。克莱因（Felix Klein, 1849—1925）将解五次方程同正二十面体对称性的研究联系起来。可解的五次、六次方程，解的过程与结果也是特别繁杂的。比如方程 $x^5 = 2625x + 61500$，其解为 $x_{j+1} = \varepsilon^j \sqrt[5]{75(5+4\sqrt{10})} + \varepsilon^{2j}\sqrt[5]{225(35-11\sqrt{10})} + \varepsilon^{3j}\sqrt[5]{225(35+11\sqrt{10})} + \varepsilon^{4j}\sqrt[5]{75(5-4\sqrt{10})}$，$j=0, 1, 2, 3, 4$。阿诺德等人研究过七次方程的解。

欧拉研究了无穷阶方程的解，却得到了级数和

$$\frac{1}{1^2}+\frac{1}{2^2}+\frac{1}{3^2}+\cdots=\frac{\pi^2}{6}$$

诸般神奇结果。

代数基本定理断言 n 次代数方程有 n 个复数解，实系数代数方程复数根以共轭对的方式出现。

不能作为代数方程解的实数称为超越数，e 和 π 都是超越数。

复数

解代数方程引入了复数 $z=x+\mathrm{i}y$，$\sqrt{-1}=\mathrm{i}$。复数 $z=x+\mathrm{i}y$ 对应于复平面上的一个点。复数有

$$z=x+\mathrm{i}y,\ z=r\angle\theta,\ z=r\mathrm{e}^{\mathrm{i}\theta},\ z=\begin{pmatrix}x & -y\\ y & x\end{pmatrix},\ z=x+\sigma_1\sigma_2 y$$

等多种表示。虚数 i 的几何意义同垂直方向上的运动相关联。虚数 i 作为算符的意义是平面内转动 $\pi/2$，$\mathrm{e}^{\mathrm{i}\pi/2}=\mathrm{i}$。欧拉公式 $\mathrm{e}^{\mathrm{i}x}=\cos x+\mathrm{i}\sin x$ 足够神奇，而 $\mathrm{e}^{\mathrm{i}\pi}+1=0$ 则被誉为最美数学公式。复数用于三角函数证明势如破竹。复数可用于平面几何证明，一目了然且信息量大。比如，将三角形的顶点记为 z_1,z_2,z_3，则三角形的中心对应点 $z=(z_1+z_2+z_3)/3$。

复数作为变量的函数是复变函数，复变函数的解析性是非常强的约束。解析的柯西-黎曼条件为

$$\frac{\partial f}{\partial \bar{z}}=0;\ \frac{\partial u}{\partial x}=\frac{\partial v}{\partial y},\ \frac{\partial u}{\partial y}=-\frac{\partial v}{\partial x}$$

一个复变函数是解析的，意味着其环路积分为零：

$$\oint_C f(z)\mathrm{d}z=0,\ f^{(n)}(z)=\frac{n!}{2\pi\mathrm{i}}\oint_C\frac{f(\zeta)}{(\zeta-z)^{n+1}}\mathrm{d}\zeta$$

复变函数积分让我们能计算一些几乎无法下手的实变量函数的积分。复数还用于解常微分方程。基于复数的傅里叶级数

$$f(x)=\sum_{n=0}^{\infty}[a_n\cos(nx)+b_n\sin(nx)]$$

和傅里叶分析

$$F(\omega)=\int_{-\infty}^{\infty}f(t)\mathrm{e}^{-\mathrm{i}\omega t}\mathrm{d}t$$

贯穿物理学的发展史，后者也构成一个数学分支。类似地，还有拉普拉斯变换

$$F(s)=\int_{0}^{\infty}f(t)\mathrm{e}^{-st}\mathrm{d}t$$

其中 s 是复数。复分析、复几何等都是令人炫目的数学领域。许多物理量也都更倾向于用复数表示，基于复数的代数方程和微分方程进入物理，极大地促进了物理学的发展。量子力学的波函数 ψ 是时空的复值函数，希尔伯特空间是复数域上的复值函数矢量空间，薛定谔方程 $\mathrm{i}\hbar\partial_t\psi=H\psi$ 不过是在系数中引入虚数 i 的扩散方程，而将波函数及其共轭当成变量的拉格朗日量、哈密顿量出没的物理理论首先是复变函数理论。复数总是以共轭对的面目出现的，这关联着许多种不同的对偶性。对偶性会带出不确定性原理，量子力学中的海森堡不确定性原理是其一，数学中早就有详细阐述。相对论的时空可写成 $(\mathrm{i}ct, x, y, z)$ 的形式，这是双四元数。

四元数与八元数

复数 $z=a+b\mathrm{i}$ 中的加号只有符号意义。哈密顿认为复数就是二元数 (a, b)，其加法和乘法的运算规则才是本质。四元数 $q=a+b\mathrm{i}+c\mathrm{j}+d\mathrm{k}$，其中 $\mathrm{i}^2=\mathrm{j}^2=\mathrm{k}^2=\mathrm{ijk}=-1$，$\mathrm{ij}=-\mathrm{ji}$，$\mathrm{jk}=-\mathrm{kj}$，$\mathrm{ki}=-\mathrm{ik}$，是哈密顿对二元数的推广，其实部为标量，三个虚部构成三维世界矢量，可用于表示速度、电场等。四元数乘积不满足交换律，$q_1q_2\neq q_2q_1$，四元数构成可除代数。由四元数乘积 $(0,\mathrm{v}_1)(0,\mathrm{v}_2)=(-\mathrm{v}_1\cdot\mathrm{v}_2,\ \mathrm{v}_1\times\mathrm{v}_2)$，引入了矢量点乘和叉乘的概念。用四元数可轻松证明四平方数恒等式。

四元数还可表示为 $q=|q|(\cos\varphi+\hat{n}\sin\varphi)$，通过共轭操作 $\mathrm{v}'=q\mathrm{v}q^{-1}$

描述矢量的转动；可表示为 2×2 矩阵 $q=\begin{pmatrix} a+\mathrm{i}b & c+\mathrm{i}d \\ c-\mathrm{i}d & a-\mathrm{i}b \end{pmatrix}$，基就是 2×2 单位矩阵加上泡利矩阵；表示为 4×4 矩阵，基就是 4×4 单位矩阵和狄拉克矩阵，这就和量子力学、相对论联系起来了。

哈密顿引入了微分矢量算符 $\nabla=\mathrm{i}\frac{\mathrm{d}}{\mathrm{d}x}+\mathrm{j}\frac{\mathrm{d}}{\mathrm{d}y}+\mathrm{k}\frac{\mathrm{d}}{\mathrm{d}z}$，进一步地，引入 $-\nabla^2=\left(\frac{\mathrm{d}}{\mathrm{d}x}\right)^2+\left(\frac{\mathrm{d}}{\mathrm{d}y}\right)^2+\left(\frac{\mathrm{d}}{\mathrm{d}z}\right)^2$，这些可用于表示电动力学。亥维赛德和麦克斯韦用矢量记号表示了经典电磁学，得到了麦克斯韦方程组。从麦克斯韦方程组引出了关于光的认识以及狭义相对论。

四元数 $q=a+b\mathrm{i}+c\mathrm{j}+d\mathrm{k}$ 中的 (a, b, c, d) 若为复数，则是双四元数。时空坐标 $(\mathrm{i}ct, x, y, z)$ 即是双四元数，这是理解时空结构的出发点。对于复数 $O=A+B\mathrm{i}_0$，如果分量 (A, B) 是四元数，则构成八元数。记 8 个单位八元数为 $\{\mathrm{e}_0, \mathrm{e}_1, \mathrm{e}_2, \mathrm{e}_3, \mathrm{e}_4, \mathrm{e}_5, \mathrm{e}_6, \mathrm{e}_7\}$。选定 $\mathrm{e}_0=1$，八元数的乘法有 480 种可能的定义。

在哈密顿的普通四元数世界矢量的基础上，吉布斯和亥维赛德各自独立地发展出了矢量分析。只在三维空间中矢量叉乘才有定义。哈密顿的多重代数理论，矢量分析，加上格拉斯曼的扩展的学问以及佩尔斯的线性结合代数，最终有了今天的线性代数。差不多同时诞生的矩阵理论、格拉斯曼代数和克利福德代数同它们都有亲密的内在联系，也都是物理表述的数学基础。

可除代数只有一元数（实数）、二元数（复数）、四元数和八元数。这是胡尔维茨定理。代数的运算律是在数系发展过程中逐渐丢失后才被认识到的。

群论

群是满足乘法结合律、有逆、有单位元的封闭集合，可以用矩阵、函数、算符等对象予以实现。群论有代数方程的、几何的、数论的、分析的起源。群有结构，群元素可以分为不同的共轭类，子集也可以构成群。群元素乘积一般有性质 $g_1g_2 \neq g_2g_1$，若总有 $g_1g_2 = g_2g_1$，这样的群是阿贝尔群。群的最大正规子群合成列可以将群分为可（分）解群与不可（分）解的群。伽罗华群为可解群的代数方程是代数可解的。

群论知识的内核是群的表示。对于有限群，不可约表示没有不变的子空间，记可能的不可约表示的维度为 n_α，满足 $\sum n_\alpha^2 = n$，n 是群的元素数。舒尔引理描述不可约表示的正交关系，这是有限群表示的关键。连续群可用单位元素附近的生成元代数表示。描述时空转动的洛伦兹群是非紧致的李群，角动量、自旋、旋量、同位旋等概念都和它有关。洛伦兹群的李代数有六个生成元 $J_1, J_2, J_3, K_1, K_2, K_3$，有如下关系

$$J_m = \frac{1}{2}\sigma_m$$

$$K_m = \frac{\mathrm{i}}{2}\sigma_m$$

$$[J_j, J_k] = \mathrm{i}\varepsilon_{jk\ell}J_\ell$$

$$[J_j, K_k] = \mathrm{i}\varepsilon_{jk\ell}K_\ell$$

$$[K_j, K_k] = -\mathrm{i}\varepsilon_{jk\ell}K_\ell$$

群论之于物理学的应用，在晶体学、量子力学、相对论、规范场论等领域各有侧重不同。特殊酉群 $SU(2)$ 和 $SU(3)$ 对物理学有特别的意义。群论揭示了对称性在物理理论中的关键角色，诺特定理在拉格朗日量的对称性与守恒律之间建立起了联系。对称性借助群论成了构造物理理论的出发点。

规范场论

经典电磁学被总结在麦克斯韦方程组中。采用磁矢势 $A_\mu = (\varphi / c, A_x, A_y, A_z)$ 表述电磁学，有一个冗余的自由度。这引入了规范

和规范函数的概念。

引力理论采用微分几何的语言，弯曲空间的协变微分引入了克里斯多夫符号 $\Gamma_{\mu\nu}^{\alpha}$，可由时空的度规 $g_{\mu\nu}$ 得到。从微分几何的角度，可以把与克里斯多夫符号可类比的联络当作基本量，不同的联络定义不同的微分几何。引力场方程不能完全确定时空的度规，还留有 6 参数洛伦兹变换的自由度。

外尔研究广义相对论和电磁学，从数学形式上注意到了电磁学可能是引力的伴随现象。引入额外的矢量函数作为联络处理矢量在时空中的平移问题，会带来一个长度的尺度因子

$$\mathrm{e}^{\int_{x_1}^{x_2}\frac{\mathrm{e}}{\gamma}A_{\mu}(x)\mathrm{d}x^{\mu}}$$

薛定谔建议把尺度因子理解为相因子

$$\gamma=\frac{h}{2\pi\sqrt{-1}}$$

1929 年外尔再次考虑电子与引力问题，把电磁场理解成了引力场的伴随现象，从而有了规范场论。在规范场论中，规范场是时空几何的联络，规范场的场强可表示为与联络相联系的曲率。电荷守恒被证明是规范不变性的结果，从而与能量 - 动量守恒有了同样的数学基础。

此后，在 1954 年起短短的两年内，相继出现了关于 E_2 空间同位旋对应的规范场论，即杨 - 米尔斯场论，肖关于 E_3 和 E_4 空间同位旋的规范场论的推导，以及内山龙雄的广义洛伦兹群意义下规范场论的一般化推导。$SU(2)$ 群和 $SU(3)$ 群下的非阿贝尔规范场论被用于理解弱相互作用和强相互作用，创立了描述弱电理论和强相互作用的量子色动力学等物理理论，标准模型统一了强、弱、电磁三种相互作用，被称为 $SU(3)\times SU(2)\times U(1)$ 理论。1974 年，杨振宁给出了规范理论的积分形式表述，把引力场作为规范场加以讨论。

规范场论是数学物理的巅峰，是数学与物理交叉促进的典型，反映的是人类为了理解自然所进行的不懈努力。诺特定理是理论物理的基石。

最小作用量原理、诺特定理和洛伦兹群表示，这是理解理论物理的三把钥匙。

凭此概览部分的只言片语可于茶余饭后高谈阔论。若你还是个爱惜脸面的人，你会在大话说出去后的某个时刻想办法给自己补台，这样你就会在持续的学习与进步中得欢喜。果如此，幸甚，作为作者与读者的你我皆大欢喜。

第 2 章

一元二次方程

Those equations, are they not poems?

那些方程难道不都是诗吗?

摘要　代数方程来自日常生活，各文明古国都早有研究。多项式方程中只涉及乘法和加法，系数一开始皆为正整数，但随着对代数方程认识的深入，逐步带来了从整数到有理数到实数的数域扩展，以及从一元数到二元数（复数）的数系扩展。一元二次方程 $x^2+bx+c=0$ 的通解可表示为 $x_{1,2}=\frac{-b\pm\sqrt{b^2-4c}}{2}$，古巴比伦即已有之，但由这个看似简单的解却依然会引入判别式、对称多项式、置换对称性、共轭等深刻的数学概念。方程的解要用待求的解表示为 $x_{1,2}=\frac{1}{2}\{(x_1+x_2)+[\pm1\times\sqrt{(x_1+x_2)^2-4x_1x_2}]\}$ 的形式，这样才能洞察方程结构的意义。这公式里的±不是加减号，而是用到了方程 $x^2=1$ 的根 ±1 或者 $x^2=-1$ 的根 ±i 组合来构造待求的根。等学完抽象代数，尤其是群论的知识，回过头来看一元二次方程，就能放下轻蔑之心，更好地理解其中的奥秘。一元二次方程的内容博大精深，简单的整系数方程 $x^2-x-1=0$，其根 $(\sqrt{5}+1)/2$ 之倒数 $(\sqrt{5}-1)/2$ 为黄金分割数，这一个数相关的数学就够终生学习的了。一元二次方程中二次项结合一次项的形式提供了一个理解规范场论中微分 2-形式与微分 1-形式之间关系的视角。

关键词　一元二次方程；判别式；对称多项式；置换；交替；共轭；内积；数域；数系

关键人物　Al-Khwarizmi

§ 2.1 代数方程概念简介

印象中，笔者上初二的时候开始学习解形如

$$ax^2+bx+c=0 \tag{2.1a}$$

的代数方程。这样的方程来源于实际生活，比如土地买卖，因此在如中国、巴比伦、阿拉伯等古文明的文献中都有记载。刘徽注《九章算术》有句云:“群物总杂，各列有数，总言其实。令每行为率，二物者再程，三物者三程，皆如物数者程之，并列为行，是为方程。”这可看作是汉语“方程”一词的来源。当然，我们知道这句里的方程对应今天的线性方程组。在西语中，德语的 die Gleichung，英文的 equation，希腊语的 εξίσωση，字面上都是“等 (式)”的意思，与不等式是近亲。如同在古代中国，古代西方（西亚、希腊）的方程问题也是用文字描述的，以后才逐步有了用字母表示已知数和未知数的做法。举例来说，在出土的公元前 1600 年的一块巴比伦泥板上，据说有“数之平方比其自身多 870”这样的题，写成当代数学的形式，就是 $x^2-x=870$。在古希腊丢番图的《算术》(*Diophantus' Arithmetica,* ca. 250 A. D.）一书里，有一个字母表达式为 K^{σ}αςίΦΔ^{σ}βΜαίσΜε，可按如下方式翻译 K^σ(x^3) α(1) ς(x) ί(10) Φ(-) Δ^σ(x^2) β(2) Μ(x^0) α (1) ίσ (=) Μ(x^0) ε(5)，写成现在的形式即为 $x^3-2x^2+10x-1=5$。欧几里得《几何原本》之题 II.11 的表述为“一条直线截为两截，由该直线同其中一截构成的长方形的面积等于另一截构成的正方形的面积”，用现代代数语言，就是求解方程 $a(a-x)=x^2$。代数，algebra，这个词是公元 9 世纪造的，出现在花剌子模（Muhammad ibn Musa al-Khwarizmi, 约 780—850）于公元 830 年所著的一本算数书 *Hisab aljabr wal-muqabalah* 中。在阿拉伯语中，al+jabr，字面意思是恢复平衡、接骨的意思，就是移项后恢复平衡；wal-muqabalah，指的是“合并项”。这本书名及其指代的内容，在西方就慢慢简化成了 algebra 一词，汉译“代数”。

自然科学来自自然。代数方程一定起源于我们日常之所见的自然存在和由此生发的现实问题。$x^2=x\cdot x$，我们称之为平方（square; quadrat; τετράγωνο），$x^3=x\cdot x\cdot x$，我们称之为立方（cube; kubus; κύβος），这在不同语言里都是一样的。平方和立方都是来自自然的几何概念，对应平面中的正方形和三维空间中的立方体 (图 2.1)。很自然的，代数方程研究一开始针对的是一元二次方程和一元三次方程。二次方程，英文为

quadratic equation，三次方程，英文为 cubic equation。不过，英文平方的，quadratic，一词字面来自数词 4（正方形是四角形），注意不要和四次方程（quartic equation）弄混了。顺带提一句，所谓的 squaring the circle，不是什么化圆为方，而是为圆找到一个等面积的正方形，就是找寻圆的面积公式。对于任何一个平面图形，能依据它作出一个正方形就能得到它的面积。面积，量纲是长度平方（square），你细品品。

图2.1　平方与立方

代数方程很古老，代数方程自然重要，那里面充满智慧。关于代数方程，值得注意的是随着对方程认识的深入所带来的数域扩展、数系扩展。早期的代数方程，比如 $ax^2+bx+c=0$，其中的系数 a, b, c 是（正）整数，看起来方程是由三个系数定义的。如果有有理数的概念，$ax^2+bx+c=0$ 可改写为

$$x^2+bx+c=0 \tag{2.1b}$$

其中的系数 b, c 是有理数，这时候方程看起来是由两个系数定义的了。巴比伦时期的数学，0，负数，以及有理数 / 无理数的概念都还没有出现。数域的扩展，是代数方程研究首先带来的一大重要数学进展，其同后来的数系扩展是代数方程研究之价值所在，读者请特别关注。记住，代数方程里面只有乘法，$x^n=x\cdot x\cdot\ \cdots\ \cdot x$，以及不同次幂项之间的相加关系。不要被 $x^2-4=0$ 这样的方程形式给蒙蔽了，以为里面有减法，它是方程 $x^2+a=0$ 关于 $a=-4$ 的实例，那不是减号，是负数。

代数学是数学的重要分支，但是在 18 世纪末、19 世纪初之前代数就是关于多项式方程的学问。在 20 世纪，代数变成了公理化体系的研究，同数论、几何和分析并列为数学的四大分支。为我们构造代数学的著名数学家包括高斯（Carl Friedrich Gauss, 1777—1855），伽罗华（Évariste Galois, 1811—1832），哈密顿（Sir William Rowan Hamilton, 1805—1865），凯莱（Arthur Cayley, 1821—1895），戴德金（Richard Dedekind, 1831—1916），诺特（Emmy Noether, 1882—1935）等人，其中艾米·诺特女士被称为近世代数之“父”，希望阅读过本书以后大家能对他们熟悉起来。他们是人类心智的启蒙者。

在正式开始学习解代数方程之前，让我们先严肃地再看看解代数方程到底是个什么问题。看看代数方程 $x^n+a_1x^{n-1}+\cdots+a_{n-1}x+a_n=0$，这是一组**性质已知的系数** $(a_0, a_1, \cdots, a_n)$（其中 $a_0=1$），一般认定为有理数或者实数，同一个**性质待定的未知数** x 的不同次幂（乘法）通过乘法和加法（未来会有内积的概念来表示这种分量分别相乘而后相加的运算）得到 0 的问题。所谓代数方程的一般代数解，就是用系数通过加法、乘法和开方（对幂的逆运算）把未知数 x 表示出来。显然，解代数方程问题的内核在于理解“加法”和“乘法”。而什么是加法和乘法呢？借着学习代数方程的机会，不妨深入了解一些加法和乘法的基本内容。

首先，不要误解为代数方程里有加减乘除。这里遇到的减法，可能是对加上负数的误解。比如关于等式 $2-5=-3$，试比较“2 减 5 等于负 3”的说法同“2 加负 5 等于负 3”的说法，其意义是不一样的。前一种说法涉及加法与减法（运算、操作）以及正数与负数，方程左边只有正数，而右边冒出了个负数的概念；后一种说法涉及加法和正、负数，方程两边都有负数的概念，比较一致。加法是自然的操作，而减法是加法的逆操作，两者大有不同。加法遵循结合律，$(1+2)+3=1+(2+3)$，减法就不行，$(1-2)-3\neq 1-(2-3)$。物理上，什么是减法，也是大有讲究的，例如原子发光的电子跃迁过程就对应能量的减法。至于乘除，乘法是自然的操作，可以单独构成代数（即大学时要学的群论），而除法是作为乘法的逆运算出现的。除法，从数学和物理的角度来看，都是罕有的、不易处理的运算（操作）。关于这里的微妙差别，本书会时常提及。

§2.2 一元多项式方程

形如

$$a_0x^n + a_1x^{n-1} + \cdots + a_{n-1}x + a_n = 0 \tag{2.2}$$

的方程被称为一元 n 次多项式方程（monic polynomial equation），其中 n 为自然数，系数 a_0，a_1，…，a_n 为整数。可以把方程 (2.2) 两边同除以 a_0，改造成

$$x^n + a_1x^{n-1} + \cdots + a_{n-1}x + a_n = 0 \tag{2.3}$$

的形式，此处系数 a_1，a_2，…，a_n 为有理数 (rational number)，意思是它们是可表示为整数比（ratio）的数。我们一般都学过如何解一元二次方程 $x^2+bx+c=0$；有些人可能还学过解一元三次方程的约化形式 $x^3+px+q=0$。自然，还有四次方程、五次方程、六次方程等更高次的代数方程。在数学史上，关于多项式方程解的问题曾上演过多出荡气回肠的剧目，有不少天才的数学家都围绕这个问题挥洒过他们过人的才华。**这不是一个简单的问题，这是一个不简单的问题。**

在深入讨论多项式方程的解之前，笔者先和大家分享一个如何记住这些方程和解方程过程中出现的公式的一个诀窍——一个基于物理学家视角的记忆诀窍。因为不容易记住一些方程或者公式，许多人早在用尽自己的聪明才智之前就从学习数学的道路上退却了，殊为可惜。关于这一点，数学家难辞其咎。在数学家眼里，方程 $x^n + a_1x^{n-1} + \cdots + a_{n-1}x + a_n = 0$ 里的变量 x 和系数 a_1，a_2，⋯，a_n，以及由它们组合而来的各种形式的项，不过就是个数而已。可是，如果我们引入物理的观点，把变量 x 和系数 a_1，a_2，⋯，a_n 都看成物理量，这就是一个物理的方程，事情会变得明显有意义得多。个人习惯，我总是把变量 x 看成表示长度的量，具有长度量纲 [L]。因为加法要求具有相同量纲的

物理量相加才有意义，因此方程 $x^n + a_1x^{n-1} + \cdots + a_{n-1}x + a_n = 0$ 中每一项的量纲都是 $[\mathrm{L}]^n$；相应地，系数 a_1 的量纲是 $[\mathrm{L}]$，系数 a_2 的量纲是 $[\mathrm{L}]^2$，依此类推，系数 a_n 的量纲是 $[\mathrm{L}]^n$。在接下来的求解过程中出现的任何表达式，其相加(减)的项都应该具有相同的量纲。比如，在解三次方程 $x^3 + px + q = 0$ 时会出现因子 $\sqrt{\frac{q^2}{4} + \frac{p^3}{27}}$。或许某个时刻我们含糊了，到底该是 $\sqrt{\frac{q^2}{4} + \frac{p^3}{27}}$ 还是 $\sqrt{\frac{p^2}{4} + \frac{q^3}{27}}$ 呢？如果考虑到 p 的量纲是 $[\mathrm{L}]^2$，而 q 的量纲是 $[\mathrm{L}]^3$，则显然表达式 $\sqrt{\frac{p^2}{4} + \frac{q^3}{27}}$ 是错的。当然了，赋予变量 x 长度量纲的益处还远不止于此，在代数方程一般理论中，比如谈论拉格朗日的对称函数的时候，这个问题会更加突出。数学家们只是不太关心这个问题而已。

§ 2.3 一元二次方程的一般代数解

一元二次方程 $x^2 + bx + c = 0$ 在古巴比伦人那里就得到了系统研究。早期巴比伦代数有一个基本问题是，求一个数，其与倒数之和为一个已知数。用现代记号来表示，就是求 x，满足 $x + 1/x = b$；由此得到一元二次方程 $x^2 - bx + 1 = 0$。他们的求解方法是先求出 $(b/2)^2$，然后计算 $\sqrt{(b/2)^2 - 1}$，最终给出解的形式为 $b/2 + \sqrt{(b/2)^2 - 1}$ 和 $b/2 - \sqrt{(b/2)^2 - 1}$，这可看作是一元二次方程的通解。由于巴比伦人还不会使用负数，因此二次方程的负根是略而不提的。等价的几何问题是，一块长方形的地，已知边长之差以及面积，求边长。用现代记号来表示，就是一元二次方程 $(x - b)x = c$。比如此前提到的巴比伦泥板上的方程 $x^2 - x = 870$，巴比伦人给出了详细的解法以及结果 $x_1 = 30$ 和 $x_2 = -29$，但巴比伦人只关切根 $x_1 = 30$。在负数未被引进的年代，或者变量x明确是类似长度这样的物理量时，x 为负数的解是不合理的，其被舍弃是非常合理的。或许在他们当时考虑的问题中，x 就是某个城池或者某块田地的边长。

方程 $x^2+bx+c=0$ 的通解容易通过配平方得到：

$$x_1=\frac{-b+\sqrt{b^2-4c}}{2},\quad x_2=\frac{-b-\sqrt{b^2-4c}}{2} \tag{2.4}$$

这个表达式出现在公元一世纪的古希腊。

但我们确实还经常会遇到 $b^2-4c<0$ 的情形，如何看待 $\sqrt{b^2-4c}$ 就成了问题。因为没有一个数的平方是负的，这时候人们就宣称此时方程 $x^2+bx+c=0$ 无解。就 x 是实数的情形而言，这个做法是合情合理的。今天我们知道，若$b^2-4c<0$，(2.4) 式里的根为复数，我们说此时方程 $x^2+bx+c=0$ 有共轭的一对复数根。但是，坚持负数开根号有意义，或者说理解了引入 $\sqrt{-1}=\mathrm{i}$ 的必要性，那是在研究一元三次方程时才遇到的问题。一般介绍代数方程的文献会让我们依据单位虚数 i 的定义，$\sqrt{-1}=\mathrm{i}$ 或者 $\mathrm{i}^2=-1$，想当然地以为它是在解一元二次方程时引入的。这是误解。最重要的是，等学到了薛定谔（Erwin Schrödinger, 1887—1961）1922 年为挽救“引力与电”这篇规范理论论文所作的努力时，会知道 $\sqrt{-1}=\mathrm{i}$ 的写法是不合适的。$\sqrt{-1}=\pm\mathrm{i}$，不可取舍（见第 10 章）。

量 $\Delta=b^2-4c$ 被称为 discriminant，汉译“判别式”。Δ 可以用来区分方程有不同根的情形。若 $\Delta>0$，方程有两个不同的实数根；$\Delta=0$，方程有两重的实数根；$\Delta<0$，方程无实数根，或者按照后来的理解，有两个共轭的复数根。谈论 $ax^2+bx+c=0$ 这样的系数为整数的情形时，$\Delta=b^2-4ac$。每当看到 b^2-4ac，笔者都会想起自己的少年时光。

§ 2.4 几何法解一元二次方程

几何法解方程，有限制，但它也提供独特的视角，会为我们带来独特的启发，有必要了解一下。几何法解方程，一个限制是画图用到的量

必须是正的。考虑代数方程

$$x^2 - bx + c^2 = 0 \tag{2.5}$$

其中 $b, c > 0$。写成这样的形式，我们可以认为 x, b, c 都拥有相同的量纲，这里当然是长度的量纲。作直径为 b 的圆，中心为 O，在其最底部 A 处作切线段 $AR = c$，从 R 处向上作垂线段。若线段交圆于两点 S 和 T（图 2.2），则线段 RS 和 RT 的长度就是方程的两个根；如果线段和圆仅交于一点 S，则 $RS = b/2$ 是方程的重根；如果线段和圆没有交点，那是因为 $(b/2)^2 < c^2$，方程没有实根，或者说方程有两个复数根，这是后话。你看，方程有复数根意味着我们没法用几何法解这个方程。其实，这一点历史上是反过来的，几何法解方程遇到的困难让人们认识和接受了虚数（复数）的存在（参看图 7.1）。我们在复数一章中会回到这个问题。

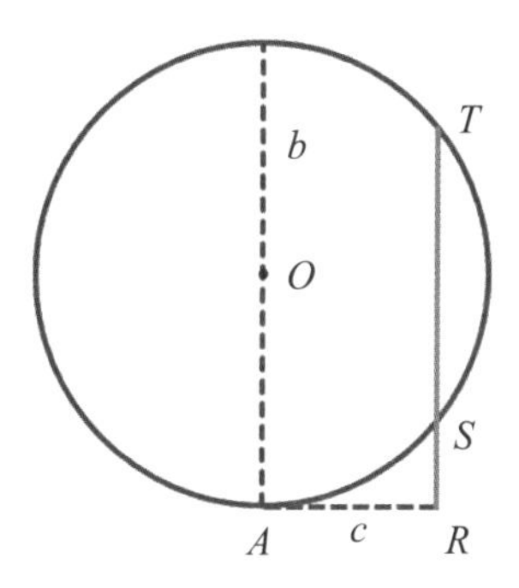

图2.2　几何法解一元二次方程

§ 2.5 一元二次方程与分割数

一元二次方程，如果我说它内容博大精深，可能很多人都笑了。我们先不说它的一般形式，我们只举系数 b 和 c 为小的整数的例子，会发现它们引出来的数学就是许多人闻所未闻的了。比如，方程 $x^2 - x - 1 = 0$，它的两个根为 $\varphi = \dfrac{1 \pm \sqrt{5}}{2}$；$x^2 - 2x - 1 = 0$，它的两个根为 $\sigma = 1 \pm \sqrt{2}$；$x^2 - 4x + 1 = 0$，它的两个根为 $\mu = 2 \pm \sqrt{3}$。2, 3, 5 可是最开始的三个素数，

$\sqrt{2}$，$\sqrt{3}$ 和 $\sqrt{5}$ 会是好相与的吗？$\frac{\sqrt{5}-1}{2}$，$\sqrt{2}-1$ 和 $2-\sqrt{3}$ 可是大名鼎鼎的分割数，分别被称为黄金分割数、白银分割数和白金分割数。就黄金分割数而言，关于它的专著就汗牛充栋。这三个分割数，竟然就联系着三维空间中仅有的 10 次、8 次和 12 次准晶结构，神奇不神奇？更多的介绍超出本书范围，请参见拙著《一念非凡》和《惊艳一击》的相关章节。

§ 2.6 解一元二次方程的深意

许多书本介绍一元二次方程就到此为止了。其实还有很多很多的内容我们没注意到，因为对付这么简单的问题那些内容不是显而易见的，只有真正的研究者才能从中看出端倪。那些内容对解更高次方程，以及建立一般的方程理论，是必要的基础。

再强调一遍数域的问题。关于多项式方程，很多文献会说方程 $a_0x^n+a_1x^{n-1}+\cdots+a_{n-1}x+a_n=0$ 中的 $n+1$ 个常数 a_0，a_1，$\cdots$，a_n 都是实数，这是真不明白。若谈论整系数的情形，这 $n+1$ 个参数 a_0，a_1，$\cdots$，a_n 是整数。若论有理数，那方程就是 $x^n+a_1x^{n-1}+\cdots+a_{n-1}x+a_n=0$ 的样子，只有 n 个参数 a_1，a_2，$\cdots$，a_n，都可以表示为两个整数之比。汉语的有理数，是对 rational number 的翻译，而 rational number 是说它是整数比 (ratio of two integers)。有理数当然以无理数为对照。进一步地，对于方程

$$x^2=2 \tag{2.6}$$

这会引入 $\sqrt{2}$ 这样的不能表示为整数之比的数，它们是 irrational numbers（非整数之比的数，无理数）。这才有了从整数到有理数再到实数（有理数加无理数）的数域扩展。多项式方程带给人类的一大成就就是数域的扩展。此外，对于系数为实数的方程 $x^n+a_1x^{n-1}+\cdots+a_{n-1}x+a_n=0$，总可以通过切恩豪斯变换（Tschirnhaus transformation）[1]，$x\to x-a_1/n$，将其变换为

① 切恩豪斯变换可以是 $y=x+b$，$y=x^2+ax+b$，$y=1/x$，甚至一般的多项式除式 $y=g(x)/h(x)$，其中 $h(x)$ 在原方程 $f(x)=0$ 任一根上的值都不为零。

$x^n + b_2x^{n-2} + \cdots + b_{n-1}x + b_n = 0$ 的样子，也就是说，一个实系数 n 次多项式方程实际上可约化为有 n–1 个独立参数的方程。这是解三次、四次多项式方程用到的基本事实，相关的求解过程会把解分别表示成两个、三个独立变量的线性组合。这不是瞎猜的诀窍，虽然一开始可能是瞎猜。

设若一元二次方程的两个根分别是 x_1 和 x_2，则方程就是

$$(x - x_1)(x - x_2) = 0 \tag{2.7}$$

的样子。如果一元二次方程的一般形式写为

$$x^2 - s_1x + s_2 = 0 \tag{2.8}$$

则有

$$x_1 + x_2 = s_1,\ x_1x_2 = s_2 \tag{2.9}$$

s_1 和 s_2 被称为基本对称多项式（elementary symmetry polynomial），这个概念很重要。注意到，将 (x_1, x_2) 作置换变成 (x_2, x_1)，s_1 和 s_2 不变，所以置换（permutation, 字面意思是统统改变）的概念很重要。在一般形式的方程 $x^2 - s_1x + s_2 = 0$ 中，s_1 和 s_2（高次方程会有更多的基本对称多项式）前面的符号是正负交替的，所以“交替的”（alternating）这个概念很重要，请记住。再者，若 $b^2 - 4c < 0$，两个复数根可以写成 $\alpha + \mathrm{i}\beta$ 和 $\alpha - \mathrm{i}\beta$ 的形式，这样的一对复数是共轭的（conjugate）。其实任何 $a + b\sqrt{d}$, $a - b\sqrt{d}$ 这样的一对数，比如 $\sqrt{d} = \sqrt{2}$，都可以称为共轭的，体现的是加减是一对互逆运算的事实。一对 $a + b\sqrt{d}$, $a - b\sqrt{d}$ 这样的共轭数所表达的和与积就不再有平方根。所以，你看共轭的概念很重要。不知共轭之花样繁多及其重要性，可以作为不懂物理的判据。

还有一个基本问题，数域和数系的扩展问题。$ax^2 + bx + c = 0$ 中的系数可都是整数，而 $x^2 + bx + c = 0$ 中的系数要求为有理数即可。这是数域的扩张。方程中的未知数的幂指数都是整数，而在根表达式中就出现了开根号。根式 $\sqrt[q]{x^p}$ 就是 $x^{p/q}$，其实就是将幂指数从整数域扩展到了有理数域。到目前为止，我们都在谈论有理数，或者再进一步扩展为实数。但当 $b^2 - 4c < 0$，方程有两个复数根，我们又引入了复数。实数是

一元数（unarion），而复数 $z=a+\mathrm{i}b$ 有两个部分，是二元数（binarion）。这里又牵扯到数系的扩展了。这是后话。

回到方程的解，作形式上的考察也会发现一些有趣的、后来用得着的性质。$s_1=x_1+x_2$，$s_2=x_1x_2$，可见 $(x_1-x_2)^2=s_1^2-4s_2$（就是 $(x_1-x_2)^2=b^2-4c$）也是对根的置换不变的表达式。由 $x_1-x_2=\sqrt{s_1^2-4s_2}$，配合 $x_1+x_2=s_1$，可得

$$x_{1,2}=\frac{1}{2}\{(x_1+x_2)+[\pm1\times\sqrt{(x_1+x_2)^2-4x_1x_2}]\}=\frac{s_1\pm\sqrt{s_1^2-4s_2}}{2} \tag{2.10}$$

你看，对于解二次方程我们用到了两个根的差，很关键的一步，对于高次方程是用到不同组合的两个根之差的乘积：

$$\delta=\prod_{j<k}(x_j-x_k) \tag{2.11}$$

其平方是判别式。还有，我们要习惯把

$$x_{1,2}=\frac{-b\pm\sqrt{b^2-4c}}{2}$$

理解成

$$x_{1,2}=\frac{-b+(\pm1\times\sqrt{b^2-4c})}{2}$$

根的表达里没有减法，±1 是二次分圆方程 $x^2=1$ 的根，我们这是用分圆方程的根展开待求的代数方程根呢，这和傅里叶（Joseph Fourier, 1768—1830）变换的思想是相通的。这些都是非常重要的内容，是我们学习二次方程时很少会教的内容（就没打算把我们往深里教啊！）。这里暗含的思想是，方程的根是用方程的系数表示的，不过系数是作为根的基本对称多项式出现的，是非本质层面的。也就是说，将根用尚未求出的根（通过对称多项式、判别式以及预解式）来表达，这才是理解如何解代数方程的关键。这个弯儿连数学家一时都转不过来——稍后在拉格朗日（Joseph Louis Lagrange, 1736—1813）关于代数方程的分析中我们会看到这个天才思想的威力。到底是否存在这种表达，即是否有代数解，要由预解式的某些置换对称性来决定。这个说法为时尚早，只有当方程变到高次难以求解时，我

们才能理解这一点的意义，也才能深切体会那些想到这些关窍的数学家的天才。低处的深刻与神奇，要到高处才能学会欣赏。

物理的思想与概念要用数学表达。用代数方程表达几何关系的目标贯穿数学的发展史，此思想传统可回溯到古希腊。平面几何同一元二次方程有着深刻的联系。考察长方形的边长和面积公式，$L/2=a+b$，$S=a\times b$，显然它们具有置换对称性 (图 2.3)。注意，这个长方形的边长和面积公式就是一元二次方程的根的对称多项式啊（三次方程的对称多项式对应正四面体的几何特征）。这里潜伏着代数方程最深的理论，可以用几何体研究代数方程，后来的克莱因等人就是用正二十面体研究五次方程解的问题的。物理现实的对称性，反映为数学方程解的置换对称性，概念转移了。代数方程带来的对称、共轭的思想要深入体会。比如：

$$x_1=-\frac{1}{2}-\frac{\sqrt{3}}{2},\ x_2=-\frac{1}{2}+\frac{\sqrt{3}}{2}$$

这看似是两个不同的数，但是就作为方程 $x^2+x-\frac{1}{2}=0$ 的根这一点来说，它们俩是对称的、不可区分的。请习惯这种思维，这对学习高深一点儿的代数理论很有用。

图2.3　长方形两边的置换效果

2020 年 8 月 1 日，笔者想到关于一元二次方程也许可以作如下理解。对方程 $x^2+bx+c=0$ 作变换

$$x \to x + \frac{b}{2}$$

这是纯粹的平移变换，方程变为

$$x^2 = \left(\frac{b}{2}\right)^2 - c$$

进一步地，作变换

$$x \to x / \sqrt{\left|\left(\frac{b}{2}\right)^2 - c\right|}$$

这是尺度变换 (rescaling)。则当 $b^2 - 4c > 0$，方程变为 $x^2 = 1$，其有两个根 $x_{1,2} = \pm 1$。未来我们知道，此解的集合 $\{1, -1\}$ 构成乘法群 C_2。若 $b^2 - 4c < 0$，方程变为 $x^2 = -1$。对此我们有两种选择：1) 认为无解；2) 为了解这个方程，拓展数系。后来我们选择了拓展数系，认为方程 $x^2 = -1$ 有两个根 $x_{1,2} = \pm \mathrm{i}$。这样思考的意义是，关于一元二次方程我们只需要理解 $x^2 = 1$ 和 $x^2 = -1$ 就行了，$x^2 = 1$ 和 $x^2 = -1$ 提供了关于一元二次方程最基本的表示工具。关于一元二次方程的学问最后就落到了 $x^2 = 1$ 和 $x^2 = -1$ 上。$x^2 = 1$ 和 $x^2 = -1$ 是两个**不连通的世界**，这一点在数学、物理（比如晶体对称群）中随处可见。$x^3 = 1$ 和 $x^3 = -1$ 没有什么差别，因为用变换 $x \to -x$ 可由一者得到另一个，它们的解本身就包含着对复数的需要。笔者以为，这也是我们在解一元三次方程时被逼不得不接受虚数存在的原因。$x_{1,2} = \pm 1$ 和 $x_{3,4} = \pm \mathrm{i}$ 一起构成了方程 $x^4 = 1$ 的根，根集合 $\{1, -1, \mathrm{i}, -\mathrm{i}\}$ 构成乘法群 C_4。我怀疑这地方就隐藏着代数方程只到四次方程有代数解的奥秘——至此方程已超越加法和乘法应有的复杂度了，接下来解可不是能构成阿贝尔群的了。

几何上，$x^2 + bx + c = 0$ 的形式解为

$$x_{1,2} = -\frac{b}{2} + \left(\pm\sqrt{\left(\frac{b}{2}\right)^2 - c}\right)$$

当 $b^2 - 4c > 0$ 时，可以理解为在实数轴上解 x_1、x_2 对称地分列在

$x=-\frac{b}{2}$ 的左边和右边。当 $b^2-4c<0$ 时，若我们已接受了方程 $x^2=-1$ 的解为 ±i，则方程 $x^2+bx+c=0$ 的解为

$$x_{1,2}=-\frac{b}{2}+\left(\pm \mathrm{i}\sqrt{\left|\left(\frac{b}{2}\right)^2-c\right|}\right)$$

后来，我们知道形如 $\alpha+\mathrm{i}\beta$ 的数是复数，其几何诠释是复平面内的一个点。在复平面内，解

$$x_{1,2}=-\frac{b}{2}+\left(\pm \mathrm{i}\sqrt{\left|\left(\frac{b}{2}\right)^2-c\right|}\right)$$

对称地分列在 $x=-\frac{b}{2}$ 的上边和下边。

代数方程 $x^2+bx+c=0$ 可以看作是二次型 $x^2=c$ 同线性方程 $bx=c$ 的叠加。这个简单的乘法同加法的叠加足以带来极大的困难。愚以为，哥德巴赫猜想，即任何一个大于 2 的偶数必是两个素数之和，其证明之困难本质上也来自乘法同加法的叠加问题："一个作为素数乘积的偶数非要表示为两个素数之和"。与此类似，费马大定理其实也是乘法同加法的叠加问题。对于 x, y, z 为实数可成立的等式 $x^n+y^n=z^n$，其中 n 是正整数，当要求 x, y, z 为整数时对于 $n\geqslant 3$ 便成为了不可能。令人惊讶的是，类似 ax^2+bx 这样的加法与乘法的叠加也足以承载高深的物理学。比如，若 x 是黑体辐射中的状态占据函数 $\rho=\frac{1}{\mathrm{e}^{h\nu/kT}-1}$，则 $(\Delta E)^2=(h\nu)^2(\rho+\rho^2)$ 是能量涨落，且 ρ 表示的那一项来自辐射的粒子性，而 ρ^2 那一项来自辐射的波动性。简单的 $\rho+\rho^2$ 就反映了辐射，或者说光，的波粒二象性。我们一般人看不出来，但爱因斯坦在 1909 年就看出来了。未来的规范场论，是将关于时空的微分 2-形式叠加上关于电磁相互作用的微分 1-形式的叙事，本质上都是二次型纳入一次项的问题。从这个角度看问题，或可以极大地克服学习规范场论的畏难情绪。

总结一下，简单的一元二次方程的解，就引入了基本对称多项式、

置换、交替、共轭、判别式等重要概念，还带来了数域与数系的拓展(如何获得这样的进展才是该学的)，这些概念会引领着我们去求解更复杂的代数方程。上述几个概念也构成了理论物理的部分基础。

对于任何一样学问，如果我们觉得简单，那一定是因为知道的少。

参考文献

[1] Israel Kleiner, *A History of Abstract Algebra*, Birkhäuser (2007).

[2] Jeremy Gray, *A History of Abstract Algebra: From Algebraic Equations to Modern Algebra*, Springer (2018).

[3] Jean-Pierre Tignol, *Galois' Theory of Algebraic Equations*, World Scientific (2001).

[4] John Stillwell, *Elements of Algebra: Geometry, Numbers, Equations*, Springer (1994).

[5] Ron Irving, *Beyond the Quadratic Formula*, Mathematical Association of America (2013).

花剌子模

Muhammad ibn Musa al-Khwarizmi

约780—850

第 3 章

一元三次方程

将欲取之，必固予之。

——老子《道德经》

摘要 一元三次方程是实践中不是很容易遇到的方程，其解的难度相对于二次方程上了一个台阶。我国在公元前1世纪就有一元三次方程的数值解法。三次方程公式解有卡尔达诺公式，以及用胡德法和韦达法得到的表示，这些解法都是基于一元三次方程的缺项形式 $x^3+px+q=0$ 只有两个独立变量因而可以转化为二次方程的事实。解一元三次方程会遇到负数开平方的问题。保留负数开平方的无奈引入了虚数，进而引入了复数，从而开辟了数学的新天地。$\sqrt{-1}$ 被接受作为一个实在的数学对象，说明科学史上其实哪有什么革命，只是有人遭遇了万不得已而已。一元三次方程根的一般表达式会用到方程 $x^3=1$ 的根，其中两个是复数，注意二次方程的解表达式用到了方程 $x^2=1$ 的解，这暗示代数方程根的形式表达存在着某些一般性的内容，有待我们进一步发掘。

关键词 一元三次方程；缺项形式；预解式；虚数；复数

关键人物 Khayyam, Del Ferro, Fior, Tartaglia, Cardano, Ferrari，Hudde, Vieta, Bombelli

§3.1 一元三次方程的缘起

一元三次方程（cubic equation）很早就引起了人们的注意。在我国，约成书于公元前1世纪的《九章算术》和唐朝的《缉古算经》里都有关于一元三次方程的数值解法。在西方，古希腊学者如阿基米德因为解圆锥曲线相交的问题（一般情况下有4个交点）讨论过三次方程的解（最多有3个不同的实数根）。其实，代数方程本身就是几何问题，也是实在的物理问题。文献记载，是波斯数学家海亚姆（Omar Khayyam, 1048—1131）注意到一元三次方程有不止一个根的。一个有趣的现象是，需要解一元三次方程的情境似乎不容易遇到，这恐怕也是许多人一生都不会有学习一元三次方程解法的冲动的原因。物理学上倒是有两个现成的例子。我们生活在三维空间，物理问题中常遇到 3×3 的矩阵，比如物体的转动惯量就是一个 3×3 的对称矩阵。求 3×3 矩阵的本征值问题就要解一元三次方程，即求解特征方程

$$\det\begin{pmatrix} a_{11}-\lambda & a_{12} & a_{13} \\ a_{21} & a_{22}-\lambda & a_{23} \\ a_{31} & a_{32} & a_{33}-\lambda \end{pmatrix}=0 \tag{3.1}$$

另一个例子来自热力学。1873 年，范德瓦尔斯（Johannes Diderik van der Waals, 1837—1923）给出了一个关于气体的状态方程

$$(p+\frac{a}{V^2})(V-b)=RT \tag{3.2}$$

这实际上是一个关于体积 V 的三次方程。这个方程允许研究相变问题。

代数方程从二次变到三次，从物理的视角来看，是问题的空间从二维到三维的变化，或者说自由度从两个到三个的变化，求解难度陡然上升。一般情况下，方程的三个根是纠结在一起的，恰如古树的盘根错节。如何找寻三次方程的一般解形式，是人类认识史上的一个大事件。我们将看到，解三次方程的努力将数学引导到了意想不到的境界。

§3.2 解一元三次方程

代数法解三次方程，要等到 16 世纪。欧洲复兴时期意大利波隆那的数学家发现三次方程可以约化成

$$x^3+px=q \tag{3.3a}$$

$$x^3=px+q \tag{3.3b}$$

$$x^3+q=px \tag{3.3c}$$

三种形式，这里 p 和 q 都是正整数，因为那时候还没引入负数的概念。费罗（Scipione del Ferro, 1465—1526）会解这三种形式的方程，并把方法传给了他的学生费奥尔（Antonio Fior, 生卒年不详）。1535 年，塔尔塔亚（Niccolo Fontana,

1499—1557。Tartaglia 是其外号，结巴的意思）又重新发现了三次方程的解，在 1530 年解出了方程 $x^3+2x^2=5$。塔尔塔亚与费奥尔拿解三次方程作赌局，但塔尔塔亚只给结果不泄露解法。最后，塔尔塔亚还是被说服了，把解法告诉了医师卡尔达诺（Girolamo Cardano, 1501—1576）。卡尔达诺是个天才加流氓的混合型人才，他 1545 年出版的《大术》（*Ars Magna*）一书就有关于塔尔塔亚解法的详细讨论，当然言明了这是塔尔塔亚发现的方法。《大术》一书还介绍了费拉里（Ludovico Ferrari, 1522—1565）发现的将四次方程约化为三次方程的方法。

一元三次方程总能化为

$$x^3+px+q=0 \tag{3.4}$$

的形式，这是它的缺项形式（depressed equation）或者约化形式（reduced form），中文文献一般用缺项的说法。一元三次方程之约化形式 (3.4) 的一个通解，即所谓的卡尔达诺公式，形式为

$$x=\sqrt[3]{-\frac{q}{2}+\sqrt{\frac{p^3}{27}+\frac{q^2}{4}}}+\sqrt[3]{-\frac{q}{2}-\sqrt{\frac{p^3}{27}+\frac{q^2}{4}}}。 \tag{3.5}$$

求得了这一个根，另两个根就水落石出了。笔者宁愿将这个公式写成

$$x=\sqrt[3]{-\frac{q}{2}+\sqrt{(\frac{p}{3})^3+(\frac{q}{2})^2}}+\sqrt[3]{-\frac{q}{2}-\sqrt{(\frac{p}{3})^3+(\frac{q}{2})^2}} \tag{3.6a}$$

的样子，这样我们就能看透这公式的奥秘。它包含两项，每一项都是三次根号下含有二次根式。三次根式下的项，其量纲必须和 q 的量纲相同，为 $[L]^3$，则其下二次根式里的项之量纲必须为 $[L]^6$。用 $\frac{q}{2}$ 和 $\frac{p}{3}$ 来表达且要满足上面对量纲的要求，回头再看看卡尔达诺公式，就觉得它的样子很合理（下面研究解法时请注意分母上 2 和 3 的来源）。注意，这个解形式的关键是，用根式套根式（nested radicals）来表达根。

如何得到卡尔达诺公式呢？对一般形式的 $x^3+px+q=0$，设根的形式为

$$x=\sqrt[3]{u}+\sqrt[3]{v} \tag{3.7}$$

这个假设的合理性在于约化方程本身具有由系数 p、q 定义的两个自由度，三次根号的表示针对三次方程，且不会带来值的正负性的限制。将 $x=\sqrt[3]{u}+\sqrt[3]{v}$ 代入方程，得

$$(u+v+q)+(\sqrt[3]{u}+\sqrt[3]{v})(3\sqrt[3]{u}\sqrt[3]{v}+p)=0 \tag{3.8}$$

进一步地，可要求

$$\begin{aligned}&u+v+q=0\\&3\sqrt[3]{u}\sqrt[3]{v}+p=0\end{aligned} \tag{3.9a}$$

也即

$$\begin{aligned}&u+v=-q\\&uv=-p^3/27\end{aligned} \tag{3.9b}$$

将上式消去 v，得到辅助方程

$$u^2+qu-\frac{p^3}{27}=0 \tag{3.10}$$

这是一个一元二次方程，容易得到

$$u=-\frac{q}{2}\pm\sqrt{\frac{p^3}{27}+\frac{q^2}{4}},\quad v=-\frac{q}{2}\mp\sqrt{\frac{p^3}{27}+\frac{q^2}{4}} \tag{3.11}$$

于是得到卡尔达诺公式 (3.5) 或者 (3.6a)。式 (3.11) 里 u 和 v 表达式里的 $\pm$ 号互换不影响结果，因此实际上是同一个根。知道了三次方程的一个根 x_1，可以用 $x^3+px+q=0$ 除以 $(x-x_1)$ 得到一个二次方程，从而得到另外两个根。具体地，

$$x_2=\omega\sqrt[3]{-\frac{q}{2}+\sqrt{(\frac{p}{3})^3+(\frac{q}{2})^2}}+\omega^2\sqrt[3]{-\frac{q}{2}-\sqrt{(\frac{p}{3})^3+(\frac{q}{2})^2}} \tag{3.6b}$$

$$x_3=\omega^2\sqrt[3]{-\frac{q}{2}+\sqrt{(\frac{p}{3})^3+(\frac{q}{2})^2}}+\omega\sqrt[3]{-\frac{q}{2}-\sqrt{(\frac{p}{3})^3+(\frac{q}{2})^2}} \tag{3.6c}$$

其中

$$\omega=\frac{-1+\sqrt{-3}}{2},\quad \omega^2=\frac{-1-\sqrt{-3}}{2}$$

这时候我们还不会把 $\sqrt{-3}$ 写成 $\mathrm{i}\sqrt{3}$。注意，如果

$$\omega=\frac{-1-\sqrt{-3}}{2}$$

则

$$\omega^2=\frac{-1+\sqrt{-3}}{2}$$

注意到什么了没有?

关于一元三次方程解公式 (3.5) 的应用，我们可以举个例子。比如对于方程 $x^3+6x=20$，按公式有 $x_1=\sqrt[3]{10+\sqrt{108}}+\sqrt[3]{10-\sqrt{108}}$。这个公式不能这么放着，得往前再走一步，$(10\pm\sqrt{108})=(1\pm\sqrt{3})^3$，故 $x_1=2$。顺便说一句，其实面对 $x^3+6x=20$ 这样的简单方程，会估算其根的值也是该学会的本事。令 $x=1$，方程变成 $7=20$，$x=1$ 偏小了；试试 $x=2$，嗯，方程变成 $20=20$，正好。现在你会手动估算方程 $x^3+6x=21$ 的根了吧？试试。

对于方程 $x^3+bx^2+cx+d=0$，其一般求解过程可按如下步骤进行。计算 $\Delta_0=b^2-3c$ 和 $\Delta_1=2b^3-9bc+27d$，进而计算

$$C=\sqrt[3]{\frac{\Delta_1}{2}\pm\sqrt{(\frac{\Delta_1}{2})^2-\Delta_0^3}}$$

则三个根可表示为

$$x_k=-\frac{1}{3}(b+\xi^k C+\frac{\Delta_0}{\xi^k C}) \tag{3.12}$$

其中 $k=0,1,2;\xi=-\frac{1}{2}+\frac{\sqrt{3}}{2}\mathrm{i}$ 是方程 $x^3=1$ 的根。此处我们已经接受复数的概念了——这个新概念下面要认真讨论。这个解的通式只对 $C\neq0$ 成立。若 $\Delta_0=0$，$\Delta_1=0$，方程有三重根 $-b/3$。若 $\Delta_0\neq0$，但是 $\Delta_1^2/4-\Delta_0^3=0$，则方程有一个根 $(4bc-9d-b^3)/\Delta_0$ 和一个二重根 $(9d-bc)/2\Delta_0$。根表达式 (3.12) 暗含的要点是它是用 $x^3=1$ 的三个根辅助表示的，这一点意义深远。

下面的方法据说来自荷兰数学家胡德（Johannes Hudde, 1628—1704），此

人曾任阿姆斯特丹市长和荷兰东印度公司总督。针对约化形式的三次方程 $x^3+px+q=0$，设

$$x=u+v \tag{3.13}$$

则方程变成了

$$u^3+v^3+(3uv+p)(u+v)+q=0 \tag{3.14}$$

可令

$$\begin{aligned} u^3v^3&=(-p/3)^3 \\ u^3+v^3&=-q \end{aligned} \tag{3.15}$$

而现在我们可以把 u^3、v^3 当作变量，则它们必是二次方程

$$z^2+qz-p^3/3^3=0 \tag{3.16}$$

的两个根。有读者可能已注意到了，这里和卡尔达诺公式的推导过程就是假设 (3.13) $x=u+v$ 与假设 (3.7) $x=\sqrt[3]{u}+\sqrt[3]{v}$ 之间的区别，方程 (3.16) 和方程 (3.10) 也一模一样，似乎区别不大。但是，假设 (3.13) 会导向一个用 u^3 和 v^3 构成其对称多项式（symmetric polynomial，记住，这是一个重要的概念）的预解式方程，大有深意，这个表示立方的 3 是“3”次方程之预解式，即一个“6”次方程里的那个 6 的因子！ 分析一下这里的哲学。方程 $x^3+bx^2+cx+d=0$ 形式上意味着三个自由参数，b, c, d，对应三次方程，没问题。由切恩豪斯变换得到 $x^3+px+q=0$，那形式上就只有两个自由参数 p 和 q，故假设 $x=u+v$ 有其合理性，x 还是具有两个自由度。关键的是，我们得到了 u^3 和 v^3 作为根的辅助二次方程。一方面，二次方程有解，我们把本来的问题解决了。另一方面，这个解的过程发生了从辅助变量 u、v 到 u^3、v^3 的跃变，这里似乎隐含着一个陷阱！当我们研究四次方程时，这个陷阱变得明显了；而未来当我们研究五次方程时，这个陷阱会露出它无限深的狰狞面目。

解三次多项式方程另有韦达（Franciscus Vieta，法语写法为 François Viète，1540—1603）法。看看约化三次方程 $x^3+px+q=0$ 的模样，看看 $x^3=1$ 的三个解 1，$e^{i2\pi/3}$ 和 $e^{i4\pi/3}$ 以及欧拉公式 $e^{ix}=\cos x+i\sin x$，我猜测这

几个内容是导致三次方程韦达解法的原因。韦达法的主旨是使得方程 $x^3+px+q=0$ 与恒等式

$$4\cos^3\theta-3\cos\theta-\cos(3\theta)=0 \tag{3.17}$$

形式上一致。恒等式 (3.17) 来自展开式

$$\cos(3\theta)=4\cos^3\theta-3\cos\theta \tag{3.18}$$

将 $\cos\theta$ 当成变量，且若能使得 $\cos(3\theta)$ 是常数的话，这个恒等式就是三次多项式方程的一般形式。令 $x=2\sqrt{-\frac{p}{3}}\cos\theta$，代入方程 $x^3+px+q=0$，得

$$4\cos^3\theta-3\cos\theta-\frac{q/2}{p/3}\sqrt{-\frac{3}{p}}=0 \tag{3.19}$$

所以，必须有 $\cos(3\theta)=\frac{q/2}{p/3}\sqrt{-\frac{3}{p}}$，得 $\theta=\frac{1}{3}[\arccos(\frac{q/2}{p/3}\sqrt{-\frac{3}{p}})+2\pi k]$，其中 $k=0, 1, 2$。于是，得到三个根

$$x=2\sqrt{-\frac{p}{3}}\cos[\frac{1}{3}(\arccos(\frac{q/2}{p/3}\sqrt{-\frac{3}{p}})+2\pi k)],\quad k=0, 1, 2 \tag{3.20}$$

这是有三个实根的情形。如果遇到 $(\frac{p}{3})^3+(\frac{q}{2})^2<0$ 情形，只有一个实根(这是后话)，可表示为：

若 $p<0$，

$$x_0=-2\frac{|q|}{q}\sqrt{-\frac{p}{3}}\cosh[\frac{1}{3}(\operatorname{arccosh}(\frac{q/2}{p/3}\sqrt{-\frac{3}{p}}))]; \tag{3.21a}$$

若 $p>0$，

$$x_0=-2\sqrt{\frac{p}{3}}\sinh[\frac{1}{3}(\operatorname{arcsinh}(\frac{q/2}{p/3}\sqrt{\frac{3}{p}}))]. \tag{3.21b}$$

这个公式用到了双曲函数 sinh、cosh，样子有点吓人。其实，只要知道三角函数 cos、sin 与双曲函数 cosh、sinh 只不过是变量为实数还是虚数的差别，这些公式本身就是一致的。韦达法思路清晰，中心思想就是把三次方程改造成 $\cos(3\theta)$ 展开式的形式。但是，这种方法不具有一般性。抽象，一般性，才更有意义。

§ 3.3 一元三次方程解的危机与虚数的引入

一元三次方程解的卡尔达诺公式揭示了一个有趣的问题，即三次方程和二次方程一样，有时会遭遇负数开平方的问题。解一元三次方程，当 $(\frac{p}{3})^3+(\frac{q}{2})^2<0$ 时，这个问题就会浮现出来。这一次却不能简单地将负数开平方一扔了之了，因为当 $(\frac{p}{3})^3+(\frac{q}{2})^2<0$ 时，三次方程可能依然有三个 (实数) 根。卡尔达诺在《大术》一书中就给了一个例子。对于方程 $x^3-15x-4=0$，按照他的公式应有 $x=\sqrt[3]{2+\sqrt{-121}}+\sqrt[3]{2-\sqrt{-121}}$。此时似乎不能因为遇到负数开平方根就简单地判定该方程无解，它分明有根 $x=4$ (另两个根为$-2\pm\sqrt{3}$)。 1560 年，邦贝里 (Raphael Bombelli, 1526—1572) 发现 $(2\pm\sqrt{-1})^3=2\pm\sqrt{-121}$，只要不问负数开平方根的意义闷头往下算，就可以找到根 $x=4$。

不妨这样想。构造已知实数根是 x_1, x_2, x_3，满足 $x_1+x_2+x_3=0$ 的三次方程 $(x-x_1)(x-x_2)(x-x_3)=0$，这样的方程具有 $x^3+px+q=0$ 的形式，很容易遇到 $(\frac{p}{3})^3+(\frac{q}{2})^2<0$ 的情形，但 3 个实数根分明就在那里。这说明，人们必须严肃对待负数的平方根了。我们必须把负数的平方根当作一个严肃的、真实的数学对象接受下来。在 1572 年出版的《代数》(*L'Algebra*) 一书中，邦贝里建议为了求得三次方程的实根，至少可以临时接受负数平方根的存在。在这种意义上，它是短瞬的 (ephemeral)，是个过渡性工具 (intermediate tool)。后来我们知道，负数平方根不是 ephemeral，而是联系着数系扩展这样一个大问题。

定义 $\sqrt{-1}=\mathrm{i}$ 为单位虚数，虚数是瑞士数学家欧拉 1777 年给取的名字，代数方程一般解的形式可写成复数 $a+\mathrm{i}b$ 的形式。复数概念的引入，在数学园里引入了一只大怪物，不仅开启了数系向四元数和八元数的拓展，带来了复分析，它还是物理学的基本要素。量子力学的关键概念是波函数，单分量的波函数是复值函数，作为泡利方程和狄拉克方程解的多分量波函数是旋量（spinor），而旋量是四元数的作用对象（operand）。复数开辟的新天地太广阔了。

§ 3.4 关于一元三次方程解的深度思考

仔细考察三次方程解的方法，会发现一些有趣的内容，这些内容是后来数学家走得更远的关键。笔者以为，胡德的解法利用了三次方程约化形式具有两个自由度的事实，通过假设 $x=u+v$ 让方程的变量 x，或者根，具有了方程的自由度。利用这个自由度，引入特殊的假设，从而实现了方程向低阶的约化。卡尔达诺的方法原则上也是。这是这类解法的中心思想。这个方法之所以行之有效，是因为得到的预解方程是一个只含变量之 6、3 和 0 次方项的六次方程，故它实质上是一个关于变量之 3 次方的二次方程。在当前的层面上，这可看作是个偶然巧合，但它实际上暗含了多项式方程的内在性质，对于未来我们理解任意阶方程的可解性它是出发点。

二次方程很简单，两千年以前的各古文明都有人会解。三次方程一下子变得相当不简单。二次和三次的结合立马变得吓死人。比如，$y^2+y=x^3-x^2$ 就引入了模型式（modular form）的概念。还有费马（Pierre de Fermat, 1607—1665）大定理说 $x^n+y^n=z^n$ 对于 $n\geqslant 3$ 就没有整数解，说不定证明就着落在三次方程上。就解方程本身来说，三次方程带来了预解式的问题，以及复数问题。解四次方程反而是容易的，原则上它遇到的问题和三次方程一样，但没有了在荆棘中趟路的需求了。

三次方程引入虚数和复数概念的过程，分明是个压着牛头喝水的过程。如果不是看到分明 3 个实数根就在那里，而偏偏还遇到了负数开平方的问题，估计人们很难接受负数开平方的存在。人不被逼到万不得已的地步，是很难接受新事物的，心理上过不了那一关——主要是因为不明白（后来的量子力学也有同样的历程）。我个人认为，这种不愿意接受新事物的心理有其正面的意义：我想明明白白地接受。如今，复数的概念在课堂上被随手教给学生，人们对复数的使用也习以为常了，这不是理解基础上的接受。忽略了对这个艰难心理过程的描述，是教授科学创造此一实践的一大遗憾。

复数的引入，让任意二次方程和三次方程有了一般形式的根表达。但是，复数的这个功能，连它的庞大功能中的一角儿都算不上。复数的概念掀开了人类智识史上波澜壮阔的一幕，当时没有任何人意识到。

参考文献

[1] Mario Livio, *The Equation That Couldn't Be Solved*, Simon & Schuster (2006). 中译本为《无法解出的方程》(王志标译), 湖南科学技术出版社 (2008)

[2] Karlheinz Haas, Die mathematischen Arbeiten von Johann Hudde (1628-1704), Bürgermeister von Amsterdam (阿姆斯特丹市长胡德的数学成就), *Centaurus* **4**(3), 235–284 (1956).

[3] John Hymers, *A Treatise on the Theory of Algebraical Equations*, 3rd ed., Deighton, Bell (1858).

[4] Étienne Bézout, *General Theory of Algebraic Equations*, Princeton University Press (2006). 此书为法文原版 *Théorie générale des équations algébriques*, Ph.-D. Pierres (1779) 的英译本 (Eric Feron译)

[5] Camille Jordan, *Traité des substitutions et des équations algébriques* (论置换与代数方程), Gauthier-Villars (1870).

卡尔达诺

Girolamo Cardano

1501—1576

第 4 章

一元四次方程

It (hammer) gave neither finish nor beauty to the results.

——Augustus de Morgan

（锤子得到的）结果既不圆满也无美感。

——德・摩根*

Il faut que j'y songe encore.

——Joseph Louis Lagrange

我再想想。

——拉格朗日

* 德・摩根说拉普拉斯（Pierre-Simon Laplace，1749—1827）是个锤子一样的天才。

摘要 四次方程还算是常见的代数方程，求圆锥曲线的交点问题就会产生四次方程。四次方程有多种解法，包括费拉里、笛卡尔、欧拉、贝佐、拉格朗日和拉马努金都给出了别出心裁的解法，但是万变不离其宗，不过都是寻找三阶的辅助解式方程。寻找三阶的辅助解式方程可以是直接地下行，也可以是策略地上行——得到一个六次方程，但是实际上是关于平方的三次方程。四次方程的成功求解让人们产生了多项式方程都有代数解的幻觉。拉格朗日在对称函数的概念基础上提供了系统的解式法。

关键词 一元四次方程；圆锥曲线；预解式；对称函数

关键人物 Leibniz, Ferrari, Descartes, Euler, Bézout, Lagrange, Ramanujan

§4.1 问题的导出

一元四次方程（quartic equation）在几何问题中会经常见到。求两条圆锥曲线的交点，或者一条直线同圆环面的交点，直观上最多有4个交点，最后都会化为求解一元四次方程问题(图4.1)。举个简单的例子，椭圆 $\frac{x^2}{a^2}+\frac{y^2}{b^2}=1$，将它简单地绕中心转过90°，得到另一个椭圆 $\frac{x^2}{b^2}+\frac{y^2}{a^2}=1$，求这两个椭圆的交点就会得到一个一元四次方程。求解四次方程的研究始于何时，没有明确的记载，但有案可查的解出现于1540年。一开始，也是走因式分解的路子，若能将四次多项式分解成一次和三次多项式之积，或者两个二次多项式之积，那就能利用现成的二次方程或三次方程的公式解，直接写出结果来。做四次多项式的因式分解，猜是主要手段，但猜不对也是常事。说个插曲。1702年，莱布尼兹（Gottfried Wilhelm Leibniz, 1646—1716）曾提及 x^4+a^4 不能写成一次型或二次型的乘积形式，后来尼克劳斯·贝努里（Nikolaus Bernoulli, 1687—1759）又曾断言 $x^4-4x^3+2x^2+4x+4$ 不能写成一次型或二次型乘积形式。1742 年，欧拉写信给尼克劳斯·贝努里，告诉他 $x^4-4x^3+2x^2+4x+4$ 可以分解为 $[x^2-(2+\alpha)x+1+\sqrt{7}+\alpha][x^2-(2-\alpha)x+1+\sqrt{7}-\alpha]$，其中 $\alpha=\sqrt{4+2\sqrt{7}}$（欧拉总有神来之笔），而 x^4+a^4 的分解式为 $x^4+a^4=(x^2+\sqrt{2}ax+a^2)(x^2-\sqrt{2}ax+a^2)$。关于莱布尼兹会说 x^4+a^4 不可分解，我有点儿不相信。这个因式分解笔者初二时就会，$x^4+a^4=(x^2+a^2)^2-2a^2x^2$，一目了然啊。莱布尼兹会犯这种小错误？

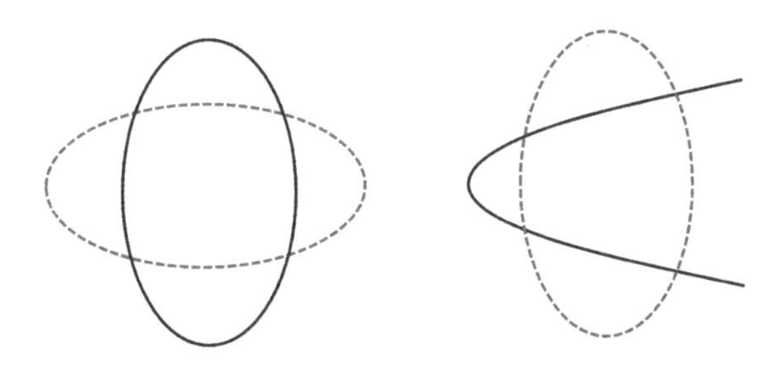

图4.1　两圆锥曲线相交，一般有4个交点

§ 4.2 一元四次方程的几种解法

四次多项式方程

$$x^4+bx^3+cx^2+dx+e=0 \tag{4.1}$$

总可以通过变换 $x\to x-b/4$ 约化为

$$x^4+cx^2+dx+e=0 \tag{4.2}$$

的形式，称为缺项四次型的（depressed quartic）方程。如果碰巧是 $x^4+cx^2+e=0$ 的形式，则称为双二次型的（biquadratic），它其实是变量为 x^2 的一元二次方程，因而容易求解。一元四次方程的解最先由费拉里（Ferrari）于 1540 年发现，发表于卡尔达诺的《大术》一书中（见第 3 章）。对方程 (4.1) 配平方，得

$$(x^2+\frac{c}{2})^2=-dx-e+\frac{c^2}{4} \tag{4.3a}$$

将左侧平方项中再引入一个待定常数 m，变成

$$(x^2+\frac{c}{2}+m)^2=m^2+cm+2mx^2-dx-e+\frac{c^2}{4} \tag{4.3b}$$

我们看到右侧是关于 x 的二次函数形式，假设它也可以写成完全平方的形式，则要求

$$(-d)^2-4\times 2m(m^2+cm+\frac{c^2}{4}-e)=0, \tag{4.4}$$

这是一个关于 m 的三次方程，是可解的。注意，这里已经隐含了解式(resolvent)的思想了。对于任何解得的 m，原方程 (4.2) 变为

$$(x^2+\frac{c}{2}+m)^2=(\sqrt{2m}x-\frac{d}{2\sqrt{2m}})^2 \tag{4.5}$$

两边开根号，就得到两个二次方程，进一步地得到方程的四个解，可表示为

$$x=\frac{\pm_1\sqrt{2m}\pm_2\sqrt{-(2c+2m\pm_1\sqrt{2}d/\sqrt{m})}}{2} \tag{4.6}$$

其中 $\pm_1$、$\pm_2$ 表示在这两处分别独立取 +、− 号，故有 4 种组合。解 (4.6) 式中有除以 $\sqrt{m}$ 的问题，若 $m=0$ 会是个麻烦。不过 $m=0$ 来自式 (4.4) 之 $d=0$ 的情形，而若 $d=0$，则原方程被约化为 $x^4+cx^2+e=0$ 的形式，可直接求解，无须用到这个方法，故 $m=0$ 不会造成任何困难。特别提请注意，解 (4.6) 式中的两处 ±，如果还遇到后面根号下的值为负的情形，实际上会让我们看到集合 $\{1,-1, \mathrm{i}, -\mathrm{i}\}$，这是正方形或者方程 $x^4=1$ 对应的循环群 C_4。那些对称性的思想，都出现在从前的简单表达式中，我们要学会看见它们。

费拉里提供的这个解法，其中的关键过程是得到了一个辅助性的三次方程，拉格朗日称之为 resolvent[①]，resolvent equation，预解式方程，

① resolvent，解式。有人把它译为预解式，但字面上没有“预”字。这种强加其他内容的翻译不可取。

而贝佐（Étienne Bézout, 1730—1783）称之为 la réduite，约化式。三次方程的阶比四次方程低，三次方程的解法是已知的。这似乎给我们一个提示，对于一般多项式方程，如果有办法将之导向一个低阶的代数方程而因为低阶的方程是有解的，那就能够给出它的一般解。到目前为止，我们发现二次、三次和四次代数方程是有根的一般表达式的。

1637 年，笛卡尔（René Descartes, 1595—1650）提供了另一个求解四次方程的方法，直接分解四次函数为二次函数乘积的形式：

$$x^4 + cx^2 + dx + e = (x^2 - ux + t)(x^2 + ux + v) = 0 \tag{4.7}$$

注意，这里有 3 个待定变量 u, v 和 t，这要求：

$$c + u^2 = t + u; \quad d = u(t - v), \quad e = tv \tag{4.8}$$

因此，进一步地有关系式 $u^2(c+u^2)^2 - d^2 = 4u^2e$，这是一个关于 u^2 的三次解式方程（resolvent cubic）

$$(u^2)^3 + 2c(u^2)^2 + (c^2 - 4e)u^2 - d^2 = 0 \tag{4.9}$$

它是可解的。对于给定的 u，由三次预解式方程 (4.9) 和 $e = tv$ 可导出

$$2t = c + u^2 + d / u \tag{4.10a}$$

$$2v = c + u^2 - d / u \tag{4.10b}$$

注意，对于给定的 u^2，虽然 u 有正负两种取值方式，但是调换 u 和 $-u$ 只是调换了 t 和 v，还是得出同样的方程分解方式 (4.7)。

欧拉也提供了四次方程的一个解法。由假设

$$x^4 + cx^2 + dx + e = (x^2 - ux + t)(x^2 + ux + v) = 0 \tag{4.11}$$

出发（这个假设是借助 c, d, e 来决定 u, v, t 三个待定系数），设 x_1, x_2 是 $(x^2 + ux + v) = 0$ 的两个根，x_3, x_4 是 $(x^2 - ux + t) = 0$ 的两个根。显然，$-(x_1 + x_2)(x_3 + x_4) = u^2$ 是三次方程 (4.9)，即$(u^2)^3 + 2c(u^2)^2 + (c^2 - 4e)u^2 - d^2 = 0$，的一个根。但方程 (4.9) 有 3 个根，因此另两个应该分别对应组合 $-(x_1 + x_3)(x_2 + x_4)$ 和 $-(x_1 + x_4)(x_2 + x_3)$。假设方程 (4.9) 的根为 $u^2 = \alpha, \beta, \gamma$ 三种可能，则有 $(x_1 + x_2) = \sqrt{\alpha}$，$(x_1 + x_3) = \sqrt{\beta}$，$(x_1 + x_4) = \sqrt{\gamma}$，以及 $x_1 + x_2 + x_3 + x_4 = 0$。在选择根的时候，可以要求 $\sqrt{\gamma}$ 取 $-\dfrac{d}{\sqrt{\alpha}\sqrt{\beta}}$ 的值。实际上，这就是

$\sqrt{\alpha}\sqrt{\beta}\sqrt{\gamma}=x_1x_2x_3+x_1x_2x_4+x_1x_3x_4+x_2x_3x_4$。这个表达式，还有 $(x_1+x_2)(x_3+x_4)$，$(x_1+x_3)(x_2+x_4)$，$(x_1+x_4)(x_2+x_3)$ 这三种两两相加再相乘的组合，已经体现了用根的置换性质探讨方程可解性的思想了，在方程论中以及证明五次方程无根式通解时会派上用场。

关于一元四次方程，拉格朗日提供了系统的解式法。将方程 (4.2) 的 4 个解 x_1，x_2，x_3，x_4 根据克莱因群（Viergruppe，由 4 个置换构成的群，$V=\{(); (1,2)(3,4); (1,3)(2,4); (1,4)(2,3)\}$）作变换[①]，组合出

$$
\begin{aligned}
s_1&=\frac{1}{2}(x_1+x_2+x_3+x_4)\\
s_2&=\frac{1}{2}(x_1-x_2-x_3+x_4)\\
s_3&=\frac{1}{2}(x_1+x_2-x_3-x_4)\\
s_4&=\frac{1}{2}(x_1-x_2+x_3-x_4)
\end{aligned}
\tag{4.12}
$$

则量 s_1，s_2，s_3，s_4 可唯一地决定 x_1，x_2，x_3，x_4。已知 $s_1=0$。那么另外 3 个量 s_2，s_3，s_4 是多项式方程 $(s^2-s_2^2)(s^2-s_3^2)(s^2-s_4^2)=0$ 的根。将 s_2，s_3，s_4 的表达式代入，再将展开过程中得到的 x_1，x_2，x_3，x_4 的基本对称多项式用 c,d,e 代入，即

$$
\begin{aligned}
&x_1x_2+x_1x_3+x_1x_4+x_2x_3+x_2x_4+x_3x_4=c\\
&x_1x_2x_3+x_1x_2x_4+x_1x_3x_4+x_2x_3x_4=-d\\
&x_1x_2x_3x_4=e
\end{aligned}
\tag{4.13}
$$

发现最后得到的就是方程 $(s^2)^3+2c(s^2)^2+(c^2-4e)s^2-d^2=0$，这个方程与出现在欧拉解法中的 $(u^2)^3+2c(u^2)^2+(c^2-4e)u^2-d^2=0$（式 4.9）相同。这里的问题是，拉格朗日触及到了解多项式方程的核心概念了：基本对称多项式、解式和群。笔者 1994 年走到了式 (4.12)，知道它必有深意，却无力往前推进一步。未来我们会知道，这里需要一个哲学思想上的突

① 此处是基于当前知识的方便表述。克莱因群的概念出现在拉格朗日之后。

破，即用还未求出的根来表示待求的根，关注方程根表达式的结构！

注意在求解四次方程时引入的预解式方程形式上是六次方程，但这个六次方程是特殊的，是关于一个变量之平方的三次方程，故本质上还是三次方程。这让欧拉相信，对于一般代数方程而言，总有比原方程低一阶的预解式方程。多么美好的期望。

关于一元四次方程，如今人们知道可以直接导出其预解式方程来。对方程 $x^4+px^2+qx+r=0$，令 $x=u+v+w$，代入方程中硬性地展开，得

$$\begin{aligned}&(u^2+v^2+w^2)^2+4(u^2v^2+v^2w^2+w^2u^2)+(8uvw+q)(u+v+w)+\\&[4(u^2+v^2+w^2)+2p](uv+vw+wu)+p(u^2+v^2+w^2)+r=0\end{aligned} \tag{4.14}$$

令其中的

$$8uvw+q=0 \tag{4.15a}$$

$$2(u^2+v^2+w^2)+p=0 \tag{4.15b}$$

则有

$$u^2v^2+v^2w^2+w^2u^2=(p^2-4r)/16 \tag{4.15c}$$

把 u^2, v^2, w^2 当作某个一元三次方程的根，上面的式 (4.15) 就是相应的根的对称函数，而方程形式就是

$$z^3+\frac{p}{2}z^2+\frac{p^2-4r}{16}z-\frac{q^2}{64}=0 \tag{4.16}$$

这就是预解式方程。

1765 年贝佐也找到了一个四次方程的求解方法，收录于其 1779 年出版的著作《代数方程一般理论》（*Théorie génerale des équations algébriques*）中，其中对根的对称函数有些相当有价值的讨论。为了解 $x^4+px^2+qx+r=0$，贝佐考察辅助方程

$$y^4-1=0 \tag{4.17}$$

（cyclotomic equation，即分圆方程，用于求解代数方程首先出现在这里）和方程

$$ay^3+by^2+cy+x=0 \tag{4.18}$$

他要通过消去 y 来获得根 x。他将方程 (4.18) 分别乘以 $1, y, y^2, y^3$ 得到

4 个新方程，消去其中的 y, y^2, y^3，利用分圆方程 $y^4-1=0$，会得到一个关于 a, b, c 的方程组。消去 a 和 c，得到关于 b 的六次方程为

$$b^6+\frac{1}{2}pb^4+(\frac{1}{16}p^2-\frac{1}{4}r)b^2-\frac{1}{64}q^2=0 \tag{4.19}$$

而这是关于 b^2 的三次方程，故问题是可解的。后续步骤同前。不过，这里是冲着原方程中的系数 b 而设计的解法。如果是冲着 a 或 c 去的，类似的考虑会得到一个 24 阶的预解式方程。A warning shot across the bow（掠过船头的警告射击）？这警告我们，一般情形下，预解式方程可能是更高次的方程。

就四次方程的解法，笔者注意到它突出了一个非常有趣的哲学实践。对于四次方程这样足够复杂的问题，解决的办法就是往低次分解、约化，这也是法语 resolvent、reduite 的本意。然而，这个约化，可以是直接地下行，也可以是策略地上行。贝佐的方法就是典型的高开低走，先往高次方程方向走，但是那高次方程是关于一个未知变量之平方的低次方程。这个策略，也许对我们解决其他问题有帮助。就学问来说，有时候低层次的内容反而要在学会足够多的更困难、更深刻的内容之后才能理解。

如何解四次方程，在从前没有互联网的时代，肯定一直有人在独立思考这个问题。1902 年，天才数学家拉马努金（Srinivasa Ramanujan, 1887—1920）就又给出了一个很有创意的解法。从如下方程组出发：

$$x^2+ay=b \tag{4.20a}$$

$$y^2+cx=d \tag{4.20b}$$

消去 y 得到方程 $a^2(d-cx)=(b-x^2)^2$。当然对付四次方程可只用三个自由参数，故可固定一个，比如可令 $a=2$，得 $x^4-2bx^2+4cx+(b^2-4d)=0$，这就是缺项四次方程的标准形式 (4.2)，$x^4+px^2+qx+r=0$。令

$$x=\alpha+\beta+\gamma，\ -y=\alpha\beta+\beta\gamma+\gamma\alpha，\ -c/2=\alpha\beta\gamma \tag{4.21}$$

把这些代入方程组 (4.20)（记住，已经选择了 $a=2$），得

$$x^2 + 2y = \alpha^2 + \beta^2 + \gamma^2 = b \tag{4.22a}$$

$$(\alpha\beta\gamma)^2 = (-c/2)^2 \tag{4.22b}$$

$$y^2 + cx = (\alpha\beta)^2 + (\beta\gamma)^2 + (\gamma\alpha)^2 = d \tag{4.22c}$$

这正是$\alpha^2, \beta^2, \gamma^2$构成的对称多项式（由式（4.22a）可知为什么要选择 $a=2$ 了），故它们是三次方程 $z^3 - bz^2 + dz - c^2/4 = 0$ 的解。解出了 $\alpha^2, \beta^2, \gamma^2$，自然就能得到根 $x = \alpha + \beta + \gamma$ 了。

上述这个解法，可以整理改造如下：从方程组

$$x^2 + 2y = b \tag{4.23a}$$

$$y^2 + 2cx = d \tag{4.23b}$$

出发，这对应四次方程

$$x^4 - 2bx^2 + 8cx + (b^2 - 4d) = 0 \tag{4.24}$$

解辅助的三次方程

$$z^3 - bz^2 + dz - c^2 = 0 \tag{4.25}$$

得到 3 个根 α, β, γ，则 $x = \sqrt{\alpha} + \sqrt{\beta} + \sqrt{\gamma}$ 就是四次方程 (4.24) 的根。

拉马努金的这个解法，还是要导向三次预解方程，可以说万变不离其宗。但是，它很物理。它的思想基础是，平面上的两条抛物线一般交于 4 个点，可由两个抛物线方程构造出一个一元四次方程，而由这两个抛物线方程也可以构造出相应的辅助三次预解式来。

一元四次方程的解相当麻烦，但数学家们还是找到了足够多的解法，在寻求解的过程中也带来了对代数方程这个数学对象的一般性思考。从后来的发展来看，将解方程转变为对方程本身的认识是此一数学领域里了不起的一大步。

参考文献

[1] R. Bruce King, *Beyond the Quartic Equation*, Birkhäuser (2009).

[2] S. Neumark, *Solution of Cubic and Quartic Equations*, Pergamon Press (1965).

[3] Jacqueline Stedall, *From Cardano's Great Art to Lagrange's Reflections: Filling a Gap in the History of Algebra*, European Mathematical Society (2010).

[4] Victor J. Katz, Karen Hunger Parshall, *Taming the Unknown: A History of Algebra from Antiquity to the Early Twentieth Century*, Princeton University Press (2014).

[5] Bruce C. Berndt, *Ramanujan's Notebooks, Part IV*, Springer (1994), Chapter 22, Entry 20, p. 31.

法国数学家、哲学家笛卡尔

René Descartes

1596—1650

法国数学家、物理学家拉格朗日

Joseph Louis Lagrange

1736—1813

第5章

一元五次方程代数不可解

It isn't that they can't see the solution.

It is that they can't see the problem.

——G. K. Chesterton

不是他们看不出解，他们看不出问题。

——切斯特顿

摘要　解一元五次方程的尝试意料之外地皆遭遇了挫折。拉格朗日系统研究了二次、三次和四次方程的解，发现根的表达同与多项式相联系之根的对称组合有关，从而有了对称多项式、预解式、判别式等概念。鲁菲尼和阿贝尔分别于1799年和1824年给出了五次方程不可解的证明。伽罗华于1830年前后引入了群的理论，给出了一般五次方程代数不可解的证明以及什么样的多项式可解的伽罗华理论。由此开启的近世代数研究成了数学的新分支，而其中的群论为物理学研究带来了有力的工具。阿诺德用拓扑方法的证明，把根的置换对称性中的置换用路径具体地呈现了出来，别出心裁。看似简单的问题只有在更高的层面上加以审视才能看出它的微妙来。

关键词　一元五次方程；预解式；判别式；对称多项式；可解性；群；伽罗华群；伽罗华理论

关键人物　Vandermonde, Lagrange, Gauss, Ruffini, Abel, Galois, Arnold

§5.1 解一元五次方程

现在人们已经成功地给出了二次、三次和四次多项式方程的通解表达式，下一步自然是向五次多项式方程进军。基于求解三次和四次方程的成功经验，数学家对于解五次方程信心满满。不过，在接下来的一百多年里进展却很不顺利。瑞典隆德大学的历史老师布灵（Erland Samuel Bring, 1736—1798）找到了一个变换[①]，可以把五次方程约化到

$$x^5 + px + q = 0 \tag{5.1}$$

① 先用 $y=x^2+mx+n$ 把方程 $x^5+ax^4+bx^3+cx^2+dx+e=0$ 变换成 $y^5+uy^2+vy+w=0$，再用变换 $z=y^4+py^3+qy^2+ry+s$，就能变成 $z^5+pz+q=0$ 的形式了。此处细节从略。再强调一遍，解可解的高次代数方程是非常繁琐的事情。科学家这门职业首先是个体力活儿。

不过这看似简化了问题但实际上却于事无补。欧拉发现

$$x^5 - 5px^3 + 5p^2x - q = 0 \tag{5.2}$$

这类方程是可解的，但这是特例。欧拉未能解一般的五次方程，尽管他在研究过程中找到了解四次方程的新方法，也算是功不唐捐吧。

法国人范德蒙（Alexandre-Theophile Vandermonde, 1735—1796）和英国人瓦林（Edward Waring, 1736—1798）怀疑到底五次多项式方程是否也有表达看起来挺对称的那种通解。拉格朗日捡起了这个思想，才有了代数方程发展史上关键性的《关于代数方程解的思考》（*Réflexions sur la Résolution Algébrique des Équations*）一书。拉格朗日对根的置换作了深入的讨论，认识到方程的性质及其可解性依赖于根（某种组合）的置换对称性。他发现，方程可解在于找到方程根的某种置换不变的函数（未来伽罗华只需要读懂这个概念），但是这个策略对五次多项式方程失效。此时，人们似乎已经感觉到了五次方程没有根式通解。高斯（Carl Friedrich Gauss, 1777—1855）说也许不难严格证明五次方程的通解不能表达为代数公式，但没了下文。

1835 年，英国人杰拉尔（George Birch Jerrard, 1804—1863）提交了一篇论文，宣称找到了五次方程的一般解表示。哈密顿受命审阅这篇文章。哈密顿花了一个晚上给出了这篇论文的报告，认为这篇论文包含了很多聪明的数学，但是没有提供一般解。到下个月杰拉尔干脆宣称找到了任意次方程的解，还是交由哈密顿审阅。哈密顿认为杰拉尔的方法不能解五次方程，这当然基于他自己对五次方程的研究。在 1836 年 5 月 31 日这一天，哈密顿给杰拉尔写了一封 124 页的长信，详细阐明了为什么他给出负面的评审结论。当然，杰拉尔从未被说服。实际上杰拉尔不是找到了五次方程的解，而是找到了一个变换，把五次方程变成了三项正规（trinormal）的形式

$$x^5 - x - a = 0 \tag{5.3}$$

哈密顿自己曾研读过阿贝尔的不可能证明（后面会提及），还挑出了两处小错。哈密顿还写了“论阿贝尔关于四次以上一般方程不能用根式及

根式函数有限组合表达其根一事的论证”（*On the argument of Abel, respecting the impossibility of expressing a root of any general equation above the fourth degree by an finite combination of radicals and radical functions*），这篇文章一如他的其他文章一样难读。后来在 1879 年，克罗内克（Leopold Kronecker, 1823—1891）提供了一个简单的证明，再后来就有了伽罗华理论。

对一般代数有理解的人容易接受高次代数方程不可解局面的出现，愚以为这也是逻辑链条突变①的例子——二次方程可解，三次方程可解，四次方程可解，但是在五次方程这里戛然而止。到这个地方，五次连乘 $x \cdot x \cdot x \cdot x \cdot x$ 已经不能支撑根式解的存在了。

§ 5.2 拉格朗日的总结

拉格朗日在 1770—1771 年间将解四次以下的多项式方程的各种技巧放在一起考察。拉格朗日发现，一个 n 次代数方程，用其可能的根来表示，形式应为

$$\prod_{i=1}^{n}(x - x_i) = 0 \tag{5.4a}$$

也即

$$x^n + \sum_{i=1}^{n}(-1)^i s_i x^{n-i} = 0 \tag{5.4b}$$

其中 s_i 称为基本对称多项式。基本对称多项式关于根的置换是不变量！又，既然方程的形式为 $\prod_{i=1}^{n}(x - x_i) = 0$，那解之差 (的某种函数) 可能就意味着点儿什么。定义

$$\delta = \prod_{j<k}(x_j - x_k), \tag{5.5}$$

$\Delta = \delta^2$ 可作为判别式（discriminant）。函数 δ 随着根的置换只会改

① 《逻辑链条的尽头》，构思中

变符号，显然函数 $\Delta=\delta^2$ 关于根的置换是不变的。如果方程有重根，$\Delta=0$。对于最简单的二次代数方程来说，$\delta=x_1-x_2$；$\Delta=(x_1-x_2)^2=(x_1+x_2)^2-4x_1x_2=s_1^2-4s_2$，即人们熟悉的 b^2-4ac 或者 b^2-4c。对于三次方程，$\Delta=s_1^2s_2^2+18s_1s_2s_3-27s_3^2-4s_1^3s_3-4s_2^3$。如果一个 n 次多项式方程的伽罗华群包含于交替群 A_n，则Δ会是个完全平方数。这是后话。

拉格朗日引入了多项式方程解式（resolvent）的概念。解式也是多项式，也叫解式方程（resolvent equation）。解式方程的根能用来帮助解原来的多项式方程。三次方程的解式 $x^2-\Delta$ 称为二次解式（quadratic resolvent），其根出现在三次方程的根表达式里。四次方程的解式称为三次解式（cubic resolvent），那是具有八元素的 D_4 群的解式。对于方程 $x^4+cx^2+dx+e=0$，解式的一个选择是 $R(x)=8x^3+8cx^2+(2c^2-8e)x-d^2$。当解式的阶次比原来多项式方程的阶次低时，就可以用低次方程的根去解高次方程。

拉格朗日研究二次和三次方程的解，发现了一个模式。将 n 次多项式方程可能的 n 个根与相应的分圆方程 $x^n=1$ 的 n 个根作为矢量求内积后求其 n 次方，有如下结果：

二次方程　$(x_1-x_2)^2$　2 个根 2 种置换只得出 1 个值

三次方程　$(x_1+\omega x_2+\omega^2x_3)^3$　3 个根 6 种置换只得出 2 个值

四次方程　$(x_1+\mathrm{i}x_2+\mathrm{i}^2x_3+\mathrm{i}^3x_4)^4$　4 个根 24 种置换只得出 3 个值

五次方程　$(x_1+\zeta x_2+\zeta^2x_3+\zeta^3x_4+\zeta^4x_5)^5$　5 个根 120 种置换得出 24 个值

你看，到五次方程的时候，事情突然变得可怕了。

后来，凯莱（Arthur Cayley, 1821—1895）于 1861 年为五次方程提出了一个根的表达式 $(x_1x_2+x_2x_3+x_3x_4+x_4x_5+x_5x_1-x_1x_3-x_3x_5-x_5x_2-x_2x_4-x_4x_1)^2$，相应的 5 个根置换会只有 6 种结果。这样得到的解式是五次多项式的最大可解伽罗华群的解式，它是一个六次多项式。6 种结果虽然比 24 种结果简单多了，但它依然是个颠覆性的结果：解式的阶次比原来的多项式的阶次高！从前解多项式方程的法子失灵了。五次及五次以上的多项式方程根的代数公式可能不存在!

基本对称多项式,判别式,以及待解方程之根同分圆方程之根的内积的 n 次方,这是解代数方程过程中会遇到的量之全体,它们都是待求方程之根的函数。前两者都是置换不变量,而后者在根置换下的结果会随着方程阶数的升高变得复杂起来。方程的可解性问题可能就着落在此处。拉格朗日引入的概念和分析结果,后来被伽罗华系统地利用了,从而有了伽罗华理论。

§5.3 不可解证明

拉格朗日详细考察了求解二、三、四次多项式方程的方法,意识到五次及五次以上方程的求根公式可能不存在。虽然他未能证明自己的断言,但是,他提出的根的置换理论揭示了问题的本质,带来了最后解决这个问题的曙光。1801 年,高斯证明分圆多项式(cyclotomic polynomial)x^p-1当 p 为费马素数时可以用根式求解(由此他得到了圆内接多边形的尺规作图法,详情参见拙著《惊艳一击》),这使得人们意识到,至少有一部分高次方程是可以用根式求解的。我猜测这里有素数的出现,与不可约有关,可回答伽罗华理论中商群阶数为素数的问题。1799 年,意大利人鲁菲尼(Paolo Ruffini, 1765—1822)发表了两卷本、共 516 页的《方程的一般理论》(*Teoria Generale delle Equazioni*)一书,试图证明五次方程不可解。1810 年他又向法国科学院递交了一篇论五次方程的长文,被拒稿,理由是审稿人没空验证其中的内容。1813 年,鲁菲尼再次发表了另一版本的不可能性证明,不过是在一个不知名的杂志上发表的。尽管鲁菲尼的工作未引起数学界的重视,且自身有一些缺陷(没证明根式是方程根的有理函数),但却是探究五次方程解的路程上的一大步。1824 年,挪威人阿贝尔(Niels Henrik Abel, 1802—1829)证明了五次代数方程通用的求根公式是不存在的。结合高斯关于分圆多项式的结论,接下来的问题自然是如何判定具体的代数方程是否有根式解。到了 1830 年，法国数学天才伽罗华彻底解决了五次多项式方程何时可以有根式解的问题，不过他的结果也一直没有能够发表。1846 年，在伽罗华辞世 14 年之后，他的这一伟大成果才终见天日。伽罗华首次提出了群（法语为 Groupe）的概念，并最终利用群论解决了这个世界难题。1870 年，法国数学家约当（Camille Jordan, 1838—1922）根据伽罗华的思想撰写了《论置换与代数方程》（*Traité des substitutions et des équations algébriques*）一书（此书 703 页，比鲁菲尼的书更长），人们才真正领略了伽罗华的伟大思想。伽罗华的思想后来衍生出了伽罗华理论，属于抽象代数的一个分支。

§ 5.4 Abel-Ruffini 定理

Abel-Ruffini 定理断言："五次及五次以上的一般多项式方程没有根式通解（general solution in radicals），即用加减乘除和有限根式表达的解。"这就是所谓的代数方程无解性定理。注意，这里的正确表达是"加减乘除和有限根式"，一些书中经常把"有限"这两个字给漏掉了。必须强调，1. 没有代数解不排除其他形式的公式解，比如用椭圆函数和超几何函数表示的解；2. 所谓的根式是有限的根式，无限嵌套的根式是有可能作为解的；3. 一般多项式方程没有代数公式解，不排除一些特殊系数的方程有代数公式解。其实，判断哪些特殊系数的方程有解以及如何解恰是后来的伽罗华理论之威力所在。

鲁菲尼的长文，一般是没人读了。阿贝尔的论文命运也不济，总是被拒稿。他 1824 年发表了一篇法文的，因为自费，所以极为简明扼要，只有短短的 6 页。笔者愚鲁，虽然读了，其间有些推导的空隙也补不上。比如文中的"如果可解会引出一个矛盾"，我就没看出那矛盾是啥。讽刺的是，阿贝尔自己在文章的第一段中就说其文章的目的在于补上空隙（remplir cette lacune），但他的文章对于我们这些数学弱头脑来说满是空隙。

§ 5.5 伽罗华理论[1]

拉格朗日的思想启发了伽罗华。伽罗华从拉格朗日的思考中到底看到了什么？各种数学书籍都语焉不详，或许对数学家来说那是显然的。我猜想，这里的思路应该是这样的，解由系数决定，$(a_1,a_2,\cdots,a_n)\mapsto(x_1,x_2,\cdots,x_n)$，这个映射就是欲寻找的表达式。但是，拉格朗日发现，系数应以根的基本对称多项式的视角来看待，这样

$$(a_1,a_2,\cdots,a_n)\mapsto(s_1,s_2,\cdots,s_n)\mapsto(x_1,x_2,\cdots,x_n) \tag{5.6}$$

这里 $(s_1,s_2,\cdots,s_n)\mapsto(x_1,x_2,\cdots,x_n)$ 这个映射带有结构性的信息。伽罗华于是把关注点放到了 $(s_1,s_2,\cdots,s_n)\mapsto(x_1,x_2,\cdots,x_n)$ 上，这是用根的结构化组合 $(s_1,s_2,\cdots,s_n)$ 来表示根，表面上看是抛开了系数来谈论方程的解。这恰是伽罗华文章被拒绝的原因。那个 (有限) 群概念里必须强调的封闭性，恰是这里的根之基本对称多项式的封闭性。伽罗华把研究方程的可解性问题转换成了方程根的置换群的可 (分) 解问题——看到组合 $(s_1,s_2,\cdots,s_n)$ 容易想到根的置换。

伽罗华的思想可大致概括如下。首先，每个方程都具有自己的对称外形（symmetry profile），根的置换对称性是方程的特征。置换是关键词，一个 n 次多项式，其最大的置换对称性由置换群 S_n 来表征（群的概念以及从群概念的角度谈论代数方程的可解性问题，见后面的第 9 章。可在阅读完第 9 章后回头来看此处的内容）。第二步，找出正规子群（normal subgroup），即属于一个共轭类的子群。然后有最大正规子群（maximal normal subgroup）的说法。正规子群还有它的正规子群，这样可以追踪得到一个完整的最大正规子群家系（a genealogy of maximal normal subgroup）。第三步，只有特殊类型的伽罗华群才是可 (分) 解的。伽罗华群是可解的，对应的方程才是有解的。一个群是可解的，当且仅当其每一个正规子群的指标（composition factor）都是素

---

[1] 本节内容比较难懂，第一遍阅读本书时可以跳过。

数，即前级正规子群的阶数总是其最大正规子群阶数的素数倍。若一个伽罗华群是可解的，解方程的过程就可以分解为一些简单的过程，其中只涉及低级次方程的解。对于一般形式的五次方程，置换群 S_5 是不可解的，因为它的最大正规子群 A_5 的指数是 60，而 A_5 群是单群，它的最大正规子群就是群 $\{e\}$，只有一个元素。显然，60 不是素数。

具体地，证明步骤简述如下。

1. 一般 n 次多项式的伽罗华群是 S_n。

2. 群 S_n 的第一个最大正规子群一定是交替群 A_n。

3. 如果伽罗华群的合成列（composition series）中的指数始终是素数，则称伽罗华群是可解的，相应的代数方程是可解的。

4. 对于 $n=2$，A_2 群就是平凡的，二次方程可解。对于 $n=3$，A_3 群就是三阶的循环群，这是一个阿贝尔群，三次方程可解。对于 $n=4$，A_4 群不是简单的，它的最大正规子群是克莱因的 V 群（英文为 four-group，其指数为 3，而 3 是素数），四次方程可解。对 $n\geq5$，A_n 群总是简单的（故它也是它关于群 $\{e\}$ 的商群），且是非阿贝尔群，故五次以上方程一般不可解。一个五次方程当且仅当其伽罗华群是 20 阶的弗罗贝尼乌斯（Ferdinand Georg Frobenius, 1849—1917）群 F_{20} 的子群时，即为 F_{20}、D_5 或者 Z/5Z 群时，才是可解的。

对于具体的五次以上代数方程，判断是否可解就是研究它的伽罗华群的可解性。作为第一步，要计算具体方程的伽罗华群。伽罗华群告诉你方程根的样子，尤其是根式嵌套有几重。

计算伽罗华群（对方程的根进行置换）不是一件容易的事情。它是置换群 S_n 的子群，故只需要考虑子群的共轭类。不过，随着 n 的增大，群 S_n 的子群共轭类的数目急剧增加，计算伽罗华群的难度也随之上升。其实，只要计算传递子群即可（transitive subgroups）。对于 $n=2$ 的情形，传递子群只有 1 种；$n=3$，有 2 种；$n=4, 5$，各有 5 种；$n=6$，有 16 种；$n=7$，有 7 种，等等。注意，当 n 为素数时，可能性都少，这是群的特点。

必须指出，即便知道了伽罗华群，五次方程也很难解，那不是一般人能干的活儿。至少从推导过程来看，那也是非常艰巨的任务。更多内容见第 6 章。

为了讨论代数方程解关于数的分类，要引入一个专门概念，域(field)。简单地说，如果一类数的集合，其相加和相乘的结果还在这个集合里，这就构成一个域。有理数，实数和复数是我们熟悉的、在解代数方程时要关切的域，分别记为 Q，R 和 C。关于代数方程，我们把系数限定在实数域内，而解限定在复数域内。但是，实数域、复数域都是大域，里面有丰富的域结构。代数方程还涉及有理函数域。有理函数仿照有理数，其分子分母都是多项式而已，它们也构成域，即对乘法和加法是封闭的。

域有大小不同。从一个小的域 F 扩展到大的域 K，就是扩域，记为 K/F。比如 $K=\left\{a+b\sqrt{2}\middle|a,b\in Q\right\}$ 就是个域，记为 $Q(\sqrt{2})$。一个系数域为 K 的多项式 $P(x)$ 的根域是系数域的最小扩展 L，它满足如下性质：它使得多项式 $P(x)$ 可以分解为一次因式的乘积，而所有一次因式的根都在这个扩展域 L 中。一个系数域关于某个多项式的根域就是将根加进去的最小扩域。比如多项式 $p(x)=x^2-2$，系数是有理数，令根域为 $Q(\sqrt{2})$，就把根都包括进去了。若从域 F 扩张到 K 域，$K=F(\alpha)$，$\alpha^n=a\in F$，则 K 是 F 的单根式域扩张。如果存在扩域系列，$F=F_0\subset F_1\cdots\subset F_n=K$，每一个都是前一个的单根式扩张，则 K 是 F 的根式扩张，这是一个通过添加方根得到的扩域。谈论多项式方程，要提及那个包含了系数和根的根域，似乎是理所当然的。所谓可解，就是通过有限次添加方根得到的系数之 K 扩张包含该多项式的根域。

如果两个域之间有映射关系，满足

$$f(a)+f(b)=f(a+b)\ ,\ f(a)\cdot f(b)=f(a\cdot b) \tag{5.7}$$

则这两个域具有相同的结构，我们说它们是同构的。两个域到底怎么个同构法，体现在这个映射 f 上。

对于多项式 P，设其系数域为 F，多项式在数域 F 上的根域记为 K。考察从根域 K 到根域 K 但保持域 F 的元素不变的域同构（自同构），这些同构的全体构成了一个群，记为 $\mathrm{Gal}(K/F)$。这就是著名的伽罗华群。伽罗华群是置换群 S_n 的一个子群。若伽罗华群是可 (分) 解的，则相应的多项式方程是可解的。

至此，我们只需要理解“群是可解的”是什么意思，就算是理解了伽罗华理论了。简单地说，群是满足乘法封闭性的集合，它包含单位元 e，所有元素 g 有逆 g^{-1}，且乘法要满足结合律。群的元素个数就是群的阶数。一个群中的部分元素所构成的集合也可能满足群的定义，这是群的子群。如果 H 是 G 的子群，对于群元素 $g \in G$，$h \in H$，总有 $ghg^{-1} \in H$，则 H 是正规子群。这个正规子群定义用到的是共轭算法。群的正规子群也许还有正规子群。如果群 G 有如下的最大正规子群序列 $\{e\} \triangleleft H_1 \triangleleft H_2 \cdots \triangleleft H_n = G$，前一个是后一个的最大正规子群，且后一个群的阶数是前一个群的阶数的素数倍，则这样的群是可解的。S_5 群的最大正规子群序列是 $\{e\} \triangleleft A_5 \triangleleft S_5$，其中 A_5 的阶数 60，显然 60 不是素数。由此得出的结论是，一般五次方程没有有限根式解（见 5.4 节）。

一个代数方程的根，就这个方程而言，它们是共轭的（yoked together），不可分辨的（一个意义下不可分辨的对象可以在更具体的意义下是可分辨的）。这是伽罗华理论的核心。伽罗华理论就是用群论提取那些根 (所构成之表达式的) 对称性的性质，从而得到那些根作为数的性质。

关于群的理论和代数方程可解性的讨论，更多内容见第 9 章。

§ 5.6 伽罗华其人其事

伽罗华是法国数学家，有评论认为其能进入人类最伟大数学家排名前 30。伽罗华在 19 岁时就给出了多项式方程根式可解的充分必要条件，为群论和伽罗华理论奠立了基础。伽罗华于 21 岁上死于一场决斗，过早地结束了他天才的生命。难以想象，若天假其年伽罗华到底还能为数学做出哪些突破。顺便说一句，同年热力学的奠基人卡诺（Sadi Carnot, 1796—1832）病逝，享年仅 36 岁。

伽罗华的母亲能流利阅读拉丁语古典文学，她亲自教导伽罗华到 12 岁。伽罗华于 1823 年入路易大公中学（Lycée Louis-le-Grand），14 岁时对数学表现出兴趣。伽罗华找到了一本勒让德（Adrien-Marie Legendre, 1752—1833）的《几何原本》（*Éléments de géométrie*），秒懂。伽罗华 15 岁时阅读拉格朗日的《关于方程代数解的思考》和《函数计算教程》（*Leçons sur le calcul des functions*），前者激发了他日后研究代数方程理论的热情。

伽罗华 1828 年报考巴黎工科学校，没被录取，于是入巴黎高师学数学，次年发表第一篇论文，是关于连分数的。恰此时，他做出了关于解多项式方程的重大发现，撰写了两篇论文投给巴黎科学院。柯西（Augustin-Louis Cauchy, 1789—1857）负责审稿但拒绝发表，原因不明。1929 年伽罗华再考巴黎工科学校，仍没被录取，原因不明。

伽罗华将其关于代数方程理论的论文投稿了几次，但是终其一生都未能发表。1830 年柯西建议伽罗华把论文寄给巴黎科学院秘书傅里叶，去参评科学院的大奖（Grand Prix），但是傅里叶不久辞世了，伽罗华的文稿丢失。尽管如此，1830 年伽罗华还是发表了三篇论文，其中之一奠定了伽罗华理论的基础。1831 年泊松（Siméon Denis Poisson, 1781—1840）建议伽罗华把关于方程理论的工作递交巴黎科学院，伽罗华于 1 月 17 日照做了，到了 7 月份，泊松评论伽罗华的工作既不清晰也不严格，但建议作者把他的全部工作作为一个整体发表。泊松的报告于 10 月份送达了已在监狱中的伽罗华手中（伽罗华是一个狂热的革命者，那时他正在监狱里服刑）。伽罗华对这个报告一方面很恼火，决意不再向巴黎科学院投稿，而是通过私人发表，但另一方面他又认真对待泊松的建议，开始把自己的文稿收集起来，撰写一篇比较系统的论文并于 1832 年 4 月 29 日投了出去。

1832 年 5 月 30 日，伽罗华和人决斗，不幸中弹于两日后辞世，年仅 21 岁。伽罗华非常清楚决斗对他意味着什么，决斗前一天他彻夜都在给朋友书写关于他的数学遗嘱 (证明) 之主要思想（outline the idea of his mathematical testament），给拟递交的论文加了注解，并附上三篇文稿 (图 5.1)。近代德国数学家、物理学家外尔（Hermann Weyl, 1885—1955）曾这样评价道：“这封信，就其所包含之思想的新颖与丰富而言，或许可以说是人类文献中之最具分量的篇章。”

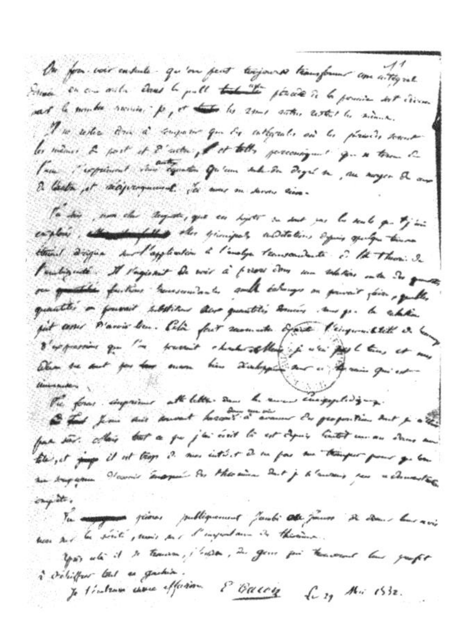

图5.1　伽罗华与人决斗前夜所书写手稿的最后一页

倒数第二句可见“déchiffrer tout ce gâchis(破解这一堆乱麻)”的字样

1843 年，数学家刘维尔（Joseph Liouville, 1809—1882）审阅了伽罗华的论文并给予了高度肯定，伽罗华的论文从而得以发表在 1846 年 10—11 月那期的《纯粹与应用数学杂志》（*Journal de Mathématiques Pures et Appliquées*）上。此论文之最重要的贡献是提供了高于五次的方程没有一般根式解的证明。虽然此前鲁菲尼于 1799 年发表了一个五次方程无解的证明，阿贝尔于 1824 年也给出了五次方程没有根式表达的公式通解的证明，但伽罗华的理论提供了对问题更深刻的理解，由此诞生了伽罗华理论。依据该理论，可以决定任意一个多项式方程到底有没有根式解。

在伽罗华最后致朋友的那封信中，伽罗华请求他的朋友去公开请求德国数学家雅可比（Carl Gustav Jacob Jacobi, 1804—1851）或高斯关于此定理的重要性而非其对错的意见。然后，他希望有人在解读他这篇“胡写乱划”时能得到有益的东西。伽罗华是第一个在当代意义上使用群这个概念的人，从而确立他群论奠基人之一的地位（群概念有多种来源）。他还发展了正规子群的概念，以及有限域的概念。

伽罗华文章的坎坷命运，也可能与思想的惯性（惯性是物理学的主角）有关。从一元二次方程算起，人们习惯的都是谈论加于系数的某种条件决定方程的可解性，而伽罗华给出的是加于根的条件。伽罗华的理论是对思想惯性的革命。

少年，未哭过长夜，不足以言爱情；未读过伽罗华，不足以谈数学。

§5.7 阿诺德的拓扑证明

大约在 1963 年，苏联数学家阿诺德（Влади́мир И́горевич Арно́льд, 1937—2010）从拓扑学的角度提供了一个关于五次方程不可解的证明，这个证明非常迷人、非常震撼。这个证明的要点是把根的置换对称性中的置换用路径给连接起来。就是说，阿诺德把分立的置换操作给连续化了！这就如同我们看人家玩魔术，玩魔术的人把左右手里的东西互换了，我们看到的就是结果——东西互换了。阿诺德所做的就是把这个左手的东西交到右手、右手的东西交到左手的具体路径给画出来，让我们清楚地看到过程。此处关切的是路径之与长度无关的性质，属于拓扑学的范畴。

用几何的眼光考察最简单的二次方程 $x^2+bx+c=0$ 解的问题。给定一个复平面内 b 和 c 两个点，对应另一个复平面内作为方程

$x^2+bx+c=0$ 之根 x_1，x_2 的两个点。在系数复平面内移动系数 b 和 c，会观察到根复平面内对应的根的移动。以方程 $x^2-x+0.5=0$ 为例，$b=-1$，$c=0.5$；$x_1\approx-1.28$，$x_2\approx0.78$。在系数平面内让参数 c 绕个小圈子回到原处 $c=0.5$，可观察到在根复平面内两个根也各自绕一个小圈子回到原位。这个很好理解。现在，让 c 绕个大点儿的圈子回到原处，会发现对应的两个解的运动结果是它们换位了。发生根的置换了！ This is really, really weird. 也就是说，根的置换这种操作，可以由方程系数连续地走过一个回路来实现（笔者好奇的是，阿诺德是怎么发现这一点的。后来，我想明白了，“无他，唯脑熟且手熟尔！”）。

这个观察有什么意义呢？它告诉我们，从方程参数到方程根的映射，即根的表达式，不能是一个连续函数。有人可能会反驳说，不对啊，二次方程 $x^2+bx+c=0$ 的解公式 $x_1=(-b+\sqrt{b^2-4c})/2$，$x_2=(-b-\sqrt{b^2-4c})/2$，是连续函数啊。错！开根号 $\sqrt{z}$ 这个操作不是个（复数域上的连续）函数。考察开根号的结果，例如 $\sqrt{\mathrm{e}^{2\pi i t}}=\mathrm{e}^{\pi i t}$，会发现 $t=0$ 时，对应 $\sqrt{1}=1$；$t=1$ 时，对应的是 $\sqrt{1}=-1$。也就是对应一个变量值，可能有两个结果，这不是函数。这可以理解为，$\sqrt{c}$ 中的 c 绕环路从 1 回到 1 造成方程 $x^2=1$ 的两个根发生置换了。二次方程的根表示使用开根号是一种选择。

为了推进我们的讨论，我们记 x_1，x_2，$\cdots$，$x_n\in C$ 为复空间 C（根空间）里的 n 个点，对应的多项式 $(x-x_1)(x-x_2)\cdots(x-x_n)$ 为多项式函数空间 F_n 中的一个点，记为 p。对于根的任意置换，在函数空间中都存在关于点 p 的一个诱导该置换的环路。

这里讨论的关键落在函数空间 F_n 中（其中每个点都是一个 n 阶多项式）的环路的一个性质上了。函数空间 F_n 中关于 p 点的任意两个环路 γ_1，γ_2，其对易式

$$[\gamma_1,\gamma_2]=\gamma_1\gamma_2\gamma_1^{-1}\gamma_2^{-1} \tag{5.8}$$

对应的环路，使得 $f(p)^{\alpha}$ 的图像，其中 $f(p)$ 是连续函数而 α 是有理数，

在根空间中也是个环路。这意思是说，环路对易式 $[\gamma_1, \gamma_2]=\gamma_1\gamma_2\gamma_1^{-1}\gamma_2^{-1}$ 对应的环路，经连续函数再开根号这样的函数 $f(p)^{\alpha}$ 所得到的像，是根空间中的一个环路，而非造成根的置换。

现在考察三次多项式方程的情形。设诱导了置换 (1, 2, 3) 的环路为 γ_1，诱导了置换(1, 2)的环路为 γ_2[①]，我们会发现其对易式 $[\gamma_1, \gamma_2]$ 表示的环路也造成了 3 个根的置换。但是，从函数空间 F_n 到根空间的映射，如果选择连续函数，包括 $\sqrt{\ }$ 的组合的话，应该造成根空间中的一个环路而非置换。这说明三次方程的解公式必然要求根式的嵌套。

现在阿诺德考察 S_5 群的120个置换操作得到的120×120个对易关系，发现结果中有 60 个置换操作是对易式的结果。此时说明五次方程的解公式必然要求根式的嵌套。继续研究这 60 个置换构成的对易关系，发现结果还是妥妥的这 60 个置换操作，即对易关系进入了一个循环。也就是说，如果五次方程能表示为根式形式的话，这个根式必是无限嵌套的（参见 Alekseev 2004）。至此，五次方程的有限根式不可解得到了从拓扑角度的证明。

阿诺德的证明可简述如下。

1. 考察二次方程，观察到系数在函数空间里的环路引起解的置换。没有连续函数可以将二阶多项式联系到其一个根上。二次方程根的表达式要用到根式，就可以理解了。

2. 对于任意多项式，其 n 个根的任意置换，都存在函数空间里的一个环路能诱导这个置换。

3. 考察环路的对易式，函数空间 F_n 中的两个环路 γ_1, γ_2，有从函数空间到解空间 C 的连续函数 f，如果函数空间 F_n 中的点 p 绕对易式环路 $[\gamma_1, \gamma_2]$，而α是有理数，则 $f^{\alpha}(p)$ 是 C 空间中的环路。也就是说，若

① 置换（1，2，3）的意思是 1→2，2→3，3→1，置换（1，2）的意思是 1→2，2→1。

对易式环路还能诱导非平凡的根的置换，那么解公式就不能是简单的根式，而必须是根式套根式。

4. 考察三次方程，比如置换对应的两个系数环路之对易式环路所对应的仍是置换，则解公式必须是嵌套的根式。

5. 五次方程根的 120 个置换，对应的两个系数环路之对易式环路会对应其中的 60 个置换，包括置换 (12345)，说明根公式必须是嵌套的根式。而这 60 个置换对应的任意两个系数环路之对易式环路仍对应这 60 个置换，说明根公式必须是无限嵌套的。QED.

拓扑视角下的五次方程不可解证明是非常独特的，可应用于诸多其他场合，比如微分方程奇点的拓扑分类问题，哈密顿系统一次积分的不存在性问题，等等。

§ 5.8 多余的话

笔者是 1977—1978 年刚上初中的时候学习因式分解（factorization）和代数方程的。那时候，我们别说有法国巴黎高师那里的顶级数学家当老师，我们连任何意义上的数学老师都没有！成功地找到一个代数表达式的因式分解，曾给那个赤脚上学的少年带来怎样的欢乐啊，我至今都难以忘怀。1995—1996 年我在摆弄真空仪器之余，时常思考代数方程解的问题，了无头绪。虽然从二、三次方程的解能看出排列组合以及方程 $x^n=1$ 的根的影子，但我只能想到用 $x^n=1$ 的 n 个根来展开待解方程的根，却没想到从待求的根与 $x^n=1$ 的根之内积之置换上看问题。没办法，没这个水平啊。这个问题一直压在我的心上，多年来我就想弄明白这个问题。还有，很长时间里，我没把解方程的“解”同因式分解的“解”和可分解群中的“分解”以及物质的“溶解”当作一回事，这影响了我对问题的理解。解和分解，都是 solve; 可解的和可分解的，都是

soluble。西文里解代数方程，就是分解多项式函数。读中文文献，解(求解)、分解容易给人不同概念的感觉，大谬也。若只有我一人这么笨，那就万幸。

从代数方程理论可以看到拉格朗日—高斯—伽罗华这条思想的脉线。拉格朗日对二、三、四次方程的解与解法的审查，新概念的引入，以及对置换之关键角色的洞察，除了他的天才，还有对方程的熟悉——拉格朗日长于各种计算。没有投身过实践的天才是个无从证实其天才的天才。实践还会激发人的天才。高斯关于分圆多项式（与尺规作图法有关）的研究，指出了 x^p-1 (p 是费马素数) 型多项式是可以有根式表达的——至此你就明白他为什么能用尺规法做出圆内接 17 边形了。伽罗华看懂了这一切，解式，置换，群，正规子群（共轭），合成列的指数应为素数，这些概念构成了伽罗华理论的要素。

伽罗华的成就在于他是个天才，更在于他的世界里有成群的天才前辈。法兰西是一个伟大的国家，这个国家的伟大之处之一是盛产数学家。在伽罗华生命中出场的法兰西同胞，包括拉格朗日、勒让德、傅里叶、泊松、柯西、刘维尔等，都是一等一的数学大家。天才的孩子，如果遇不到高水平的老师，则不招老师喜欢必然是宿命。虽然，人的胸怀与学识并不必然正相关，但你很难指望一个水平低下的人有多宽阔的胸怀。伽罗华也不招老师喜欢（爱因斯坦也是），幸运的是，他的世界里有天才前辈光芒的照耀。

伽罗华的成就不是天上掉下来的。作为一个中学生，他阅读的是勒让德的《几何原理》，是拉格朗日的《解析函数论》。他一上来试图延拓的是拉格朗日走过的路，而拉格朗日是那个对牛顿不服气，感叹“可惜微积分只需要发明一次”的人。我们的少年，有哪个是在中学时期就读过顶级学问创造者的（原文）著作的？少年，若你也想让自己的天才发出光芒，到顶尖学者身边去，到学问的海洋中去。

太多的学问，其本身也许没有价值，但对它的回答所带来的新的问题及其答案，可能具有意想不到的意义。代数方程研究之最令我惊讶处，是知识疆域的扩展。整数向有理数分数的扩展，实数向复数的扩展，代数概念（群、环、域、代数、模型式）的扩展。这些扩展把人们带到了更高的层次上去审视原始的问题，会发现原来看似简单的问题只有在更高的层面上才能看出它的微妙来。一个问题的解和一个问题的提出，这两者不必然在一个层面上或者一个语境中。我们学的东西都太简单了！**别以为你能理解那些简单的内容，那些看似简单的内容是因为你知道得少才显得简单的。**在更高的层面上，你才能享受理解复杂的快乐。解代数方程导出的群论，简直就是为近代物理设计的语言。学会群论吧，只有这样你才会成为一个合格的物理学家！

关于代数方程解的系统理论介绍，超出了本书的范围（真实的原因是超出了作者的水平），有兴趣的读者请系统学习近世代数相关课程。

参考文献

[1] Mario Livio, *The Equation That Couldn't Be Solved*, Simon & Schuster (2006). 中译本为《无法解出的方程》(王志标译), 湖南科学技术出版社 (2008)

[2] Peter Pesic, *Abel's Proof: An Essay on the Sources and Meaning of Mathematical Unsolvability*, The MIT Press (2003).

[3] R. Bourgne, J.-P. Azra, *Écrits et mémoires mathématiques d'Évariste Galois* (伽罗华数学文稿), Gauthier-Villars (1962).

[4] Évariste Galois, Mémoire sur les conditions de résolubilité des équations par radicaux (方程根式可解的条件), *Journal de Mathématiques Pures et Appliquées* **11**, 417–433 (1846).

[5] Ian Stewart, *Galois Theory*, 4th ed., CRC Press (2015).

[6] R. Bruce King, *Beyond the Quartic Equation*, Birkhäuser (2009).

[7] Bruce C. Berndt, Blair K. Spearman, Kenneth S. Williams, Commentary on a unpublished lecture by G. N. Watson on solving the quintic, *The Mathematical Intelligencer* **24**(4), 15–33 (2002).

[8] Felix Klein, *Lectures on the Icosahedron and the Solution of the Fifth Degree*, Trübner & Co (1888). 此书为德文原版 *Vorlesungen über das Ikosaeder und die Auflösung der Gleichungen vom fünften Grade*, B. G. Teubner (1884) 的英译本 (George Gavin Morric译)

[9] Arthur Cayley, On the theory of groups, as depending on the symbolic equation $\theta^n = 1$, *Philosophical Magazine*, Series 4, 7(42), 40–47 (1854).

[10] Camille Jordan, *Traité des substitutions et des équations algébriques* (论置换与代数方程), Gauthier-Villars (1870).

[11] Edgar Dehn, *Algebraic Equations: An Introduction to the Theories of Lagrange and Galois*, Columbia University Press (1930).

[12] V.B. Alekseev, *Abel's Theorem in Problems and Solutions*, Kluwer Academic Publishers (2004). 此书俄文版为*Теорема Абеля в задачах и решениях*, Наука (1976)

[13] Leo Goldmakher, Arnold's elementary proof of the insolvability of the quantic. Online: https://web.williams.edu/Mathematics/lg5/ArnoldQuintic.pdf

挪威数学家阿贝尔

Niels Henrik Abel

1802—1829

法国天才少年、数学家伽罗华

Évariste Galois

1811—1832

德国数学家高斯

Carl Friedrich Gauss

1777—1855

苏联数学家阿诺德

Влади́мир И́горевич Арно́льд

1937—2010

第 6 章

五次及更高阶方程解

Lisez Euler, lisez Euler, c'est notre maître à tous.

——Pierre Simon de Laplace

阅读欧拉，阅读欧拉，此公乃吾人师也。

——拉普拉斯

God is a mathematician of high order…

——P. A. M. Dirac

上帝是个高阶数学家……

——狄拉克

摘要　一元五次方程一般没有有限根式解，但这不妨碍具体的五次方程可解。如果方程的伽罗瓦群可解，它就是根式可解的。五次方程有根式解，当且仅当其伽罗华群包含于20阶弗罗贝尼乌斯群 F_{20} 中。此外，有多种其他的方法，比如利用椭圆函数、超几何函数等特殊函数，可以解五次方程。由五次方程的布灵形式 $x^5+ax+b=0$ 和三次方程 $x^3+ax+b=0$ 样子很像也能找出新解法。一元六次方程更不可解，但是研究六次方程的解一样带来新的知识，比如借此表征了所有根式可解的五次方程。对于可解的五次、六次方程，解的过程也是特别繁杂的。阿诺德等人研究过七次方程的解。欧拉更是研究了无穷阶方程的解，最终得到了级数和 $\frac{1}{1^2}+\frac{1}{2^2}+\frac{1}{3^2}+\cdots=\frac{\pi^2}{6}$ 以及其他诸般神奇结果。代数基本定理断言 n 次代数方程有 n 个复数解，实系数代数方程复数根以共轭对的方式出现。代数基本定理不是代数的，其证明光靠代数是无能为力的，要用到拓扑、分析方面的知识。不能作为代数方程根的实数称为超越数，e和 π 都是超越数。

关键词　一元五次方程；一元六次方程；伽罗华群；特殊函数；无穷阶代数方程；代数基本定理；超越数

关键人物　Euler, D'Alembert, Laplace, Tschirnhaus, Argand, Bring, Jerrard, Malfatti, Frobenius, Hermite, Liouville, Lindemann, Kronecker, Klein, Gordan, Dummit, Arnold

§6.1 一元五次方程解

伽罗华理论证明了一元五次多项式方程一般没有有限根式通解，但这并不表示所有的五次方程都没有根式解。实际上，对于具体的五次方程，其伽罗华群可以是对称群 S_n，也可以是亚循环群[①] M_n，二面群[②] D_n，交替群 A_n 或者 C_n 群，等等。可以通过计算具体代数方程的伽罗华群来判定它的可解性：若伽罗华群是可解的，则方程是根式可解的。但是，原则上可解和能写出解的表达式仍然是两码子事儿。计算出伽罗华群和得到具体解的表达式都不是一件容易的事儿。此外，没有根式解，但可以用其他的函数来表示解，比如用椭圆函数。克莱因于1884年发表了一篇题为《正二十面体与五次方程解》的长文，戈尔丹（Paul Albert Gordan, 1837—1912）差不多同时期也有类似的讨论，将五次方程、转动对称性和超几何函数结合到了一起。利用一些超越函数，比如 θ 函数、魏尔斯特拉斯 $\wp$ 函数或者戴德金 η 函数，也可找到五次方程的公式解。德国数学家克罗内克（Leopold Kronecker, 1823—1891）曾试图理解五次方程为什么可以用椭圆函数来解。法国数学家厄米特（Charles Hermite, 1822—1901）在“论一般五次方程的解”一文中则论证了为什么拉格朗日的解法不能用于五次方程。这两位都写过题为“论一般五次方程的解”的文章。给出五次方程新的公式解是一个能展示数学家真正水平的挑战，至少到1999年还不断有五次方程新解法涌现呢。就算群论说五次及更高次方程是没有一般根式解的，试图找出一般根式解的注定徒劳的努力也会结出硕果。感兴趣的读者，建议阅读本章后的参考文献。

因为五次方程很难得到公式解，且有限根式解还被证明是不可能的，所以，解五次方程问题惊动了几乎所有的世界上最伟大的数学头脑，也就容易理解了。

欲解高次方程，第一步是约化。欧拉就把一般五次方程一直约化到了 $x^5-10qx^2-p=0$ 的形式。1683年，瓦尔特（Ehrenfried Walther, 1651—1708）对五次方程开始进行系统的研究。Ehrenfried Walther 即是 Count of

---

① Metacyclic group 是其交换子子群和商群都是循环群的循环群，是结构特殊的循环群。字面上是后循环群。

② Dihedral group 是关于多边形的群。有人将之汉译为“二面体群”，不知“体”从何来。

Tschirnhaus，故后人以爵位封地名 Tschirnhaus（切恩豪斯）称呼他。切恩豪斯爵士引入变换

$$x \to x - a_1 / n \tag{6.1}$$

可以把一般代数方程

$$x^n + a_1 x^{n-1} + \cdots + a_n = 0 \tag{6.2a}$$

变成

$$x^n + b_2 x^{n-2} + \cdots + b_n = 0 \tag{6.2b}$$

的形式，故文献中会把变换 (6.1) 称为切恩豪斯变换（Tschirnhaus transform）。切恩豪斯爵士觉得根据他的变换，继续下去也许能消去 x^{n-2} 项以至于所有的低次幂项，直至最后只剩下 $x^n = a_0$ 形式的方程。针对一般方程 (6.2)，他引入替换

$$y = x^2 + px + q \tag{6.3}$$

由方程的 n 个根 $x_1, x_2, \cdots, x_n$ 计算相应的 $y_1, y_2, \cdots, y_n$，选择参数 p 和 q，使得 $\sum_i y_i = 0$，$\sum_i y_i^2 = 0$，这样就得到 $y^n + b_3 y^{n-3} + \cdots + b_{n-1} y + b_n = 0$ 形式的方程。注意，$(n-1)$ 和 $(n-2)$ 次幂项都消掉了。那么，引入变换 $y = x^4 + px^3 + qx^2 + rx + s$，就能够将一般的五次方程约化为 $y^5 + b_{n-1} y + b_n = 0$ 的形式。不过说来容易做来难。具体计算得到这个最简化的形式要由布灵在 1786 年才完成，1852 年由杰拉尔重新发现，是故

$$x^5 + ax + b = 0 \tag{6.4}$$

称为 Bring-Jerrard 标准形式，或者布灵标准形式。

将五次方程约化为布灵标准形式 (6.4)，若两个系数 a 和 b 可参数化为

$$a = \frac{5\mu^4(4v+3)}{v^2+1}, \quad b = \frac{4\mu^5(2v+1)(4v+3)}{v^2+1} \tag{6.5}$$

其中参数 μ 和 v 为有理数，则方程是可解的。又或者如果有

$$a = \frac{5e^4(3-4\varepsilon c)}{c^2+1}, \quad a = \frac{4e^5(11\varepsilon+2c)}{c^2+1} \tag{6.6}$$

其中 $\varepsilon=\pm1$，$c\geqslant0$，$e\neq0$，方程也是可解的。当然了，根的表达非常复杂。克莱因把方程约化为

$$x^5+5ax^2+5bx+c=0 \tag{6.7}$$

的形式，进而解相应的正二十面体方程，根可用四变量的超几何函数表示。正二十面体的点群为$\bar{5}32$群，其多项式方程就是五次的。戈尔丹的解法利用了多面体多项式（polyhedral polynomials）的概念，这些多项式的根落在多面体的顶点上、边中心处和面心处，因而具有相应的对称性。比如，对于正二十面体多面体，对应其顶点的多项式为 $f=u^{11}v+11u^6v^6-uv^{11}$；对应边的多项式为 $T=u^{30}+522u^{25}v^5-10005u^{20}v^{10}-10005u^{10}v^{20}-522u^5v^{25}+v^{30}$；对应面的多项式为 $H=-u^{20}+228u^{15}v^5-494u^{10}v^{10}-228u^5v^{15}-v^{20}$，这些多项式之间有关系

$$1728f^5-H^3-T^2=0 \tag{6.8}$$

其中的幂指数 5-3-2 就是正二十面体的对称轴的特征。你看，从式 (6.8) 好像能看到一元五次方程、正十二面体和正二十面体的影子 (5-3-2)。

厄米特在 1858 年发现五次方程可以用椭圆函数（雅可比 θ 函数）求解。厄米特一直关注五次方程解问题，他在 1842 年（同年考入巴黎工科学校）就发表了“关于五次方程代数解的思考”一文，震惊了国际数学界。厄米特发现 $x^5+ax+b=0$ 和约化的三次方程样子 $x^3+ax+b=0$ 很像，而后者有解。定义

$$k^2=\frac{z_2-z_3}{z_1-z_2},\quad k'^2=\frac{z_1-z_2}{z_1-z_3} \tag{6.9}$$

其中 z_i 是周期为 ω_1 和 ω_2 的魏尔斯特拉斯（Karl Weierstrass, 1815—1897）$\wp$ 函数。往下一通构造，得到一个被约化为 $x^5-x+\rho=0$ 形式的方程。或者反过来说，对于方程 $x^5-x+\rho=0$，k 是四次方程 $k^4+z^2k^3+2k^2-z^2k+1=0$ 的解，其中 $z=-\rho\sqrt[4]{5^5}/2$。这样，由 k 就可以得到五次方程的解。厄米特的方法后来又被克罗内克用来对付 $x^5+cx+c=0$ 形式的方程。

关于五次方程解，数学物理大家克莱因1884年撰有《二十面体与五次方程解教程》（*Vorlesungen über das Ikosaeder und die Auflösung der Gleichungen vom 5ten Grade*）一书。克莱因研究高于四阶的代数方程，尝试用超越方法去解五次方程，因此注意上了二十面体具有五次转动对称性（和五次方程根的置换对称性有对应。记住，任何有限群都同构于一个置换群）的事实。他用二十面体群解决了五次方程的非根式解问题，相关研究让他发表了一系列关于椭圆模函数的论文。克莱因在这本书中讲述了自守函数理论，以及如何将代数同几何联系起来。我把这本书的章节安排照录下来，供读者朋友感受大学问家看（我们误以为简单的）问题的多层次与多角度。《二十面体与五次方程解教程》一书章节安排如下。

第一部分

第一章　规则多面体与群论

第二章　$x+iy$简介

第三章　基于函数论对基本问题的讨论

第四章　基本问题的代数特征

第五章　一般性定理和对主题的探讨

第二部分

第一章　五次方程发展史

第二章　几何内容简介

第三章　五次方程的主方程

第四章　不变形式以及六次雅可比方程

第五章　一般五次方程

显然，这跟笔者能想象到的正二十面体和五次方程的可能内容出入很大。克莱因关于自守函数和椭圆模函数的研究成果见于他和朋友一起撰写的《椭圆模函数理论教程》和《自守函数理论教程》等书，厚厚的四大本，前后耗时 20 年。

上述关于如何解五次方程的介绍都是不完备的，因为要用到很神奇的构造以及一些超越函数，如果都解释清楚，早超出本书的范围和作者的水平了。为了对解的复杂性有个直观认识，举个简单点的例子吧。对于可解五次方程 $x^5-20x^4-10x^2-1=0$，其根之一为

$$x_1=4+\left(\frac{\sqrt{129}+1}{8}\right)\sqrt[5]{16\sqrt{129}-16}+\frac{1}{2}\sqrt[5]{(16\sqrt{129}-16)^2}+\left(\frac{\sqrt{129}+1}{64}\right)\sqrt[5]{(16\sqrt{129}-16)^3}+\frac{1}{16}\sqrt[5]{(16\sqrt{129}-16)^4} \tag{6.10}$$

对于可解五次方程 , 还有马尔法蒂（Giovanni Francesco Malfatti, 1731—1807）于 1771 年发现的根表达式。这是第一例用六阶预解式解五次方程的成功案例。五次方程的预解方程是个六次方程，似乎无助于获得五次方程的解。可是马尔法蒂发现若六次预解方程有有理解，则该五次方程可解。用后来的伽罗华理论观照，马尔法蒂算是表征了所有根式可解的五次方程。马尔法蒂对付的是方程

$$x^5+5cx+d=0 \tag{6.11}$$

看似只有两个系数 c 和 d 的情形，但是还是个很强的限制，“this does not restrict the generality as much as it seems at first glance”。我们看到马尔法蒂给的假设解为含 4 个参数的形式:

$$x_{j+1}=-(\varepsilon^j m+\varepsilon^{2j}p+\varepsilon^{3j}q+\varepsilon^{4j}n),\ j=0,1,2,3,4,\ \varepsilon=\mathrm{e}^{2\pi\mathrm{i}/5} \tag{6.12}$$

由根构造出一个五次方程，讨论参数该满足的条件，中间会得到一个特殊的六次预解式，其实是双三次预解式。双三次预解式有根式解，就可以得到原五次方程的根式解。比如，对于方程 $x^5=2625x+61500$，其根式解为

$$x_{j+1}=\varepsilon\sqrt[5]{75(5+4\sqrt{10})}+\varepsilon^{2j}\sqrt[5]{225(35-11\sqrt{10})}+\varepsilon^{3j}\sqrt[5]{225(35+11\sqrt{10})}+\varepsilon^{4j}\sqrt[5]{75(5-4\sqrt{10})}$$

马尔法蒂这算是呈现了一个经典传统的解法。

1991 年杜米（David. S. Dummit, 1954— ）给出了可解五次方程的确切公式表达。杜米从伽罗华理论出发，发现五次方程有根式解，当且仅当其伽罗华群包含于 20 阶弗罗贝尼乌斯群 F_{20} 中。这里的关键是，把五次方程解存在的判据系于关联的六次预解式方程的有理根的存在。记 20 阶弗罗贝尼乌斯群 F_{20} 的两个生成元为置换 (12345) 和 (2354)，针对方程多项式（我们得习惯把方程写成这个形式！）

$$x^5 - s_1x^4 + s_2x^3 - s_3x^2 + s_4x - s_5 \tag{6.13}$$

构造在域 $Q(s_1,\cdots,s_5)$ 上的满足六阶方程的群的稳定子 θ 及其 5 个共轭（用原方程的根表示的），这个六次方程的对称多项式是原来方程的对称多项式的函数。这个六阶方程还有二次项因子，属于可解的。举例来说，方程 $x^5 - 5x + 12 = 0$ 的预解式为

$$x^6 - 40x^5 + 1000x^4 + 20000x^3 + 250000x^2 - 66400000x + 976000000 = 0 \tag{6.14}$$

有两个二次项因子 $x^2 + 1250x + 6015625$ 和 $x^2 - 3750x + 4921875$。这个方法一方面要用到群论知识（见第 9 章），另一方面繁杂的计算也是必需的。

§ 6.2 一元六次方程解

一元六次代数方程（sextic equation, hexic equation）即形式为

$$x^6 + a_5x^5 + a_4x^4 + a_3x^3 + a_2x^2 + a_1x^1 + a_0 = 0 \tag{6.15}$$

的方程。六次方程出现的场合不多。五次方程的凯莱解式是一个六次多项式方程，算一个。五次以上方程没有有限根式解，所以关于六次方程倒是省了相关的讨论。 不过，与五次方程一样，伽罗华理论可以帮助回答哪些六次方程可解。根据伽罗华理论，一元六次方程有根式解，当且仅当它的伽罗华群被包含在一个 48 级的群（有 52 种不同构的类型）中，该群将根集合的一个分拆稳定为三个两根子集；或者包含在一个 72 阶群

(有 50 种不同构的类型)中，该群将根集合的一个分拆稳定为两个三根子集。

一般六次方程可以用费里(Kampe de Feriet, 1893—1982)函数来解，约化六次方程可以用克莱因解五次方程时用到的广义超几何函数(generalized hypergeometric functions)。形如

$$(x-a)^6-4a(x-a)^5+16(x-a)^3-4c(x-a)+5b^2-4ac=0 \tag{6.16}$$

的六次方程是雅可比六次方程，可用魏尔斯特拉斯椭圆函数解。这些使用特殊函数的解法，此处不作深入讨论。

针对六次方程，总有人在研究一些特殊情况下的解。此处举一例说明。若方程形式为

$$(x^3+b_2x^2+b_1x+b_0)^2-(c_2x^2+c_1x+c_0)^2=0 \tag{6.17}$$

即可表示为一个(本构)三次多项式的平方减去一个二次多项式的平方，这个当然可以进一步因式分解，从而得到两个三次方程：

$$x^3+(b_2-c_2)x^2+(b_1-c_1)x+b_0-c_0=0 \tag{6.18a}$$

$$x^3+(b_2+c_2)x^2+(b_1+c_1)x+b_0+c_0=0 \tag{6.18b}$$

欲使这样的分解成立，展开方程 (6.17)，使其各项的系数同原方程 (6.15) 一一对应，得到

$$\begin{aligned}&2b_2=a_5;\ b_2^2+2b_1-c_2^2=a_4;\ 2(b_0+b_1b_2-c_1c_2)=a_3;\\&b_1^2+2b_0b_2-(c_1^2+2c_0c_2)=a_2;\ 2(b_0b_1-c_0c_1)=a_1;\ b_0^2-c_0^2=a_0\end{aligned} \tag{6.19}$$

共 6 个方程，决定 6 个未知变量 b_0, b_1, b_2 和 c_0, c_1, c_2，但并不能解出这 6 个未知数，因为六次方程的解原则上不一定是根式解。但我们就是为了找寻根式解，所以可以引入一个补充条件，比如要求 $c_2=0$。然后从上面条件可以依次得到 b_2, b_1, b_0。解 c_1 时，c_1 只确定到符号(正负符号不定)，只要不为零就行。然后可进一步解出 c_0。也可以选择补充条件 $c_0=0$，按照上述步骤，逐步确定系数 b_0, b_1, b_2 和 c_1, c_2。由于此解法只针对一些系数特殊的情形有效，不具有一般意义。

解可解的六次方程的过程也能累死人。阿诺德曾考虑过一般七次方程的两变量函数解。这样的事情，我们常人别说自己做得出来，就算是

那论文让我们看一遍也有点儿力不从心。我这是真实感受。

§6.3 代数基本定理

作为本书代数方程这部分的收尾，我们最后再来关注一下代数基本定理。

解方程嘛，自然就会关注方程解的数目问题。一开始，人们关心的多项式方程系数是有理数，然后扩展到实数。根呢，一般关注的也是实数根——实数根反映物理的真实。经验表明，一次代数方程 $x-a=0$ 确实有一个实数根；二次方程有两个实数根，有时候没有实数根；三次方程，有时候有一个实数根，有时候有三个实数根，这让人们猜测 n 次多项式（实系数）方程可能最多有 n 个根。这个猜测最早出现在德国数学家罗特（Peter Roth, 1617—?）于 1608 年出版的《有理算术》(*Arithmetica Philosophica*）一书中。法国数学家吉拉尔（Albert Girard，1595—1632）[①] 在其于 1629 年出版的《代数领域的新发明》(*L'invention nouvelle en l'Algèbre*）一书中也有代数基本定理的早期想法，他提到 n 次多项式 (实系数) 方程可能有 n 个根，neither more nor less。吉拉尔给了个例子，$x^4=4x-3$ 确实有 4 个根，1（双重根），$-1+\mathrm{i}\sqrt{2}$ 和 $-1-\mathrm{i}\sqrt{2}$。注意，这表明在 17 世纪初方程的解已经扩展到了复数域。

关于多项式方程根之数目的陈述，涉及代数基本定理。代数基本定理指出，每一个复系数的单变量多项式至少有一个复根。因为实数包含于复数，则实系数的多项式也必然至少有一个复根。这相当于说复数域是代数闭合的。进一步地，既然每一个多项式都至少有一个复根 c，连续利用除法 $P(z)/(z-c)$（注意，复数有除法，这一点很重要），可得到低一阶的多项式，其也至少有一个复根，这样就能证明 n 阶复系数多项式方程有 n 个复根。代数基本定理可以表述为：每一个复系数单变量 n 次多项式

① 三角函数的缩写符号 sin, cos, tan 就是吉拉尔引入的。

有 n 个复数根。就实系数多项式而言，任意 n 次多项式总可表为

$$P(x)=\prod_{i,j}(x+a_i)(x^2+b_jx+c_j) \tag{6.20}$$

的形式，其中 $a_i, b_j, c_j \in R$。根据二次型方程的根公式，当根为复数时，是一对共轭复数。这就是我们常说的实系数多项式方程的复数根都是以共轭对的方式出现的。

其实，代数的基本定理可能名不副实。首先它不是代数的问题，至少不是近世代数意义上的问题，它其实只是关于普通的多项式方程的一个论断；其二，它也没啥基本的；第三，它的证明用纯粹的代数方法可不行，当前的证明都要用到实数的解析完备性，而解析完备性可不是个代数概念。

代数基本定理的证明很难，也花样繁多。1746 年，达朗贝尔（Jean-Baptiste le Rond D'Alembert, 1717—1783）就尝试过证明代数基本定理。后来，欧拉于 1749 年，德·封瑟内（François Daviet de Foncenex, 1734—1799）于 1759 年，拉格朗日于 1772 年，拉普拉斯（Pierre-Simon Laplace, 1749—1827）于 1795 年都有过证明该定理的努力。后 4 种证明都假设了根的存在，要证明的只是根应该是 $a+b\mathrm{i}$ 的形式，用现代的词汇来说是证明多项式分裂域（根域）的存在性。1799 年高斯给了一个从几何角度出发的证明，但有拓扑的缺陷，后来由奥斯特洛夫斯基（Алексáнр Мáркович Остpóвский, 1893—1986）于 1920 年给补齐了。代数基本定理的第一个严格证明由阿冈（Jean-Robert Argand, 1768—1822）于 1806 年发表，1813 年作了修订。注意，这也是第一次将该定理涉及的多项式之系数明确为复数。高斯在 1816 年给出了另外两个证明，1849 年给出了原初证明的新版本。上述证明都不是构造式的证明，魏尔斯特拉斯在 19 世纪中叶要给出代数基本定理的构造法证明，未果，直到 1940 年克内泽（Hellmuth Kneser, 1898—1973）才给出了这一类型的证明。此外，还有阿尔米拉（Jose María Almira, 1972—　）和罗梅罗（Alfonso Romero, 1956—　）给出的一个黎曼几何证明。假设复数多

项式没有零点，那意味着存在球 S^2 的平直黎曼度规，可球不是平的，$\int_{S^2} K_g = 4\pi$，即其高斯曲率的积分为 4π。有矛盾！所以复数多项式必有零点，即至少存在一个复数解。

关于代数基本定理存在多种几何的、拓扑的和基于复分析的证明，但都不容易弄懂，此处不作深入介绍了。

既然代数基本定理断言 n 次代数方程必有 n 个复根，则愚以为方程的解可形式上写成

$$\begin{pmatrix} x_1 \\ x_2 \\ \cdots \\ x_n \end{pmatrix} = \tilde{F} \cdot \begin{pmatrix} a_1 \\ a_2 \\ \cdots \\ a_n \end{pmatrix} \tag{6.21}$$

的样子。方程的 n 分量的系数矢量 $(a_1 \quad a_2 \quad \cdots \quad a_n)$ 唯一地决定了 n 分量的根矢量 $(x_1 \quad x_2 \quad \cdots \quad x_n)$，至于如何决定，$\tilde{F}$ 可以理解为一个操作 / 算符（operator），但显然不是线性的，它是个结构依赖于维度的算符。研究如何构造出算符 $\tilde{F}$，可以提供继续研究代数方程解的新角度。

顺带提一句，代数方程给我们带来数域和数系的扩展，对数的本质带来了许多有趣的深刻认识。一个例子是超越数。对于实系数代数方程，能作为根出现的实数被称为代数数，而有些数永不可能是代数方程的根，这样的数被称为超越数。刘维尔于 1844 年首次证明了超越数的存在。1873 年厄米特（Charles Hermite, 1822—1901）证明了自然数 e 是超越数。1882 年，冯·林德曼（Ferdinand von Lindemann, 1852—1939）证明了 π 是超越数。这很重要。此外还带来了复数。如今再回头看欧拉公式 $e^{i\pi}+1=0$，会更深刻地感觉到它的美妙、深奥。一个公式纳入了代数的单位元 0, 1，单位虚数 i，还有两个超越数 e 和 π，空前绝后。

§ 6.4 无穷阶代数方程探索

五次代数方程很难解，再略高一些阶次的代数方程更鲜有人问津，

很难想象从任意高阶次的代数方程还能得出什么结果。然而，真正的数学家总会出人意料。对于任意的 n 次多项式方程，$f(x)=x^n+a_{n-1}x^{n-1}+\cdots+a_1x+a_0=0$，有根 x_1, x_2, $\cdots$, x_n，则方程还可以写成

$$f(x)=(1-\frac{x}{x_1})(1-\frac{x}{x_2})\cdots(1-\frac{x}{x_n}) \tag{6.22}$$

的形式，显然有一次项的系数

$$a_1=-(\frac{1}{x_1}+\frac{1}{x_2}+\cdots+\frac{1}{x_n})\text{。} \tag{6.23}$$

欧拉猜测，这个结果对于无穷次代数方程也成立。这样，他用这个关系考察函数展开所得到的无穷次多项式方程。比如展开式

$$\frac{\sin\sqrt{x}}{\sqrt{x}}=1-\frac{1}{3!}x+\frac{1}{5!}x^2-\frac{1}{7!}x^3+\cdots \tag{6.24}$$

右侧对应的多项式方程应该有根$x=(n\pi)^2$，$n=1$, 2, $\cdots$。于是根据式(6.23)，有

$$a_1=-(\frac{1}{\pi^2}+\frac{1}{4\pi^2}+\frac{1}{9\pi^2}+\cdots)=-\frac{1}{3!}$$

于是得级数和

$$\frac{1}{1^2}+\frac{1}{2^2}+\frac{1}{3^2}+\cdots=\frac{\pi^2}{6} \tag{6.25}$$

进一步地，考察展开式

$$\frac{\sin x}{x}=1-\frac{1}{3!}x^2+\frac{1}{5!}x^4-\frac{1}{7!}x^6+\cdots=\prod_{n=1}^{\infty}(1-\frac{x^2}{n^2\pi^2}) \tag{6.26}$$

令 $x=\pi/2$，如上可得 $1=\frac{\pi}{2}\prod_{n=1}^{\infty}(1-\frac{1}{4n^2})$，这就是著名的

$$\frac{\pi}{2}=\frac{2}{1}\times\frac{2}{3}\times\frac{4}{3}\times\frac{4}{5}\times\frac{6}{5}\times\frac{6}{7}\cdots \tag{6.27}$$

瓦利斯（John Wallis, 1616—1703）曾经得到的神奇结果。

别问欧拉是怎么想到 $\frac{\sin\sqrt{x}}{\sqrt{x}}$，$\frac{\sin x}{x}$ 和 $f(x)=(1-\frac{x}{x_1})(1-\frac{x}{x_2})\cdots(1-\frac{x}{x_n})$ 的，估计你要天天醉心于此也能有这样的发现时刻。欧拉的工作方式，

让我很受启发。做什么？如何做？我不知道。但是，总要先做点儿什么，而后思考，而后反思，而后内省（What to do? How to do? I don't know. Just do something, and then think, and then reflect, and then retrospect）。

参考文献

[1] Felix Klein, Robert Fricke, *Vorlesungen über die Theorie der elliptischen Modulfunktionen*, 2 Bände (椭圆模函数理论教程，两卷), B. G. Teubner (1890; 1892).

[2] Felix Klein, Robert Fricke, *Vorlesungen über die Theorie der automorphen Funktionen*, 2 Bänd (自守函数理论教程，两卷), B. G. Teubner (1897; 1912).

[3] Blair K. Spearman, Kenneth S. Williams, Characterization of solvable quintics $x^5 + ax + b$, *The American Mathematical Monthly* **101**(10), 986–992 (1994).

[4] David S. Dummit, Solving solvable quintics, *Mathematics of Computation* **57**(195), 387–401 (1999).

[5] Arthur B. Coble, The reduction of the sextic equation to the Valentiner form-problem, *Mathematische Annalen* **70**(3), 337–350 (1911).

[6] Arthur B. Coble, An application of Moore's cross-ratio group to the solution of the sextic equation, *Transactions of the American Mathematical Society* **12**(3), 311–325 (1911).

[7] F. N. Cole, A contribution to the theory of the general equation of the sixth degree, *American Journal of Mathematics* **8**(3), 265–286 (1886).

[8] Raghavendra G. Kulkarni, Solving sextic equations, *Atlantic Electronic Journal of Mathematics* **3**(1), 56–60 (2008).

[9] R. Hagedorn, General formulas for solving solvable sextic equations, *Journal of Algebra* **233**(2), 704–757 (2000).

[10] Tomas Johansson, Analytic solutions to algebraic equations, Examensarbete (硕士论文), Linköping University, Sweden (1998).

[11] Hans Zassenhaus, On the fundamental theorem of algebra, *The American Mathematical Monthly* **74**(5), 485–497(1967).

德国数学家切恩豪斯

Ehrenfried Walter von Tschirnhaus

1651—1708

德国数学家克莱因

Felix Klein

1849—1925

第 7 章

复数

人皆取实，己独取虚。

——《庄子 · 杂篇 · 天下》

Imaginary gardens with real toads in them.

——Marianne Moore

虚幻的花园里有真实的癞蛤蟆。

——玛丽安 · 摩尔

摘要　一元三次方程的解使得人们不得不接受 $\sqrt{-1}$ 的真实性，并将之记为 $\sqrt{-1}=\mathrm{i}$，从而引入了复数 $z=x+\mathrm{i}y$。虚数 i 的几何意义同垂直方向上的运动相关联。复数$z=x+\mathrm{i}y$对应于平面上的一个点。复数有 $z=x+\mathrm{i}y$，$z=r\angle\theta$，$z=r\mathrm{e}^{\mathrm{i}\theta}$，$z=\begin{pmatrix} x & -y \\ y & x \end{pmatrix}$ 等多种表示，各有深意。复数天生是平面内的生物，使用复数进行平面几何证明，简洁明快。简单的复函数迭代就可能得到意想不到的复杂几何图案。复数还可用于解常微分方程。基于这些认识，许多物理量，包括阻抗、介电常数等等，也都更倾向于用复数表示。复数作为变量的函数是复变函数，复变函数的解析性是非常强的约束。复变函数积分让我们能计算一些几乎无法下手的实变量函数的积分。基于复数的傅里叶分析是贯穿物理学发展史的数学方法，它自身也构成一个数学分支。类似地，还有拉普拉斯变换。此外，复分析、复几何等都是令人炫目的数学领域。基于复数的代数方程和微分方程进入物理，极大地促进了物理学的发展。量子力学的波函数是时空上的复值函数，希尔伯特空间是复数域上由复值函数所张的矢量空间，而将波函数及其共轭当成变量的拉格朗日量、哈密顿量出没的物理理论显然首先是复变函数理论。复数总是以共轭的面目出现的，这关联着许多种不同的对偶性。对偶性会带出不确定性原理，量子力学中的海森堡不确定性原理是其中之一，数字中早就有详细阐述。相对论的时空写成 $(\mathrm{i}ct, x, y, z)$ 的形式，但它不是简单的虚数或者复数，它涉及的是双四元数。泡利方程、狄拉克方程中的波函数分别是旋量和二旋量。

复数将数学和物理一下子提升到了具有理论品味的层次，但这只是一个伟大历程的开始。

关键词　虚数；复数；复变函数；复分析；柯西-黎曼条件；柯西积分定理；傅里叶变换；拉普拉斯变换；复值函数；量子力学；波函数；相对论；复几何；复化；旋量

关键人物　Leibniz, Euler, Bombelli, Descartes, Gauss, Wallis, Wessel, Carnot, Argand, de Moivre, Hamilton, Cauchy, Riemann, Fourier, Laplace, Clifford, Cartan, Ehrenfest, Julia

§7.1 虚数的引入

平方的引入是个极为自然的过程。正数的平方为正，负数的平方也为正。那么开平方这个求平方的逆运算只针对正数，也就是很自然的了。人们不会主动去给负数开平方，负数开平方求根一定是某个情形下硬闯进来的。

在求解一元二次方程 $x^2+bx+c=0$ 时，若 $b^2-4c<0$，人们认定方程无解。这样的方程是不理性的，直接忽略就是。针对当时一元二次方程 $x^2+bx+c=0$ 出现的现实情景，这种态度无可厚非——它简直是自然而然的。但是，在解一元三次方程的时候，情形就有点儿尴尬了。比如，在解一元三次方程 $x^3=15x+4$ 的时候，直接套用卡尔达诺的解公式，就有 $x_1=\sqrt[3]{2+\sqrt{-121}}+\sqrt[3]{2-\sqrt{-121}}$。如果保留负数的平方根闷头往下算，会发现 $x_1=(2+\sqrt{-1})+(2-\sqrt{-1})$，于是找到了根 $x_1=4$。这中间的困难是，我们要忍受 $\sqrt{-1}$ 的存在。

保留 $\sqrt{-1}$ 还能得到正确的实数根，这事儿确实匪夷所思。据说莱布尼兹就接受不了保留负数的平方根还能得到实数这种事情，但在其身后留下的文章里在好几处有这样的计算。比如解方程 $x^3-13x-12=0$，按照公式有 $x_1=\sqrt[3]{6+\sqrt{-1225/27}}+\sqrt[3]{6-\sqrt{-1225/27}}$，进一步地有 $x_1=(2+\sqrt{-1/3})+(2-\sqrt{-1/3})$，可得 $x_1=4$。又比如解 $x^3-48x+72=0$，$x_1=\sqrt[3]{-36+\sqrt{-2800}}+\sqrt[3]{-36-\sqrt{-2800}}$，则可得 $x_1=6$。

这样看来，接受 $\sqrt{-1}$ 的存在是必须的了，为此需要克服心理上的障碍。其实，人类接受负数的存在就经历过这样的克服心理障碍的过程。在我国，负数的概念及其加减运算法则在《九章算术》里就有，而负负得正则直到 13 世纪末才由数学家朱士杰给出。在 1299 年刊行的《算学启蒙》一书中，朱士杰提出："明乘除法，同名相乘得正，异名相乘得负。"公元 7 世纪的印度数学家婆罗笈多（Brahmayupta, 约 598—668）已有明确的正负数概念，并深谙其乘法规则："正负相乘得负，两负数相乘得正，两正数得正。"欧洲方面，欧拉在 1765 年出版的《代数全面介绍》（*Vollständige Anleitung zur Algebra*）一书中有关于负数乘负数的模糊讨论。现在的人们，对负数的接受几乎在不知不觉中就完成了。你看，数就是一种思想而已……是某种不可触摸的东西（A number is an idea... It is something intangible.），在研究代数方程时，这种必须接受新思想的局面我们经历了几次。

意大利工程师邦贝利（Rafael Bombelli, 1526—1572）率先克服了接受 $\sqrt{-1}$ 的心理障碍。在他 1572 年的《代数》（*Algebra*）一书中，邦贝利遭遇了前述的一元三次方程 $x^3=15x+4$，套用卡尔达诺的解公式他发现 $x_1=\sqrt[3]{2+\sqrt{-121}}+\sqrt[3]{2-\sqrt{-121}}$。如果这个方程存在(实数)解（其实，早看出来了 $x=4$ 是根），则形式上必有 $\sqrt[3]{2+\sqrt{-121}}=a+b\sqrt{-1}$，与此同时 $\sqrt[3]{2-\sqrt{-121}}=a-b\sqrt{-1}$，即解的两部分必是这种意义上共轭的，它们的和留下了一个我们期待的实数。心理障碍克服了就好，但克服了心理障碍以后的问题认识更需要见识。

接受了 $\sqrt{-1}$ 的存在，我们回头再看一元二次方程 $x^2+bx+c=0$，其两个根为

$$x_{1,2}=\frac{-b\pm\sqrt{b^2-4c}}{2}$$

当 $b^2-4c<0$ 时，我们说这两个根是互为共轭的（conjugate; joked together; in conjugacy）。这个共轭的意思，如同在一元三次方程的根中出现的 $\sqrt{-1}$ 一样，是相加、相乘会将这个引入的对象给甩掉（这其实是来自 $\sqrt{1}=\pm1$ 是两个应同时出现的结果的事实）。广义地，对于类似 $a+b\sqrt{2}$ 和 $a-b\sqrt{2}$（a, b 都是有理数）这样的一对数，都可看作是共轭的，它们的和与积甩掉了 $\sqrt{2}$。

时光进入 17 世纪，接受 $\sqrt{-1}$ 的存在已是无可避免。1637 年，笛卡尔在《几何学》一书中引入了虚数（imaginary number）的说法。1777 年，欧拉引进了符号 i 表示单位虚数。一般教科书中会写成 $\sqrt{-1}=\mathrm{i}$，严格说来，这有其不正确的地方。虚数的引入，是因为表示负数的平方根的需要，**i 和 –i 都是方程 $x^2=-1$ 的根，它们是同时被定义的，具有交换对称性，或者说是共轭的，是代数不可分辨的**（algebraically indistinguishable）。i 与 –i 代数无法区分，凡对 i 成立的等式，对 –i 也成立。把 $\sqrt{-1}=\mathrm{i}$ 和 $\sqrt{-1}=-\mathrm{i}$ 互换，我们会看到一元二次方程和一元三次方程的根表示结果都不变——这本就是应有之义。最重要的是，$\sqrt{-1}=\mathrm{i}$ 和 $\sqrt{-1}=-\mathrm{i}$ 可能是必须同时存在的，薛定谔这样的数学物理学家是明白这一点的（参见第 10 章）。不妨这样理解，$\sqrt{1}=(1,\ -1)$，$\sqrt{-1}=(\mathrm{i},\ -\mathrm{i})$，$\sqrt[4]{1}=(1,\ -1,\ \mathrm{i},\ -\mathrm{i})$，其中右侧括号里出现的各种可能是等价的，应同时出现。

有了前述的讨论，我们获得了一些关于一元二次方程的新认识，比如它的根总是共轭的一对。对于方程 $x^2-2ax+a^2-3b^2=0$，根为 $x_{1,2}=a+(\pm b\sqrt{3})$。这样的写法，是说 a 与 $\pm b\sqrt{3}$ 之和构成了共轭的一对。任何 $a+b\sqrt{3}$ 形式的数经加减乘除和开方，其结果还是 $a+b\sqrt{3}$ 的形式。$x^2-2ax+a^2+b^2=0$，根为 $x_{1,2}=a+(\pm b\mathrm{i})$，任何 $\alpha+\beta\mathrm{i}$ 形式的数经加减乘除和开方还是 $\alpha+\beta\mathrm{i}$ 的形式。可见，±i 作为 $x^2=-1$ 的根和 $\pm\sqrt{2}$ 作为 $x^2=2$ 的根，$\pm\sqrt{3}$ 作为 $x^2=3$ 的根，用来表示一类一元二次方程的通解，形式上是一致的，没有什么难理解的。

对于一元二次方程 $x^2+bx+c=0$，根公式的正确表达为

$$x_{1,2}=-\frac{b}{2}+\left(\pm\sqrt{\left(\frac{b}{2}\right)^2-c}\right) \tag{7.1}$$

即根形式上由两项之和构成。当 $b^2-4c>0$ 时，开根号得到正负两个根和 $-b/2$ 相加毫无问题。但是，但是当 $b^2-4c<0$ 时，两个根原则上可表示成 $x_{1,2}=-\dfrac{b}{2}+\mathrm{i}r_{1,2}$ 的样子，其中

$$r_{1,2} = \pm\sqrt{c - \left(\frac{b}{2}\right)^2}$$

仔细考察表达式

$$x_{1,2} = -\frac{b}{2} + \mathrm{i}r_{1,2} \tag{7.2}$$

虽然其中的加号就是从前我们习惯的加号，但是加号这个操作在这里似乎没(法)进行下去，它只具有形式上的意义。形如

$$z = x + \mathrm{i}y\,,\ \mathrm{i}^2 = -1 \tag{7.3}$$

的数如今我们称为复数。复数这个概念是1813年由高斯引入的。高斯还认为复数有等级，还有比复数更是复数的数，他称之为 vera umbrae umbra（十足的阴影之阴影）。我们将会看到，如何理解式(7.3)里的"+"号是个有意思的话题。

$\sqrt{-1}$ 的被注意与被接受，是人类智识史上有趣的一环。1852年1月13日，哈密顿在给德·摩根（Augustus de Morgan, 1806—1871）的信中强调，应该有人写一写 $\sqrt{-1}$ 的历史。关于 $\sqrt{-1}$ 的历史，有兴趣的读者请参阅专门文献。

§7.2 复数的意义与表示

复数 $z = x + \mathrm{i}y$ 可以如从前的实数一样相加和相乘，只需记住相乘时有 $\mathrm{i}^2 = -1$ 即可。对于 $z_1 = a + \mathrm{i}b$，$z_2 = c + \mathrm{i}d$，有

$$z_1 + z_2 = (a + c) + \mathrm{i}(b + d) \tag{7.4a}$$

$$z_1 z_2 = (ac - bd) + \mathrm{i}(ad + bc) \tag{7.4b}$$

1863年，魏尔斯特拉斯（Karl Weierstrass, 1815—1897）证明复数是实数唯一的交换代数扩展（commutative algebraic extension）。难道复数就是为了表示代数方程的根，就是遵从实数的加法与乘法规则那么简单？

虽然复数 $z = x + \mathrm{i}y$ 中的加号按照代数方程的根来理解就是寻常的

加号，但它又确实将复数分成两种性质不同的部分，实部 $x = \mathrm{Re}(z)$ 和虚部 $y = \mathrm{Im}(z)$。也就是说，后面的虚部或许揭示了我们熟悉的“+”还隐藏着一些我们不知道的秘密。一个显然的问题是，实数是有顺序的数（ordinate），给定两个实数 a 和 b，我们总能说 $a \geqslant b$，或者 $a < b$。但是，对于两个不相等（实部和虚部分别相等的两个复数相等）的复数，我们却不能作大小的比较。

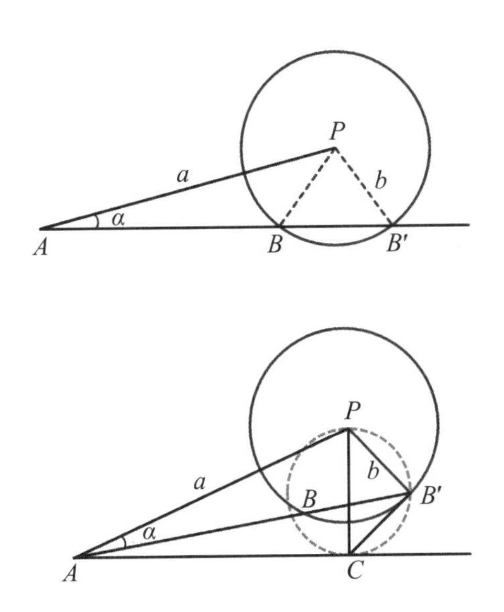

图7.1　用两个长度和一个角度确定一个三角形

还记得可以用几何方法研究代数问题吗？英国人沃利斯（John Wallis, 1616—1703）注意到虚数的几何表现是平面内竖直方向上的运动，这见于其 1685 年出版的《代数学》（*A Treatise of Algebra*）一书。考察用两个长度 a、b 和一个角度 α 决定一个三角形的问题。假设 α 是线段 a 同水平方向的交角，在水平线上的顶点为 A，则当 $b > a\sin\alpha$ 时，在以线段 a 的另一端点 P 为原点，以 b 为半径画圆，得到的两个同水平线的交点就是点 B 的候选（图 7.1 中用 B、B'以示区别），则 $\triangle APB$ 或者 $\triangle APB'$ 就是满足条件的三角形。问题是，若 $b<a\sin\alpha$ 呢？沃利斯认为用从 P 点到水平线的交点 C 所得的线段 PC 为直径作一个圆，以 P 点为圆心，b 为半径作圆，其同前一个圆相交的两点依然是点 B 的候选。这样得到的 $\triangle APB$ 或者 $\triangle APB'$ 依然是由两个长度 a、b 和一个角度 α 所决定的三角形。这里的意义（后人参详出来的）是，当 $b^2-(a\sin\alpha)^2<0$ 开平方出现虚数的情形，其几何意义是所求结果（三角形）在竖直方向上的运动。这不再是在水平方向上的左右移动，而是移到了旁边。按照哈密顿的说法，虚数意味着几何中不能实现的交叉或者接触（non-real intersection or contact in geometry）。

第一个发表复数的几何表示的是挪威人韦塞尔（Caspar Wessel, 1745—1818）。复数的几何表示在 1787 年就已经出现在韦塞尔的工作中了，但到了 1799 年才发表。这篇文章后来被法国人于埃勒（Christian Juël, 生卒年不详）于 1895 年重新发现，由李（Sophus Lie, 1842—1899）重新发表。1799 年，韦塞尔首先指出复数可诠释为复平面内的一个点。韦塞尔是一位测绘员，因此对线段的方向有深刻的体会，1797 年他用丹麦文写了“方向解析表示的尝试”一文。这篇论文发表后即归于寂寞，直到 1895 年才被重新发现，并于 1897 年被译成法文。有方向的线段的加法比较简单，加号的意思是把后面线段的起点挪到前面线段的终点（负值就用反方向的线段表示）。比如有三个长为 a, b, c 的线段构成三角形，若线段带上方向的话，这三条带方向的线段构成三角形的事实可由方程 $\vec{a}+\vec{b}+\vec{c}=0$ 表述（图 7.2）。一个有方向的线段由其长度和方向角来决定（这不就是极坐标嘛。极坐标来自自然，比笛卡尔坐标系早多了）。韦塞尔的贡献在于意识到怎样把线段相乘：有方向的线段的乘法是长度相乘而其方向角相加。这样，因为 $b\mathrm{i}$ 表示的有方向的线段，自乘以后为 $-b^2$，这落在正实数代表的线段方向（平面坐标的 x 轴方向）的反方向上，那么 $b\mathrm{i}$ 表示的有方向的线段就应该和 x 轴方向成 90°的夹角，那就是 y 轴。好了，用笛卡尔坐标系的 y 轴表示虚数，则复数 $z=x+\mathrm{i}y$ 就是复平面上的一个点（任意非平行的两条直线可构成平面的坐标系，但是只有互相垂直的两条直线才构成复平面的坐标系。这是复平面不是一般意义上的平面的一个特征)。明白了这一点，接下来发生的事情就海阔天空了。

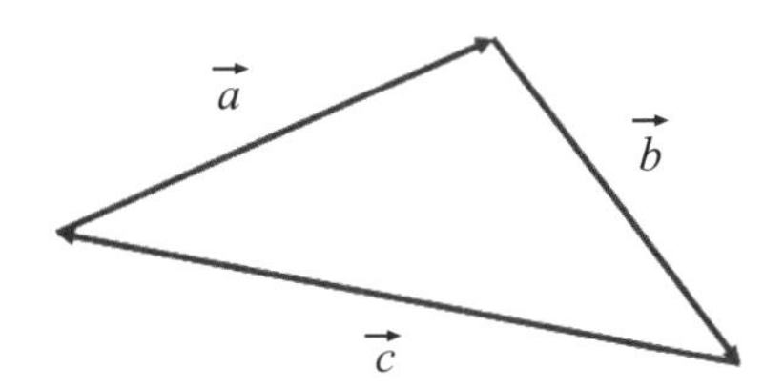

图7.2　三条有方向的线段构成一个三角形

对虚数性质的认识有一个对学物理者来说格外有趣的插曲。老卡诺(Lazare Carnot, 1753—1823)，热力学奠基人卡诺(Sadi Carnot, 1796—1832)的父亲，在其 1803 年出版的《位置的几何》(*Geometrie de Position*)一书中，要解决一个几何问题：将一线段分成两截，其积为原线段之平方的一半。写成代数方程，即 $x(a-x)=a^2/2$，其形式解为

$$x_{1,2}=\frac{a}{2}+\left(\pm\frac{a}{2}\mathrm{i}\right)$$

卡诺认为，这个结果说明题中要求的将线段分成两截的点不在线段上。同时期的法国人比埃(Adrien-Quentin Buée, 1748—1826)认为这个方程的根意味着分割点是在线段的上方或者下方——那个 i 指向垂直方向。**本来是一个左边还是右边的问题，答案却是旁边**[①]。捎带着说一句，许多我们现在抛弃了的以为是错误的东西，其实是科学研究之最真实的也一样具有伟大意义的组成部分。注意，此处提到有方向的线段，不要和 vector(汉译“矢量”)的概念相混淆。vector 可以有长度和方向，但不必然有长度和方向(参见第 8 章)。

把复数 $z=x+\mathrm{i}y$ 理解为平面上的一个有方向的线段，可以写为 $r\angle\theta$

① 宋玉《对楚王问》有句云：“引商刻羽，杂以流徵，国中属而和者，不过数人而已。是其曲弥高，其和弥寡。”引此句以志当日得此识见之因由。

的形式，对应 $z = x + \mathrm{i}y = r\cos\theta + \mathrm{i}r\sin\theta$。这个长度加幅角的表示就可以带来很多数学，比如证明三角函数公式。复数在三角函数证明中可以说是势如破竹，这是因为三角函数本身就是在谈论满足勾股定理的平面的性质，而复数是关于这种平面的代数。举例来说，$1\angle\alpha$ 和 $1\angle\beta$ 代表长度为 1 的复数，它们的乘积是 $1\angle(\alpha+\beta) = \cos(\alpha+\beta) + \mathrm{i}\sin(\alpha+\beta)$，将 $1\angle\alpha$ 和 $1\angle\beta$ 按照复数规则直接相乘，会发现

$$\begin{aligned} \cos(\alpha+\beta) &= \cos\alpha\cos\beta - \sin\alpha\sin\beta \\ \sin(\alpha+\beta) &= \sin\alpha\cos\beta + \cos\alpha\sin\beta \end{aligned} \tag{7.5}$$

这是两角之和的三角函数的展开，直截了当。自然地，有

$$(\cos\theta + \mathrm{i}\sin\theta)^n = \cos n\theta + \mathrm{i}\sin n\theta \tag{7.6a}$$

以及

$$(\cos\theta + \mathrm{i}\sin\theta)^{1/n} = \cos\frac{\theta}{n} + \mathrm{i}\sin\frac{\theta}{n}。 \tag{7.6b}$$

公式 (7.6) 称为棣莫弗（Abraham de Moivre, 1667—1754）公式。棣莫弗公式被誉为三角函数恒等式制造机器。比如，由 $(\cos\theta + \mathrm{i}\sin\theta)^3 = \cos 3\theta + \mathrm{i}\sin 3\theta$，展开可见其实部对应着 $\cos 3\theta = 4\cos^3\theta - 3\cos\theta$，这个恒等式曾被韦达用来解一元三次方程。复数在加减乘除开方的运算下是完备的，这个性质太重要了。

既然 $(\cos\alpha + \mathrm{i}\sin\alpha)(\cos\beta + \mathrm{i}\sin\beta) = \cos(\alpha+\beta) + \mathrm{i}\sin(\alpha+\beta)$，这说明函数 $f(\alpha) = \cos\alpha + \mathrm{i}\sin\alpha$ 和指数函数 $f(x) = e^{kx}$ 都满足关系：

$$f(\alpha+\beta) = f(\alpha)f(\beta) \tag{7.7}$$

实际上，函数 $f(x) = \mathrm{e}^{\mathrm{i}x}$ 和函数 $f(\alpha) = \cos\alpha + \mathrm{i}\sin\alpha$ 具有完全相同的性质，故而有

$$\mathrm{e}^{\mathrm{i}\alpha} = \cos\alpha + \mathrm{i}\sin\alpha \tag{7.8}$$

此为欧拉恒等式（1748）。

令 $\alpha = \pi$，可得欧拉公式

$$\mathrm{e}^{\mathrm{i}\pi} + 1 = 0 \tag{7.9}$$

此欧拉公式被评为最美的数学公式，没有之一。愚以为，欧拉公式应该是最美妙的公式，在一个公式中集中了 5 个最基本的数学元素 e, π, i, 1, 0，其中 e 和 π 是两个基本的超越数（非代数数），1 和 0 是代数必需的两个单位元素。那么 i 呢，是这两个世界的连结?

复数给我们带来的数学多了去了，光是数论里的内容就够人学一辈子的，要不也不会有解析数论之说。实数的性质在复数语境下可以被更好地理解。为什么呢? 也许复数内隐含的实部与虚部的关联，那是时刻不曾丢失的关联，揭示了更多的实数的性质。这和物理的思想是一致的: 在同彼事物的相互作用中我们获得了对此事物的理解。法国数学家阿达玛（Jacques Hadamard, 1865–1963）曾说过 : “The shortest path between two truths in the real domain passes through the complex domain.（实域中两个真理之间的最短路径经过复域）”。这句话够我们体会的了。

韦塞尔的论文是丹麦文的，这影响了它的转播，给我们留下复数正确表述的声誉落在了一个叫阿冈（Argand）的人的头上。阿冈是瑞士人，可能是个钟表匠（钟表会告诉我们方程解 $x^n=1$ 的意义呃）。关于阿冈的姓名和生卒年月等资料皆不确切，其人的文章署名一直是简单的 Argand，跟笔名似的，结果让历史研究无法得出确切结论。阿冈把 i 解释为平面内 90°转动（不是绕垂直于纸面的轴转转动 90°。这是两回事儿!），他还引入了复数模（modulo）的概念，对于复数 $z=a+\mathrm{i}b$，其模为 $|z|=\sqrt{a^2+b^2}$，但这个荣誉一般书里却都给加到了法国数学家柯西的头上。这样我们就有了复数的几何表示，称为 Argand diagram。对于复数 $z=|z|\angle\arg(z)$，其中 $|z|=\sqrt{a^2+b^2}$，$\arg(z)$ 是幅角，记号 arg 就来自 Argand。有了模和幅角的概念，复数可以表示为指数形式，$z=r\mathrm{e}^{\mathrm{i}\theta}$，其中用到了欧拉恒等式 $\mathrm{e}^{\mathrm{i}\alpha}=\cos\alpha+\mathrm{i}\sin\alpha$。阿冈的伟大之处还在于其在 1806 年的文章中证明了代数基本定理，他是第一个谈论代数方程中的系数为复数情形的代数基本定理的人。顺便说一句，对于固定的实部和虚部，复数就是平面中

的一个点；但如果实部和虚部是变化的，比如都取整数，即 $z=m+\mathrm{i}n$，这样的复数称为高斯整数，其图像为正方格子。笔者很荣幸曾用高斯整数的概念证明过定理（参见拙著《一念非凡》）。

好了，我们现在已经成功地引入了虚数和复数的概念。引入虚数只需要克服接受 $\sqrt{-1}$ 或者 $x^2=-1$ 的心理障碍。这是第一次，以后再遇到平方引出 –1 的算法，可能心里面就会容易接受些。平方的结果为 –1 的，有的是更复杂、更隐蔽的形式。比如群论中关于有限群表示的一个公式：

$$\frac{1}{n}\sum_{g}\chi(g^2)=\begin{cases}1\\-1\\0\end{cases}$$

你看群元素的平方，g^2，经过求特征 χ 之后再平均，才得到一个 –1，它的意思是对应的表示是 pseudo-real（赝实的）。这个和 $x^2=\pm1$ 分别对应实（real）根、虚（imaginary）根相比略复杂一些，与 1 对应的是 real 表示；与 –1对应的是 pseudo-real 表示；和 imaginary 表示对应的那是 0。**如果你愿意理解，它就是可以为你所理解的。**进一步地，我们也已经构造了复数的如下不同表达。

直角坐标形式：$z=a+\mathrm{i}b$ (7.10a)

极坐标形式：$z=r\angle\theta$ (7.10b)

指数形式：$z=r\mathrm{e}^{\mathrm{i}\theta}$ (7.10c)

还有别的表达形式吗？有的，而且不止一个！比如，复数还有矩阵表达形式。

复数可以表示成如下的矩阵形式：

$$z=a+\mathrm{i}b\Rightarrow z=\begin{pmatrix}a & -b\\ b & a\end{pmatrix} \tag{7.10d}$$

将矩阵形式的复数

$$z=\begin{pmatrix}a & -b\\ b & a\end{pmatrix}$$

按照矩阵的加法相加，按照矩阵的乘法相乘，将矩阵值 $\det(z)=a^2+b^2$ 当成对应复数的模平方，则矩阵表示

$$z=\begin{pmatrix} a & -b \\ b & a \end{pmatrix}$$

就完全再现了复数的代数。

由复数表示 (7.10d)，则有

$$\bar{z}=a-ib \Rightarrow \bar{z}=\begin{pmatrix} a & b \\ -b & a \end{pmatrix}$$

可见复数的共轭对应作为其表示的 2×2 实矩阵的转置。

设想复数的实部和虚部都是复数，即

$$z=z_1+iz_2 \Rightarrow z=\begin{pmatrix} z_1 & -z_2 \\ z_2 & z_1 \end{pmatrix}$$

则

$$\bar{z}=\begin{pmatrix} \bar{z}_1 & \bar{z}_2 \\ -\bar{z}_2 & \bar{z}_1 \end{pmatrix}$$

这是转置共轭（conjugate transpose），对应的其实还是作为表示的 4×4 实矩阵的转置。量子力学中的波函数是复函数，算符对应的是复数矩阵，故总有转置共轭的问题，有算符及其伴随（adjoint）算符的说法。

复数有矩阵表示，这再一次表明代数是关于运算法则的学问，而表示可以有不同的选择。用矩阵表示的复数

$$z=\begin{pmatrix} \cos\theta & -\sin\theta \\ \sin\theta & \cos\theta \end{pmatrix}$$

是单位矩阵，因为 $\det(z)=\cos^2\theta+\sin^2\theta=1$，但是我们已知

$$z=\begin{pmatrix} \cos\theta & -\sin\theta \\ \sin\theta & \cos\theta \end{pmatrix}$$

就是二维平面的转动矩阵。这可能暗示我们，复数同二维平面内的转动有关，它表示转动兼或尺度缩放。还有，函数 $f(z)=u(x,y)+\mathrm{i}v(x,y)$ 的

雅可比行列式（Jacobian）就是个 2×2 矩阵：

$$\begin{pmatrix} \partial u/\partial x & \partial u/\partial y \\ \partial v/\partial x & \partial v/\partial y \end{pmatrix}$$

但是，对复变函数，这个雅可比行列式应该是个复数，有

$$z=\begin{pmatrix} a & -b \\ b & a \end{pmatrix}$$

的一般形式，这就再现了复变函数解析的 Cauchy-Riemann 条件（见下）。这部分还联系着经典力学的哈密顿正则方程和辛几何（symplectic geometry）。symplectic 是比 complex 更 complex 的对象之一，它字面上就是这个意思（参阅拙著《物理学咬文嚼字》）。

复数还有克利福德（William Kingdon Clifford, 1845—1879）代数表示。将复数表示为

$$z=x+Iy=x+\sigma_1\sigma_2 y \tag{7.10e}$$

其中 σ_1 和 σ_2 是克利福德代数的生成元，满足 $\sigma_1\sigma_2=-\sigma_2\sigma_1$，对应的微分为 $\nabla=\sigma_1\partial_x+\sigma_2\partial_y$。若函数 $f=u+Iv$ 是解析的，则有 $\nabla f=(\sigma_1\partial_x+\sigma_2\partial_y)(u+\sigma_1\sigma_2 v)=0$，提取出的结果就是 Cauchy-Riemann 条件。这个形式的复数表示至少对于代数几何太重要了。

我们列举了复数的五种表示。我们得记住："A rose is a rose, and a pig by any other name is still a pig.（玫瑰就是玫瑰。猪换个名字也还是猪）"。但是，形式有时候就是有超越内容的威力，这大概就是辩证法吧。虚数和复数带来的内容远超我们的想象。举例来说，考察著名的定积分

$$\int_0^\infty \frac{dx}{1+x^2}$$

引入变换 $x=\tan\theta$，

$$\int_0^\infty \frac{\mathrm{d}x}{1+x^2}=\int_0^{\pi/2}\mathrm{d}\theta=\pi/2$$

这是初等微积分中的一个常见习题。不过这个积分可以换个做法：

$$\int_0^\infty \frac{dx}{1+x^2}=\int_0^\infty \frac{1}{2\mathrm{i}}\left(\frac{1}{x-\mathrm{i}}-\frac{1}{x+\mathrm{i}}\right)\mathrm{d}x=-\mathrm{i}\ln\mathrm{i}$$

于是，有 $\frac{\pi}{2}=-\mathrm{i}\ln\mathrm{i}$，也就是

$$\mathrm{i}^{\mathrm{i}}=\mathrm{e}^{-\pi/2} \tag{7.11}$$

这个结果也太神奇了。所以，你看，面对任何数学和物理的概念，都别急着觉得自己懂了。懂了是有限的局部，不懂是无限的整体。任何时候你觉得懂了任何一个概念，那都是错觉。

§ 7.3 复数的数学应用

复数 (虚数) 的应用这个话题太大。随便挑个角度加以一般难易程度的阐述，都需要一本厚厚的专著。本节只浮光掠影地介绍一些简单的内容，到复 (值) 函数在量子力学中的应用为止。

§ 7.3a 复数与平面几何

从一元实数到二元复数的拓展，可以来自切实的生活场景。左边、右边的概念分别对应实数轴上的负数一侧和正数一侧。当我们谈论旁边的时候，无意中就将语境拓展到了二维的平面了。复数天然地是二维的生物。用复数解决平面几何的问题，有势如破竹之感。

试举一例。设平面上有两点，用复数表示为 z_1 和 z_2，定义这两个复数的加权平均为 $z=\frac{z_1+\lambda z_2}{1+\lambda}, \lambda\in[0,\infty)$，则 z 随 λ 的变化就是 z_1 到 z_2 的线段：当 $\lambda=0$ 时，$z=z_1$；当 $\lambda\to\infty$，$z=z_2$。特别地，当 $\lambda=1$ 时，可以得到 z_1 和 z_2 连线的中点，为 $z=\frac{z_1+z_2}{2}$；而当 $\lambda=2$ 时，得 $z=\frac{z_1+2z_2}{3}$，这说明 z 将 z_1 到 z_2 的线段分成了 2 ∶ 1 的两段。现在考察由复数 z_A，z_B 和 z_C 构成的三角形，其边的中点对应的复数分别为 $(z_A+z_B)/2$，$(z_B+z_C)/2$ 和 $(z_C+z_A)/2$。利用公式 $z=\frac{z_1+2z_2}{3}$，计算表明将到顶点的距离和到对边中点的距离按照 2 ∶ 1 分割的点所对应的复数都是 $(z_A+z_B+z_c)/3$。

等一下，这是什么意思？这意思是说，三个复数所定义的一个三角形，其中心就对应这三个复数的算术平均 $(z_A+z_B+z_c)/3$，是三条中线的交点，它将所有的三条中线都按照2 ∶ 1的比例分割。其实，后面这句“它将所有的中线按照2 ∶ 1的比例分割”是引申的结果，不重要。重要的是，三角形的中心是其三个顶点在复数意义下的算术平均。

这一段笔者本来想加个图的，但最后决定不加。读者如果需要，请自己画图理解这段文字。图是辅助性的，你要有超越看图的能力。更多的用复数理解平面几何的介绍，参见拙著《惊艳一击》。

强烈建议读者学完复数以后，一方面往前学复变函数，一方面往后用复数研修一遍平面几何。

§7.3b 复变函数

复数 $z=x+\mathrm{i}y$ 作为变量的函数是复变函数。单复变量函数 $f(z)$ 与一般的两实变量函数 $g(x,y)$ 相比，因为复数的结构使得函数 $f(z)$ 具有很多有趣的性质。函数 $f(z)$ 可以写成如下形式：

$$f(z)=u(x,y)+\mathrm{i}v(x,y) \tag{7.12}$$

即用两个实函数表示。比如对于函数 $z\to f(z)=1/z$，有 $u(x,y)=x/\sqrt{x^2+y^2}$，$v(x,y)=-y/\sqrt{x^2+y^2}$。

函数的微分性质是我们首先要关注的。一个复变函数 $f(z)$，若它是解析的，则在局域中沿各个方向上得到的微分都相同。自然地，$f(z)$ 沿着实轴和沿着虚轴的微分应该是一样的，即

$$\frac{\partial f}{\partial x}=\frac{\partial f}{\partial(\mathrm{i}y)} \tag{7.13a}$$

这就是复变函数 $f(z)$ 解析的Cauchy-Riemann条件。对于 $f(z)=u(x,y)+\mathrm{i}v(x,y)$，Cauchy-Riemann条件的显式表达为

$$\frac{\partial u}{\partial x}=\frac{\partial v}{\partial y},\ \frac{\partial v}{\partial x}=-\frac{\partial u}{\partial y} \tag{7.13b}$$

Cauchy-Riemann 条件可以通过如下考虑得到。在 $z=z_0$ 的邻域内展开 $f(z)$，$f(z_0+\Delta z)-f(z_0)=f_x\Delta x+f_y\Delta y+\eta(\Delta z)\Delta z$，其中当 $\Delta z\to 0$ 时，$\eta(\Delta z)\to 0$。定义[1]

$$\frac{\partial}{\partial z}=\frac{1}{2}\left(\frac{\partial}{\partial x}+\frac{\partial}{\partial(\mathrm{i}y)}\right),\quad \frac{\partial}{\partial \bar{z}}=\frac{1}{2}\left(\frac{\partial}{\partial x}-\frac{\partial}{\partial(\mathrm{i}y)}\right)$$

利用 $\Delta z+\Delta\bar{z}=2\Delta x$；$\Delta z-\Delta\bar{z}=2\mathrm{i}\Delta y$，上式意味着

$$\left.\frac{df}{dz}\right|_{z_0}=\left.\frac{\partial f}{\partial z}\right|_{z_0}+\left.\frac{\partial f}{\partial \bar{z}}\right|_{z_0}\cdot\frac{d\bar{z}}{dz}+\eta(\Delta z)$$

但是，$\mathrm{d}\bar{z}/\mathrm{d}z$ 不是完好定义的，它在实轴和虚轴上的结果就不一样。如果 $f(z)$ 是解析的话，则 $\mathrm{d}\bar{z}/\mathrm{d}z$ 的系数必须为零，即

$$\frac{\partial f}{\partial \bar{z}}=0 \tag{7.13c}$$

这也是 Cauchy-Riemann 条件。解析的 Cauchy-Riemann 条件是个很强的约束，一个函数很容易就是非解析的，比如 $f(z)=\bar{z}$，即求复数的复共轭，就不是解析的。

如前所述，用克利福德代数表示复数，$z=x+Iy=x+\sigma_1\sigma_2 y$，其中 $\sigma_1\sigma_2=-\sigma_2\sigma_1$；而微分是 $\nabla=\sigma_1\partial_x+\sigma_2\partial_y$，可见对于复变函数 f，有要求

$$\nabla f=(\sigma_1\partial_x+\sigma_2\partial_y)(u+\sigma_1\sigma_2 v)=0 \tag{7.13d}$$

就对应 Cauchy-Riemann 条件。

复平面上的正交坐标系都有相应的 Cauchy-Riemann 条件。设有正交坐标系 $(n(x,y),\, s(x,y))$，即内积 $(\nabla n,\, \nabla s)$ 为零，对于满足条件 $\frac{\partial u}{\partial x}=\frac{\partial v}{\partial y},\frac{\partial u}{\partial y}=-\frac{\partial v}{\partial x}$ 的函数 $f(z)=u(x,y)+\mathrm{i}v(x,y)$，有

$$\frac{\partial u}{\partial n}=\frac{\partial v}{\partial s},\frac{\partial u}{\partial s}=-\frac{\partial v}{\partial n} \tag{7.13e}$$

这还是 Cauchy-Riemann 条件的形式。比如，极坐标系 $(\mathrm{d}r\ \mathrm{i}r\mathrm{d}\theta)$ 是正交的，因此有 $\frac{\partial u}{\partial r}=\frac{1}{\mathrm{i}r}\frac{\partial v}{\partial \theta}$。

---

① 此定义由沃廷格（Wilhelm Wirtinger, 1865—1945）引入。

Cauchy-Riemann 条件因为意味着 $\nabla u \cdot \nabla v = 0$，这样函数 $f(z)$ 是保角的，也就意味着 $v\mathrm{d}x + u\mathrm{d}y$ 是一个调和的微分形式。由 Cauchy-Riemann 条件，分别对 x, y 微分后相加，有

$$\frac{\partial}{\partial x}\left(\frac{\partial u}{\partial x} - \frac{\partial v}{\partial y}\right) + \frac{\partial}{\partial y}\left(\frac{\partial v}{\partial x} + \frac{\partial u}{\partial y}\right) = 0$$

这就是拉普拉斯方程 $\dfrac{\partial^2 u}{\partial x^2} + \dfrac{\partial^2 u}{\partial y^2} = 0$。

当然也能导出 $\dfrac{\partial^2 v}{\partial x^2} + \dfrac{\partial^2 v}{\partial y^2} = 0$。

设有由

$$J = \begin{bmatrix} 0 & -1 \\ 1 & 0 \end{bmatrix}, JJ = -I$$

定义的复结构。函数矢量

$$f(x, y) = \begin{bmatrix} u(x, y) \\ v(x, y) \end{bmatrix}$$

的雅可比行列式为

$$Df = \begin{bmatrix} \partial u / \partial x & \partial u / \partial y \\ \partial v / \partial x & \partial v / \partial y \end{bmatrix}$$

Cauchy-Riemann 条件意味着

$$[Df, J] = 0 \tag{7.13f}$$

意思是这两者是对易的。

Cauchy-Riemann 条件联系着这么多的内容，可见形式太重要了，希望大家有机会尽可能多地见识到 Cauchy-Riemann 条件联系着的具体内容。

有了对复变函数解析性的认识，可以讨论代数基本定理了。对于复数域上的多项式方程，可写为

$$f(z) = z^n + a_1 z^{n-1} + \cdots + a_{n-1} z + a_n = 0 \tag{7.14}$$

代数基本定理表明，此方程必有根。注意，若 $a_n = 0$，则 $z = 0$ 就是一个

根，定理得证。所以，一般情形可设 $a_n \neq 0$。我们假设方程没有解，即 $f(z) \neq 0$，现在研究函数 $\varphi(z) = 1/f(z)$，显然有 $\lim\limits_{z\to\infty}\varphi(z) = 0$。那么，对于充分大的半径 R，在以半径为 R、以原点为圆心的圆之外的区域内 $|\varphi(z)|$ 有界。但是 $\varphi(z)$ 是个解析函数，故它在圆内也应该是有界的。这样，在圆内 $\varphi(z)$ 是解析的、有界的，则根据刘维尔定理它必是常数。这与 $\varphi(z) = 1/f(z)$，而 $f(z) = z^n + a_1 z^{n-1} + \cdots + a_{n-1}z + a_n$（不可能是常数），相矛盾。故方程 $z^n + a_1 z^{n-1} + \cdots + a_{n-1}z + a_n = 0$ 必有解。

一个复变函数是解析的，意味着它绕环路的积分为零：

$$\oint_C f(z)dz = 0 \tag{7.15}$$

这是柯西第一积分定理。

进一步地，有

$$f(z) = \frac{1}{2\pi\mathrm{i}}\oint_C \frac{f(\zeta)}{\zeta - z}\mathrm{d}\zeta,\ f^{(n)}(z) = \frac{n!}{2\pi\mathrm{i}}\oint_C \frac{f(\zeta)}{(\zeta - z)^{n+1}}\mathrm{d}\zeta \tag{7.16}$$

恒等式 $f(z) = \frac{1}{2\pi\mathrm{i}}\oint_C \frac{f(\zeta)}{\zeta - z}\mathrm{d}\zeta$ 被称为柯西第二积分定理，它告诉我们环路（也译成围道）C 内部任一点上的函数 $f(z)$ 可以由在环路 C 上的函数 $f(\zeta)$ 所决定，这反映的是解析函数所具有的全局关联性。

说起积分，必须提到留数定理。若函数在环路 C 上是解析的，在环路内部除了一些孤立的奇点以外也是解析的，则有

$$\oint_C f(z)\mathrm{d}z = 2\pi\mathrm{i}\sum_k \operatorname*{Res}_{a_k} f(z) \tag{7.17}$$

其中 $\operatorname*{Res}_{a_k}(z)$ 是函数在奇点 a_k 上的留数。若点 a 是函数 $f(z)$ 的 m 阶奇点，则相应的留数为 $\operatorname*{Res}_{a}(z) = \frac{1}{(m-1)!}\lim\limits_{z\to a}\frac{\mathrm{d}^{m-1}}{\mathrm{d}z^{m-1}}[(z-a)^m f(z)]$。若点 a 是函数 $f(z)$ 简单的一阶奇点，则 $\operatorname*{Res}_{a}(z) = \lim\limits_{z\to a}(z-a)f(z)$。有了复变函数的留数定理，许多无法下手的定积分得以被积了出来。比如，计

算电磁学中与偶极矩有关的一个积分$\int_0^{2\pi}\frac{d\theta}{1-2p\cos\theta+p^2}$，作变换$z=e^{i\theta}$，$\cos\theta=\frac{1}{2}(z+\frac{1}{z})$，$\sin\theta=\frac{1}{2i}(z-\frac{1}{z})$，有$\int_0^{2\pi}\frac{d\theta}{1-2p\cos\theta+p^2}=\int_C\frac{dz}{i(1-pz)(z-p)}$，其中环路$C$是复平面上的单位圆。显然，对于函数$f(z)=\frac{1}{(1-pz)(z-p)}$有两个一阶奇点，$z_1=p$和$z_2=1/p$。对于$p<1$，只有$z_1=p$在积分环路包围中，计算此处的留数，得积分：

$$\int_0^{2\pi}\frac{d\theta}{1-2p\cos\theta+p^2}=\frac{2\pi}{1-p^2} \tag{7.18}$$

这是著名的泊松积分。用复变函数的留数定理求一些很困难的定积分会让我们一般人很有成就感，读者朋友一定要试试。比如，试计算定积分

$$\int_0^{\infty}\frac{\sin x}{x(x^2+a^2)^2}dx$$

§7.3c 复几何

复数是平面内的存在，天生带有几何的特性。因为复数对于代数算法具有完备性，即对于一般代数算法的结果仍是一个复数，故复数特别适合玩迭代游戏。没想到，有人随手玩一玩，就发现了新天地。法国数学家尤利亚（Gaston Julia, 1893—1978）摆弄迭代，比如研究多项式迭代$f_c(z)=z^2+c$，即

$$z^2+c\to z \tag{7.19}$$

这样的迭代会引出尤利亚集（Julia set）的概念，即由那些其迭代的轨迹保持有界的点所组成的集合。对于不同的参数c，能得到不同的、但都是非常迷人的尤利亚集图案。图7.3给出的是对应$c=-0.4+0.6i$和$c=0.2854+0.01i$的结果。

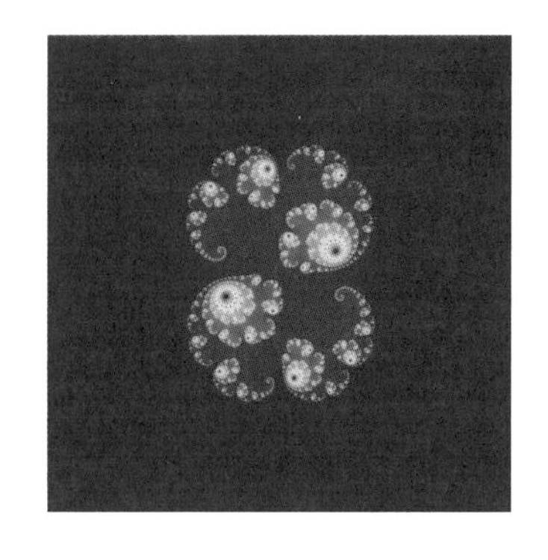

图7.3 对应 $c=-0.4+0.6\mathrm{i}$ 和 $c=0.2854+0.01\mathrm{i}$ 由迭代 $f_c(z)=z^2+c$ 得到的尤利亚集图案

复数将数学极大地拓展了。实数域上定义的数学对象，实分析、实流形、矢量空间等等，都对应着在复数域上的扩展，有复分析、复流形、复矢量空间等等。“复”字修饰的数学对象，其含义只有我们投入地学习了才知道它是多么复杂，以及它又是将多么复杂的问题给变得简单了。

§7.4 复数之于物理学

§7.4a 振荡与转动

实系数的代数方程引入了复数。实系数的常微分方程后来有意无意间也使用了复数解。考察一个二阶常微分方程：

$$y''+by'+cy=f(x) \tag{7.20}$$

引入尝试解 $y=e^{kx}$，代入方程：

$$y''+by'+cy=0 \tag{7.21}$$

得到关于 k 的代数方程 $k^2+bk+c=0$。我们知道，取决于 $b^2-4c>0$ 还是$b^2-4c<0$ 这有一对共轭的解 $k=k_1\pm k_2$ 或者 $k=k_1\pm \mathrm{i}k_2$。即便在 $k=k_1\pm \mathrm{i}k_2$ 的情形，将通解表为

$$y=\alpha e^{(k_1+\mathrm{i}k_2)x}+\beta e^{(k_1-\mathrm{i}k_2)x} \tag{7.22}$$

的形式，因为有 $k = k_1 \pm \mathrm{i}k_2$ 的共轭性质，故总能保证实数解的存在。式 (7.22) 表示的变化有振荡的表现。由通解再加上一个特解，就算是找到了方程 (7.20) 的解了。

复数解常用于电路分析，而且后来干脆把相关物理量就表示成了复数。按照定义，在电阻 R 上 $I = U/R$，在电感 L 上 $U = L\mathrm{d}I/\mathrm{d}t$，而在电容器 C 上，$U = \int I\mathrm{d}t/C$。对于振荡电路，电流用振荡函数表示，$I = I_0\mathrm{e}^{\mathrm{i}\omega t}$，在电感上有 $U = \mathrm{i}\omega LI$，这相当于 $R_L = \mathrm{i}\omega L$；而在电容上，$U = I/(\mathrm{i}\omega C)$，这相当于$R_C = \dfrac{1}{\mathrm{i}\omega C}$。也就是说，电感和电容在振荡电路中被等效成了虚电阻。复数、虚数表示的物理量在电路分析中让许多计算变得简单，但我们必须牢记实际的物理图像是什么。数学要严谨。在物理情景中随意引入复数是个不走心的过程。

复数用于物理，威力是巨大的。多看一眼欧拉恒等式 $\mathrm{e}^{\mathrm{i}\alpha} = \cos\alpha + \mathrm{i}\sin\alpha$。若幅角是随时间变化的：

$$\mathrm{e}^{\mathrm{i}\omega t} = \cos\omega t + \mathrm{i}\sin\omega t \tag{7.23}$$

函数 $\mathrm{e}^{\mathrm{i}\omega t}$ 描述在单位圆上的匀速转动，而 $\cos\omega t$，$\sin\omega t$ 表示的是简谐振荡。这个公式的意思是，二维的匀速圆周运动在任何一个过圆心的轴上的投影是简谐振动。这个事实，承担了整个第一次工业革命之大部。第一次工业革命利用热来驱动机械，可是被驱动的机械的运动则表现为圆周运动驱动振动，或者是反过来用振动来驱动转动。不明白？好好观察一架老式缝纫机。那是第一次工业革命情境中数学与物理的完美结合。函数 $f(x,t) \propto \mathrm{e}^{\mathrm{i}(\omega t - kx)}$ 有波的形象，物理学后来描述波的时候大多是打虚宗量指数函数的主意。提醒一句，愚以为波在物理学中的主导地位，也许碰巧只是因为水的特殊性质而已——水有“皮”，其表面张力一方面足够大到能形成可见的水面波动，另一方面又足够小到随便有个风吹草动就能激发起水面波动。

§7.4b 物理量复数化

在物理学中，有一些物理量干脆就被当成了复数。复数物理量一般被用来描述与衰减（decaying）或者弛豫（relaxing）有关的现象。一个著名的例子是复介电常数，$\varepsilon(\omega)=\varepsilon_1(\omega)+\mathrm{i}\varepsilon_2(\omega)$。类似 $\varepsilon(\omega)=\varepsilon_1(\omega)+\mathrm{i}\varepsilon_2(\omega)$ 这样的复值函数，基于复数的解析性，还有 Kronig-Kramers 关系表达其实部与虚部之间的内在关联，即

$$\varepsilon_1(\omega)=\frac{1}{\pi}P\int_{-\infty}^{\infty}\frac{\varepsilon_2(\omega')}{\omega'-\omega}\mathrm{d}\omega',\quad \varepsilon_2(\omega)=-\frac{1}{\pi}P\int_{-\infty}^{\infty}\frac{\varepsilon_1(\omega')}{\omega'-\omega}\mathrm{d}\omega' \tag{7.24}$$

其中 P 表示取积分主值。基于 Kronig-Kramers 关系，实验测量了衰减过程对应的 $\varepsilon_2(\omega)$，就能计算得到 $\varepsilon_1(\omega)$。

给我们习惯的实数物理量加个虚部的作法，我猜，来自解对应受迫阻尼谐振的、带一阶微分项的二阶微分方程：

$$\frac{\mathrm{d}^2x}{\mathrm{d}t^2}+2\alpha\omega_0\frac{\mathrm{d}x}{\mathrm{d}t}+\omega_0{}^2x=f\sin(\omega t) \tag{7.25}$$

其中 ω_0 是简谐振动方程 $\frac{\mathrm{d}^2x}{\mathrm{d}t^2}+\omega_0{}^2x=0$ 中的本征频率，ω 是外加驱动的频率。考虑对应的无源振动方程 $\frac{\mathrm{d}^2x}{\mathrm{d}t^2}+2\alpha\frac{\mathrm{d}x}{\mathrm{d}t}+x=0$，取一般振荡解形式为 $x\propto \mathrm{e}^{ikt}$，代入方程，得代数方程 $-k^2+2\mathrm{i}\alpha k+1=0$，单位虚数 i 赫然出现在 k 的线性项中。令代数方程解形式上为 $k=k_1\pm\mathrm{i}k_2$，则有 $x\propto\mathrm{e}^{ikt}=\mathrm{e}^{\mp k_2t}\mathrm{e}^{\mathrm{i}k_1t}$，所以量 $k=k_1\mp\mathrm{i}k_2$ 的虚部对应衰减 (增益)。

把物理量扩展成复数，是在谐振响应近似的语境下进行的，有一定的合理性。但是，把物理量当成复数，或许只有有限的合理性。一个考量是，物理量作为复数，它会表现出复数的性质吗？比如它会遭遇完备性的问题吗？即作为复数它在加减乘除开方等操作下都是复数吗？实际上，许多作为复数的物理量，别说乘法，可能连加法都没有。机械振动的振幅与振动能有关，或者电磁波的振幅与光强有关，相应的复数表示其模平方都有了合理的物理意义。但是，被当成复数的物理量其模平方

都有物理意义吗？有一个例子，对于介电材料，折射率和介电常数之间的关系为 $n=\sqrt{\varepsilon}$，当介电常数取 $\varepsilon(\omega)=\varepsilon_1(\omega)+\mathrm{i}\varepsilon_2(\omega)$ 的形式时，折射率也用复数表示了。但是，物理性质按照相应的复数表示从纯数学的角度，比如算符的完备性，加以深入考察的，笔者孤闻寡陋，至今未见。

用复数表示物理量的成功，引导有人把一些物理量硬生生地扩展成复数，比如有把时间这种基本物理量扩展成 $t=t_1+\mathrm{i}t_2$ 形式的作法，我不知道该如何理解。如果这种做法具有合理性，物理理论至少应该提供该物理量作为复数必然出现的方程。再者，作为复数，该物理量遵循复数运算的事实也应该有具体的体现。时间以 $t=t_1+\mathrm{i}t_2$ 的面貌出现的理论还无意面对这两点挑战。一个更加大胆的用复数表示物理量的尝试是用两个不同的物理量拼凑出一个复数来。一个典型的例子是有人误以为电场 E 和磁场 B 构成一对复数，这就有点儿开玩笑了。电场 E 是三维矢量，但磁场 B 不是矢量。如同动量 p 和角动量 L，动量是三维矢量，而角动量不是。电场 E 和磁场 B 一起按照如下方式构成二阶反对称的电磁场张量。

$$F^{\mu\nu}=\begin{pmatrix} 0 & -E_x/c & -E_y/c & -E_z/c \\ E_x/c & 0 & -B_z & B_y \\ E_y/c & B_z & 0 & -B_x \\ E_z/c & -B_y & B_x & 0 \end{pmatrix} \tag{7.26}$$

电磁学理论的数学比较成熟，这也是其令人信赖的学术基础。还有更加狂野的复化物理量的情形，即把两个不同类型的物理量拼成一个复数。在一些凝聚态理论中，时间和温度被拼成了一个复数 $t+\mathrm{i}T^{-1}$。这样做的道理，形式上是因为 $\mathrm{e}^{\mathrm{i}Ht}$（取$\hbar=1$）代表的动态演化同 $\mathrm{e}^{-\beta H}$（$\beta=1/kT$）代表的统计遭遇了。这样得到的复数物理量能在什么意义上体现复数的算法呢？或者反过来想，复数的运算能为这样的表示成复数的物理量带来哪些新的物理呢？这些也许都有讨论的意义和必要。自然的奥秘就在那里，它迷惑着好奇者的心灵。

§ 7.4c 傅里叶变换

笔者曾问过一个问题："如果要为热力学、量子力学、电动力学、固体物理、晶体学、图像处理等学科找一个共同的关键词，请问这个关键词是什么？"我自己对这个问题的答案是傅里叶分析。

1822 年，法国人傅里叶在研究热传导的时候发现一些函数可以写成傅里叶级数的形式，即

$$f(x)=\frac{a_0}{2}+\sum_{n=1}^{\infty}[a_n\cos(nx)+b_n\sin(nx)] \tag{7.27}$$

其中

$$a_n=\frac{1}{\pi}\int_{-\pi}^{\pi}f(x)\cos(nx)\mathrm{d}x,\quad b_n=\frac{1}{\pi}\int_{-\pi}^{\pi}f(x)\sin(nx)\mathrm{d}x$$

傅里叶级数的前身可追溯到古埃及托勒密的本轮 - 均轮宇宙模型，其实就是正弦函数相加。一般人会大大低估正弦函数相加构造不同形状的曲线的威力。对于傅里叶级数的这个表示，我有一点异议。我认为还是应该写成

$$f(x)=\sum_{n=0}^{\infty}[a_n\cos(nx)+b_n\sin(nx)] \tag{7.28}$$

的形式才好，其中包括 $n=0$ 项。有人可能会说，$\sin(0\cdot x)=0$ 为什么要放进去呢？这里的道理是，一个项等于 0 和根本没有这样的一项，这是两回事儿！ 函数 $\sin nx$ 和 $\cos nx$ 作为微分方程

$$\frac{\mathrm{d}^2}{\mathrm{d}x^2}\varphi(x)+n^2\varphi(x)=0 \tag{7.29}$$

的解，是成对出现的——这是其可以变换为 $\mathrm{e}^{\pm inx}$ 表示的基础。所有的 $\sin nx$ 和 $\cos nx$ 作为坐标轴张成一个空间，这个和问题的完备性有关，缺一不可。那个维度上的投影贡献为 0，但那个完备空间的一个维度是存在的。所谓的函数展开，就是一般的函数可以表示为某个用函数张开的空间里的一个矢量。

傅里叶级数展开最不可思议的地方是，不连续的函数，比如锯齿状的函数，竟然也能用 $\sin nx$ 和 $\cos nx$ 这样的连续函数展开（奥妙在于它是无

穷级数展开。无穷的情形总会冒出一些有限的情形下不会出现的局面）。就这一点就足以让傅里叶级数展开的被接受过程有些曲折。

注意到欧拉公式 $e^{ix}=\cos x+i\sin x$，从傅里叶级数的研究自然过渡到了傅里叶分析。复数完成了对托勒密和傅里叶的提升。傅里叶分析使用复函数 $e^{\pm ikx}$ 在实变量函数 $f(x)$、$F(k)$ 之间完成角色变换。因为技术的原因，一般会把傅里叶变换描述为从时域到频域的变换，即将关于时间的函数 $f(t)$ 经积分

$$F(\omega)=\int_{-\infty}^{\infty}f(t)e^{-i\omega t}dt \tag{7.30a}$$

变换为频域上的函数 $F(\omega)$，在合适的条件下有逆变换

$$f(t)=\int_{-\infty}^{\infty}F(\omega)e^{i\omega t}d\omega。 \tag{7.30b}$$

傅里叶变换带来很多解决数学问题的便利。比如，对时间的微分表现为频域上的乘以频率，而时域上的卷积对应频域上的直接乘积。后者的意思是，若函数 $f(t)$ 是函数 $g(t)$ 和 $h(t)$ 的卷积，即

$$f(t)=\int_{-\infty}^{\infty}g(\tau)h(t-\tau)d\tau, \tag{7.31}$$

则它们对应的傅里叶变换函数 $F(\omega)$、$G(\omega)$ 和 $H(\omega)$ 满足关系

$$F(\omega)=G(\omega)H(\omega) \tag{7.32}$$

这个在物理上大有深意，可惜在它被使用的语境中很少有人提及。卷积，探测器对输入信号的响应过程就是卷积，对输入信号施加卷积的函数就是探测器的特征，也就是说仪器的输出是对输入信号的卷积。当进行傅里叶变换后，输入信号的变换函数，$G(\omega)$，等于输出信号的变换函数 $F(\omega)$，除以探测器特征函数的变换函数 $H(\omega)$，对这样得到的输入信号的变换函数 $G(\omega)=F(\omega)/H(\omega)$ 作逆变换，就得到了我们想得到的本源信号。

傅里叶变换从一开始就是个物理问题。关注的研究对象是扩散方程（热传导方程），使用的展开函数是波动方程的解 $\sin nx$ 和 $\cos nx$，即方程

$$\frac{d^2}{dx^2}\varphi(x)+n^2\varphi(x)=0$$

的解。改写成

$$-\frac{\mathrm{d}^2}{\mathrm{d}x^2}\varphi(x)=n^2\varphi(x) \tag{7.33}$$

的形式，这是求算符 $-\frac{\mathrm{d}^2}{\mathrm{d}x^2}$ 的本征函数问题。二阶微分算符 $-\frac{\mathrm{d}^2}{\mathrm{d}x^2}$ 物理上对应的是动能，或者说我们把动能改造成了对空间坐标的二阶微分算符。在量子力学中，由量子化条件 $[x,p]=\mathrm{i}\hbar$，约当（Pascual Jordan, 1902—1980）认定这相当于 $\hat{p}\sim-\mathrm{i}\hbar\partial_x$，则动能，只写简单的一维形式，为 $E_k=\frac{\hat{p}^2}{2m}=-\frac{\hbar^2}{2m}\frac{\mathrm{d}^2}{\mathrm{d}x^2}$。你可能已经敏锐地察觉到，量子力学还和傅里叶分析有关？对喽。有些被说得神乎其神的量子力学的内容，若你也跟着一溜神气地胡咧咧，说明你数学底子有点儿欠缺。虽然给出了第一个量子力学波动方程，薛定谔就不拿量子力学装神弄鬼。在薛定谔眼里，薛定谔方程就是复系数的热传导方程。

考察一个一维弹簧振子（谐振子），总能量为

$$E=\frac{1}{2}m\dot{x}^2+\frac{1}{2}kx^2$$

忽略系数和量纲的问题，总可以把它写成 $H=q^2+p^2$ 的形式，其中 q 和位置有关，p 和动量有关。q^2+p^2 这样的二次型，太完美了，它是学物理的人一定要弄透其数学的关键对象。二次型 q^2+p^2 包含加与乘两种运算，这都是二元运算，且最经济地用了两项。q^2+p^2 用极简的方式包含了足够多的数学，你甚至可以说此处隐藏宇宙的奥秘。有一种说法，如果你弄懂了

$$H=q^2+p^2 \tag{7.34}$$

描述的谐振子模型，你就学会了 75% 的物理！

q^2+p^2 和 pq 是一回事儿。作因式分解：

$$q^2+p^2=(q+\mathrm{i}p)(q-\mathrm{i}p) \tag{7.35}$$

注意虚数被偷偷地带进来了。作变换 $q'=(q+\mathrm{i}p)$，$p'=(q-\mathrm{i}p)$，就有

$q^2+p^2 \to q'p'$。两个量 q 和 p，假设有某种共轭关系，其乘积，qp，就是个有趣的对象。用它构造个函数，比如$e^{i2\pi qp}$，再考虑到物理上 qp 的量纲是角动量的量纲，是作用量的量纲，还碰巧是普朗克常数 h 的量纲，而数学函数的宗量（argument）必须是个无量纲的数，故应该选取 $e^{iqp/\hbar}$ 的形式。这个函数可以用来在函数 $f(q)$ 和 $F(p)$ 之间建立起傅里叶分析。此语境下的这个变换被称为约当变换，但它就是傅里叶变换。

1927 年，海森堡（Werner Heisenberg, 1901—1976）在一篇文章中指出，对于形如

$$S(\eta,q) \propto \exp[-\frac{(q-q')^2}{2q_1^2}-\frac{i}{\hbar}p'(q-q')] \tag{7.36a}$$

的波函数，其经过约当变换，不，傅里叶变换，后得到的关于 p 为变量的波函数为

$$S(\eta,p) \propto \exp[-\frac{(p-p')^2}{2p_1^2}-\frac{i}{\hbar}q'(p-p')] \tag{7.36b}$$

且有关系

$$p_1q_1=\hbar \tag{7.37}$$

这是一个纯数学的结果，在傅里叶变换里早就有，即函数 $f(q)$ 的 support（不为零的区域）的大小和变换后的函数 $F(p)$ 的 support 的大小，其乘积为定值。就是这么个纯数学的平凡结果，被不负责任地演绎成了量子力学的基本原理（the uncertainty principle），甚至有“不可能同时精确测量粒子动量和位置”之类的荒唐言辞。其实，西文表达中的 simultaneously，其意思不是 at the same time，它是“既……又……”的意思，是说不能鱼与熊掌兼得，不能既用位置这个图像（picture）又用那个动量图像看问题。薛定谔 1935 年把量子力学的这种不完备性比喻为云雾的照片，它就是模糊的，但又不同于因为镜头散焦所得到的模糊照片。位置和动量是一对互为共轭、互为对偶的概念，这里有个对偶性（duality）的问题，其实质体现在相空间体积这个概念里。关于不确定性原

理的详细批判，参见拙著《物理学咬文嚼字》之四十四篇。

由 x 和 p 构成的相空间提供了对经典力学的描述，加于 x, p 上的约束 $[x, p] = \mathrm{i}\hbar$ 是最基本的量子化条件。似乎 (x, p) 先天就是复共轭的，所以有傅里叶变换联系着它们，所以哈密顿正则方程和 Cauchy-Riemann 条件的结构相同。问题是，凭什么物理意义的 (x, p) 就是对偶的或者构成二元数的关系呢？这大概也是数学在物理领域中之难以理解的合理性要考虑的话题吧。傅里叶分析同众多的对偶性相联系，这包括矢量空间对偶性（vector space duality），凸对偶性（convex duality），理想-变体对偶性（ideal-variety duality），希尔伯特空间对偶性（Hilbert space duality），群对偶性（group duality），等等。对偶性的表现就是不确定性原理（uncertainty principle）。于是有海森堡不确定性原理（Heisenberg uncertainty principle），哈代不确定性原理（Hardy uncertainty principle）等不同的不确定性原理。 海森堡不确定性原理只是重述了一个平凡的数学关系，在量子力学语境中被无端地夸张和赋予了许多莫须有的物理内容，想来令人唏嘘。

比傅里叶变换复杂一点儿的有拉普拉斯变换：

$$F(s) = \int_0^{\infty} f(t)\mathrm{e}^{-st}\mathrm{d}t \tag{7.38}$$

其中 $s = \sigma + \mathrm{i}\tau$ 是复数，也就是说它将一个实数域上的函数变换为一个复数域上的函数。拉普拉斯变换提供了一个非常有效的解微分方程的方法，笔者有幸用拉普拉斯研究过离子辐照诱导的固相扩散问题。拉普拉斯变换应该从其产生的动机出发加以深入理解。

§ 7.4d 复数之于量子力学

量子力学源起光之能量的量子化。旧量子力学里没有复数。玻尔兹曼（Ludwig Boltzmann, 1844—1906）的气体分子动能的量子化（1877），普朗克（Max Planck, 1858—1947）的黑体辐射中光的能量量子化（1900），玻尔（Niels Bohr, 1885—1962）的氢原子模型用电子的非连续能级跳跃作为发光机制

(1913)，索末菲（Arnold Sommerfeld, 1868—1951）的三维振动子模型（1916），康普顿（Arthur Compton, 1892—1962）处理 X 射线的电子散射引入光的动量量子（1923），在这些讨论中都不见复数的影子。然而，德布罗意（Louis de Broglie, 1892—1987）将电子也当作波（1923—1924），1925 年海森堡试图得出谱线强度公式，复数就不可避免地出现了。经典物理在解释水波和光波双缝干涉时，复数 e^{ikx} 就已经被派上了用场；而海森堡，以及他之前的克莱默斯（Hans Kramers, 1894—1952），在构造谱线强度理论时都用的是傅里叶分析。1913 年的玻尔量子化条件是

$$\oint p\mathrm{d}x = nh \tag{7.39}$$

的形式，其中还只有实数。到了 1925 年，海森堡和玻恩给出的量子化条件变成了 $[x,p]\neq 0$，实际上指向了

$$[x,p]=\mathrm{i}\hbar \tag{7.40}$$

注意，这里海森堡考虑的是谐振子模型（取 $m=1$；$k=1$），要求能量是量子化的 $E=n\hbar$，但在把谐振子哈密顿量 $H=\frac{1}{2}(x^2+p^2)$ 改造成 $H=A^{+}(t)A(t)$ 的样子时，通过变换

$$A(t)=x(t)+\mathrm{i}p(t)\ ,\ A^{+}(t)=x(t)-\mathrm{i}p(t) \tag{7.41}$$

虚数 i 就偷偷地溜进来了，英语表述会用 lurk in 这个短语。1926 年，薛定谔就选定 $e^{\mathrm{i}S/\hbar}$ 函数描述电子的波，借助 Hamilton-Jacobi 方程

$$H+\partial S/\partial t=0 \tag{7.42}$$

构造出了量子力学的基本方程

$$\mathrm{i}\hbar\partial_t\psi=H\psi \tag{7.43}$$

其中单位虚数 i 赫然在目。在物理方程中显性地引入虚数，薛定谔方程是第一个。你无法不把这个方程的主角，波函数 ψ，当成一个复值的时空函数。实际上，波函数的诠释就是模恒为 1 的复值函数，$\int_{\Omega}\psi^{*}\psi\mathrm{d}V=1$，此即所谓的归一化条件。波函数 ψ 被说成是概率幅，但它是个复数；而概率密度 $\psi^{*}\psi$ 是波函数的模平方，是个实数。波函数 ψ

是复数（二元数，binarion），而概率密度 $\psi^*\psi$ 是实数（一元数，unarion），ψ 比 $\psi^*\psi$ 的故事多。柯恩（Walter Kohn, 1923—2016）懂得这个道理，所以发展出了密度泛函理论。概率幅和概率之间是实数和复数的区别，愚以为求概率是个结构约化、退化的过程。波函数满足叠加原理，若 ψ_1 和 ψ_2 是系统的波函数，则线性叠加 $\psi = c_1\psi_1 + c_2\psi_2$，其中 c_1 和 c_2 是复数，也是系统的波函数。可见所谓的希尔伯特空间，是复数域上用复值函数构成的矢量空间。

所谓的薛定谔方程，实际不过就是扩散方程

$$k\partial_t C = \nabla^2\psi \tag{7.44}$$

的复化（complexification）。作替代 $t \to \mathrm{i}t$，扩散方程就是自由粒子的薛定谔方程。薛定谔本人就是这么认识量子力学方程的，他在 1931—1933 年有一些论文就是从复化经典扩散方程的角度讨论量子力学的。在薛定谔那里，量子力学没有任何神奇的地方——啥经典物理都不懂的人才会神秘化量子力学，鼓吹量子力学的神奇可以遮掩一点儿自己的无知。

顺便说一句，薛定谔方程（7.43）若写成 $-\mathrm{i}\hbar\partial\psi / \partial t = H\psi$ 的形式也一样成立。再强调一遍，凡对 i 成立的等式，对 –i 也成立。薛定谔 1922 年改造外尔理论引入虚数时，彭罗斯（Roger Penrose, 1931—）在提及虚数的诸多场合，用的都是 $\sqrt{-1}$ 而非 i。记住，$\sqrt{-1} = \pm\mathrm{i}$。

波函数 ψ 是复数，是二元数，那就必然有拓扑的故事，比如表现出 Berry 相，也叫几何相（geometric phase）。在波动系统的描述中都有这个问题。当参数沿着一个环路变化一圈时，可能会获得相位变化。干涉效应可演示相位的变化。比如一个量子力学体系之第 n 个本征态的 adiabatic evolution ①，其当参数沿环路改变之由本征态随变化着的哈密顿量而引起的相位变化即为 Berry 相，可表示为

① 不穿过演化，即不会过渡到其他本征态上的演化。汉语错译为“绝热演化”。它跟热没关系。

$$\gamma_n[C] = \mathrm{i}\oint_C \langle n,t|\nabla_R|n,t\rangle \mathrm{d}R \tag{7.45}$$

其中 C 是环路，R 是参数化环路的参数。经典体系的傅科摆也表现出几何相位。

将波函数 ψ 及其共轭 ψ^* 作为独立变量构成拉格朗日密度，这是量子场论的起点。由此容易理解，量子场论会用到复分析的技术。或者，如果我们始终分别用数学的目光、物理的目光与数学物理的目光去仔细考察一个物理理论，我们就能看到一个物理理论的奇妙处。奇妙处即平凡处。

关于复数在量子力学中的应用，有人就怀疑量子力学不可避免地要用到复数，那复数的性质与其用法匹配得很好吗？经典物理中我们都用的是实数来描述观察现象，量子力学也是把观测量约化为实数的。这里有两点要注意。其一，经典物理中我们也有引入复数描述物理量的做法，它是辅助的还是实质性的？其二，复数其实不是我们从前理解的复数，它只是有结构的二元数或者矩阵，完全可以坚持用实数的语汇讨论它——有趣的是，这竟然真实地发生在将 $U(1)$ 规范理论推广到 $SU(2)$ 规范理论的过程中。究其实，是在量子力学中我们需要用耦合的一对物理量说话而已，这可能恰是共轭量、相空间的本意，有一对共轭的、对偶的量要绑定到一起。

量子力学的数学可能是不严谨的。有这种疑问，不奇怪。

薛定谔方程里的波函数是个复数标量，它在解氢原子问题时只揭示出了三个量子数 (n,ℓ,m)。为原子中的电子引入第四个量子数 m_s，动机来自实验事实，它的表示体现在泡利方程中的二分量波函数上，但那个波函数不是二分量矢量，而是旋量。旋量，可看作是同欧几里得空间相联系的 (复) 矢量空间中的元素，此概念的一般数学形式由数学家卡当 (Élie Cartan, 1869—1951) 于 1913 年提出，而 spinor 一词则是物理学艾伦费斯特 (Paul Ehrenfest, 1880—1933) 于 1924 年在研究量子物理时造的 (Quantenmechanik,

量子机制，俗谓量子力学，这个词也是 1924 年出现的）。旋量由转动下的行为表征，用一个酉矩阵来表示其变换。旋量对坐标的逐渐转动敏感，表现出路径依赖，其整体转动与张量的转动不同。又，狄拉克方程中的波函数是二旋量（bispinor），单单一个旋量不满足宇称对称性，要两个才行。后来，基于旋量还发展出了扭量 (twistor) 理论，这是描述光的行为所发展出来的数学。扭量理论是否正确我不能判断，但笔者坚信光的行为称得上专门的数学。此是后话。

可以在克利福德代数下讨论旋量。克利福德代数是结合代数，可以由欧几里得空间加一个不依赖于基的内积加以构造。选定了欧几里得空间的正交基以后，克利福德代数的表示由 γ 矩阵所产生，这些矩阵满足一组正则的反对称关系。旋量就是这些矩阵所作用于其上的列矩阵。在三维空间情形，泡利矩阵就是相应的 γ 矩阵，而两分量的列复矢量就是旋量。对于四维时空，狄拉克矩阵就是相应的 γ 矩阵，而四分量的列复矢量就是相应的 (二) 旋量。特定维数的欧几里得空间，选定了有内积定义的克利福德代数，选定了基以及相应的 γ 矩阵，这个 γ 矩阵作用于其上的列矢量就是对应的旋量。对于三维空间，泡利矩阵是相应的 γ 矩阵，在这种情况下，自旋群（spin group）与矩阵值为 1 的 2×2 酉阵群同构，故应是 $SU(2)$ 群。群以共轭乘积的方式作用于泡利矩阵所张开的实矢量空间，实现一个该实矢量空间的转动群；该群也作用到旋量上。更多相关内容，见第 10 章。

§ 7.4e 复数之于相对论

单位虚数 i 也显性地出现在相对论中。对于平直时空，时空间距为 $\mathrm{d}s^2=\mathrm{d}x^2+\mathrm{d}y^2+\mathrm{d}z^2-(c\mathrm{d}t)^2$，这是典型的赝黎曼几何。如果我们把时空坐标记为 $(\mathrm{i}ct, x, y, z)$，时空间距还是采取欧几里得度规，可表示为

$$\mathrm{d}s^2=\mathrm{d}x^2+\mathrm{d}y^2+\mathrm{d}z^2+(\mathrm{i}c\mathrm{d}t)^2 \tag{7.46}$$

这就是 $\mathrm{d}s^2=\mathrm{d}x^2+\mathrm{d}y^2+\mathrm{d}z^2-(c\mathrm{d}t)^2$。有人根据 $(\mathrm{i}ct, x, y, z)$，就断言这

是复数表示，说时间 t 以 it 的身份出现，于是就有了虚时间（time is imaginary）的说法。必须指出，这个认识可能是错的。

我们生活在三维空间中。三维空间矢量，是哈密顿在 1843 年作为四元数的虚部而引入的表示，即记四元数 $q = a + x\mathrm{I} + y\mathrm{J} + z\mathrm{K}$，其中 $\mathrm{I}^2 = \mathrm{J}^2 = \mathrm{K}^2 = \mathrm{IJK} = -1$，而四元数的虚部 $\vec{r} = x\mathrm{I} + y\mathrm{J} + z\mathrm{K}$ 就是我们在电磁学、电动力学中习惯使用的三维空间矢量表达（后来几何代数会揭示，这里的 I, J, K 不是矢量而是二矢量，但它们张成了矢量空间）。如同复数，四元数的模平方为 $|q|^2 = a^2 + x^2 + y^2 + z^2$，与时空间距的表达不一样。如果令标量 $a = \mathrm{i}ct$，则 $q = \mathrm{i}ct + x\mathrm{I} + y\mathrm{J} + z\mathrm{K}$ 的模平方与时空间距的表达可以达成一致，但这样得到的四元数的性质就变了。在这种情况下，a, x, y, z 都扩展到了复数域上，$q = \mathrm{i}ct + x\mathrm{I} + y\mathrm{J} + z\mathrm{K}$ 是双四元数（bi-quaternion）。也就是说，我们在狭义相对论里遇到的时空坐标表示 $(\mathrm{i}ct, x, y, z)$，其中的矢量分量 x, y, z 看似实数是因为它们碰巧取了复数的实部，而 ict 作为这个双四元数的标量，其看似虚数是因为它碰巧取了复数的虚部。一句话，不要想当然地根据时空坐标表示 $(\mathrm{i}ct, x, y, z)$ 就认定有虚时间。时空坐标是由双四元数表示的。四元数、双四元数将在第 8 章详细介绍。

§ 7.5 多余的话

把两个量凑成一个复数，在近代物理学研究中简直成了常玩的把戏。除了前面提到过的把时间和温度放到一起写成复数那种不容易往前推进的做法以外，把物理量写成复数形式很多时候是会把理论往前推进很远的。比如，把位置与动量加起来构成相空间，引入产生-湮灭算符：

$$a = \frac{1}{\sqrt{2\hbar\omega m}}(m\omega q + \mathrm{i}p),\quad a^{+} = \frac{1}{\sqrt{2\hbar\omega m}}(m\omega q - \mathrm{i}p) \tag{7.47}$$

这样谐振子的拉格朗日量就能写成

$$H = (a^{+}a + 1/2)\hbar\omega \tag{7.48}$$

的形式，此做法的妙处是再现了普朗克 1911 年作为 0 到 1 之间等概率分布的平均值所引进来的零点能 (1/2)。这样得到的零点能，后续的故事甚至被有人拿去解释宇宙的方方面面，幻想太投入了。

还有把轨道角动量的两个分量写成

$$L_{\pm} = L_x \pm \mathrm{i}L_y \tag{7.49}$$

形式的，考虑角动量的对易关系，$[L_j, L_k] = \mathrm{i}\hbar\varepsilon_{jkl}L_l$，则有 $L^2 = L_x^2 + L_y^2 + L_z^2 = L_-L_+ + L_zL_z + L_z$。对于 L^2 和 L_z 共同决定的本征态 $|lm\rangle$，$L^2|lm\rangle = l(l+1)|lm\rangle$，$L_z|lm\rangle = m|lm\rangle$，$L_{\pm}|lm\rangle$ 也落在这些本征态 $|lm\rangle$ 张成的空间里。自旋亦可依同样的步骤处理。规范场论中，费米自由场拉格朗日量为 $L_0 = \bar{\psi}_j(\gamma_\alpha\partial^\alpha + m)\psi_j$，其中的 ψ_j , $j = 0, 1, 2, 3$，是四维欧几里得空间的矢量。这些波函数和描述粒子的场是这样联系的：

$$\begin{aligned} 2^{1/2}\psi_P &= \psi_0 + \mathrm{i}\psi_3 \\ 2^{1/2}\psi_N &= \psi_1 - \mathrm{i}\psi_2 \\ 2^{1/2}\psi_{\Xi^-} &= \psi_0 - \mathrm{i}\psi_3 \\ 2^{1/2}\psi_{\Xi^0} &= \psi_1 + \mathrm{i}\psi_2 \end{aligned} \tag{7.50}$$

不考虑波函数自身的数学性质，这个变换形式上就是把两个东西用那“i”给联系到一起了。

一个复数 $z = x + \mathrm{i}y$ 的引入，就把世界给极大地拓展了。New systems of number evolve with the advent of new physics（新数系随着新物理的出现而冒出来），太美妙了。让我们更开心的是，复数还仅仅是个开始。

参考文献

[1] Barry Mazur, *Ces nombres qui n'existent pas* (那些不存在的数), Dunod (2004).

[2] Paul J. Nahin, *An Imaginary Tale: The Story of* $\sqrt{-1}$, Princeton University Press (1998).

[3] Frank Smithies, *Cauchy and the Creation of Complex Function Theory*, Cambridge University Press (1997).

[4] Leonhard Euler, Ulterior disquisitio de formulis integralibus imaginariis（虚积

分公式的另类阐述), *Nova acta academiae scientiarum Petropolitanae* **10**(1792), 3–19 (1797).

[5] Arkady Plotnitsky, On the reasonable and unreasonable effectiveness of mathematics in classical and quantum mechanics, *Foundations of Physics* **41**(3), 466–491 (2011).

[6] Elias M. Stein, Rami Shakarchi, *Fourier Analysis: An Introduction*, Princeton University Press (2003).

[7] Terence Tao, *High Order Fourier Analysis*, American Mathematical Society (2012).

[8] W. Heisenberg, Über den anschaulichen Inhalt der quantentheoretischen Kinematik und Mechanik (论量子运动学与力学的直观内容), *Zeitschrift für Physik* **43**(3–4), 172–198 (1927).

[9] R. Penrose, W. Rindler, *Spinors and Space-Time*, Volume 1: *Two-Spinor Calculus and Relativistic Fields*, Volume 2: *Spinor and Twistor Methods in Space-Time Geometry*, Cambridge University Press (1984; 1986).

[10] Gerald D. Mahan, *Many Particle Physics*, 3rd ed., Kluwer Academic/Plenum Press (2000).

[11] Hermann Hankel, *Vorlesungen über die complexen Zahlen und ihre Functionen* (复数与复变函数教程), Leopold Voss (1867).

瑞士数学家欧拉

Leonhard Euler

1707—1783

法国数学家傅里叶

Joseph Fourier

1768—1830

第 8 章

超复数及其应用

Never mind when.

——Sir William Rowan Hamilton in 1859

别在意啥时候(才会有用)。

——哈密顿

More is different.

——Philip W. Anderson

多者异也。

——安德森

摘要 四元数是哈密顿对二元数（复数）的推广，成功开启了近世代数的大门。四元数是第一个非交换代数。哈密顿将四元数的纯虚部称为矢量，实部称为标量。由矢量的四元数乘积引入了点乘和叉乘的概念。麦克斯韦从泰特那里学会了四元数运算，针对微分矢量运算发明了矢量散度和旋度的概念，三分量的普通四元数世界矢量被麦克斯韦和亥维赛德用于电磁学的表述，吉布斯和亥维赛德由此各自独立地发展出了矢量分析。矢量分析是对严谨的四元数代数的实用主义裁剪，用处明显，但对电磁学来说危害巨大。乱糟糟的∇点乘-叉乘让电动力学成为大多数物理系学生的噩梦。泰特为捍卫四元数进行了艰苦的斗争，但结果还是矢量分析得以大行其道。哈密顿追求建立一般的多重代数，吉布斯试图将矢量分析推广，加上格拉斯曼创立的扩展的学问，以及佩尔斯创立的线性结合代数，于是最终有了今天的线性代数。差不多同时诞生的矩阵理论、格拉斯曼代数和克利福德代数同它们都有亲密的内在联系，也都是物理表述的数学基础。弄清楚四元数、矢量分析和线性代数背后的代数学知识和相互间的关系，普通物理教科书中的数学表述可能就不显得那么令人迷惑，也就能理解为什么电动力学里的矢量叉乘叉叉乘怎么在量子力学里就不见了。矢量之所以是矢量在于它所遵循的代数结构，它无须有方向，甚至也可以没有长度。

四元数以后还诞生了八元数、双四元数等，它们是超复数。按照复函数可微的要求，四元数也就是线性函数 $q \to a+bq$ 和 $q \to a+qb$ 是可微的。八元数代数没有结合律，八元数函数连可微性都丢失了。代数的运算律是在数系发展过程中逐渐丢失后才被认识到的。

关键词 超复数；四元数；标量；矢量；除法代数；胡尔维茨整数；八元数；双四元数；矢量分析；克利福德代数；线性代数

关键人物 Hamilton, Eisenstein, Graves, Maxwell, Cayley, Tait, Gibbs, Grassmann, Peirce, Hurwitz, Clifford

§8.1 复数作为二元数

复数 $z=a+b\mathrm{i}$ 以及复变函数 $f(z)$ 的引入极大地促进了数学、物理的发展。举个小例子。复数具有完备性，两个复数的乘积仍然是个复数：

$$(a+b\mathrm{i})\times(c+d\mathrm{i})=(ac-bd)+(bc+ad)\mathrm{i} \tag{8.1}$$

对两侧取复数的模平方，得

$$(a^2+b^2)\times(c^2+d^2)\equiv(ac-bd)^2+(bc+ad)^2 \tag{8.2}$$

这看似是一个很平凡的演算，但是如果 a 和 b 都是整数的话，$(ac-bd)$ 和 $(bc+ad)$ 也必是整数，则恒等式 (8.2) 的意义是，任意两个整数平方之和的乘积必是两个整数平方之和。复数的研究一直是数学家们感兴趣的领域，可以说复数展露的奇妙让数学家为之着迷。大约在 1830 年，25 岁的爱尔兰数学家、天文学家哈密顿——对，就是力学概念哈密顿量（Hamiltonian）里的那个哈密顿——认为**把复数写成一个实数加一个虚数的做法是有误导性的。** 笔者在 1984 年学习复变函数时也注意到了复数加法 $(a+b\mathrm{i})+(c+d\mathrm{i})=(a+c)+(b+d)\mathrm{i}$ 里面的三个加号意义似乎不一致——实部与虚部之间的加法似乎只是个记号而已，但也就到此为止，不敢质疑也没有能力质疑。哈密顿认为复数 $z=a+b\mathrm{i}$ 里的这个加法符号只具有形式意义，关于复数重要的是它遵循的算法而不是表示成什么样子。比如可以把复数表示成矩阵的形式：

$$z=a+b\mathrm{i}\Rightarrow z=\begin{pmatrix} a & -b \\ b & a \end{pmatrix} \tag{8.3}$$

复数的加法和乘法对应矩阵的加法和乘法，这同样甚至可更好地表示二维平面的几何。把复数写成矩阵形式，则对于模为 1 的复数，相应矩阵的一般形式为

$$z=\begin{pmatrix} \cos\theta & -\sin\theta \\ \sin\theta & \cos\theta \end{pmatrix} \tag{8.4}$$

这分明就是二维空间笛卡尔坐标系下的转动变换，复数乘积有表示二

维平面内转动的功能——这是一个物理学家会更看重的特点。当然了，$z=\begin{pmatrix} a & -b \\ b & a \end{pmatrix}$这样的形式还和保角变换有关系，还联系着哈密顿方程和辛几何，等等，这是后话（不要小瞧这一年级时学过的加法，那里面有太多的东西我们这辈子可能都没意识到）。总而言之，哈密顿意识到复数应该是一种遵循具体算法的具有两个分量的数，写成 (a, b) 就可。他称之为代数偶素(algebraic couple)，现在也叫二元数，二元数并不奇怪。比如，若 a 和 b 都是有理数，形如 $a+b\sqrt{2}$ 这样的数就足以构成代数，它们的加减乘除都是闭合的，即结果仍是 $a+b\sqrt{2}$ 的形式。$a+b\sqrt{2}$ 当然是实数，但笔者觉得它似乎已经有二元数的意思了，可以理解为由有理部和（关于 $\sqrt{2}$ 的）无理部两部分拼接而成的。

复数，complex number（复杂的数），当写成二元数形式时，我们理解了它是 composite number（复合数）。复合才是关键。

§8.2 四元数的引入

复数，或者叫二元数，除了用于解代数方程还能描述二维空间里的转动，仅凭后面这一点就足以奠定复数在物理学中的地位。可我们生活在三维空间，三维空间里的转动才是物理学家最迫切想知道如何描述的。可怜笔者大学时的经典力学课里竟然只学转动的欧拉角描述，而三维转动的欧拉角描述是不科学的：1. 不唯一；2. 有奇性；3. 不构成群（参见第 10 章群论。这一点很重要。洛伦兹变换是否构成群差别可大了。庞加莱（Henri Poincaré, 1854—1912）要求洛伦兹变换构成群是相对论发展过程的重要一步）。哈密顿受到复数的启发，想到应该构造 triplet①，三重数或者三元数，来描述物理空间里发生的现象。仿照复数的形式 $z=a+bi$，哈密顿设想三元数应该

① 具有三个组成部分的对象。汉语翻译习惯会带上那种对象具体属性的描述，比如三胞胎、三重态，但是 triplet 字面上只有三的意思。

具有形式

$$z = a + b\mathrm{i} + c\mathrm{j} \tag{8.5}$$

包含两种虚部 i 和 j，要求满足 $\mathrm{i}^2 = \mathrm{j}^2 = -1$。这看似没有多少难度。然而，求三元数同自身的乘积时会出现 ij 和 ji，

$$(a + b\mathrm{i} + c\mathrm{j})(a + b\mathrm{i} + c\mathrm{j}) = (a^2 - b^2 - c^2) + (2ab)\mathrm{i} + (2ac)\mathrm{j} + bc(\mathrm{ij} + \mathrm{ji}) \tag{8.6}$$

这是不同于虚部 i、j 或者 i^2、j^2 的新元素。令 $\mathrm{ij} = \mathrm{ji} = 0$ 或者 $\mathrm{ji} = -\mathrm{ij}$，都能让 (8.6) 式中的 $bc(\mathrm{ij} + \mathrm{ji})$ 这一项消失。但是，这消除不了任意两个三元数的乘积以及任意两个三元数模平方的乘积（我们希望它还是一个三元数的模平方）所带来的问题。这让哈密顿很苦恼，相关研究反反复复地放下又拾起，转眼 13 年过去了也未能毕其功。

值得注意的是，在这个过程中哈密顿愿意选择 $\mathrm{ji} = -\mathrm{ij}$，这意味着放弃了乘法的交换律 ($\mathrm{ji} = \mathrm{ij}$)，确实需要见识和勇气（对做科学来说，所谓的勇气可能只是有见识的表现）。放弃对 $AB = BA$ 的坚持，是近世代数的第一步，真正具有革命性的意义。

时光到了 1843 年 6 月，一个叫爱森斯坦（Gotthold Eisenstein, 1823—1852）的 19 岁德国青年到爱尔兰登门拜访，与哈密顿就一些共同关切的数学问题进行了亲切友好的交谈。爱森斯坦的来访极大地刺激了哈密顿的神经，他觉得如果他不赶紧解决他的三元数（三重数）问题，那么对这个问题的解决很可能会落入这个德国年轻人的手里。接下来的日子里，哈密顿重拾三重数研究，终日里苦思冥想。1843 年 10 月 16 日那天下午某刻突然灵光闪现，哈密顿发明了四元数（quaternion）！

哈密顿发明的，是形如 $q = a + b\mathrm{i} + c\mathrm{j} + d\mathrm{k}$ 的四元数，为此他需要引入第三个虚数 $\mathrm{k}^2 = -1$。四元数中的三个单位虚数满足关系（记住这两个关系，这是矢量分析重点要继承的关系）

$$\mathrm{ij} = \mathrm{k},\ \mathrm{jk} = \mathrm{i},\ \mathrm{ki} = \mathrm{j};\ \mathrm{ij} = -\mathrm{ji},\ \mathrm{jk} = -\mathrm{kj},\ \mathrm{ki} = -\mathrm{ik} \tag{8.7a}$$

以及

$$i^2 = j^2 = k^2 = ijk = -1 \tag{8.7b}$$

哈密顿是在顺着都柏林的皇家运河去开会的路上想到了四元数的，激动不已的他在 Brougham 桥上刻下了这个公式 $i^2 = j^2 = k^2 = ijk = -1$。顺便说一句，高斯（Carl Friedrich Gauss, 1777—1855）在 1819 年就发现了四元数，但是到 1900 年才公之于世。

后来我们知道，哈密顿想要的是具有除法的三元数，但那根本就不存在，四元数的代数才是除法代数。四元数在加减乘除开方等运算下是闭合的。两个四元数的乘积还是四元数，用这个性质可以轻松证明任意两组四个整数平方和之积还是四个整数的平方和，其实就是验算而已，都不能算证明。哈密顿关于四元数的思想，见于他的两本书《四元数讲义》（*Lectures on Quaternions*）和《四元数基础》（*Elements of Quaternions*），后一本本来是要作为前一本的简化版的，结果却越写越深、越写越厚，哈密顿对数学的态度由此可见一斑。更多内容，请参阅拙作《磅礴为一》关于哈密顿的相关章节。顺便说一句，除法代数只有二元数、四元数和八元数，此为胡尔维茨（Adolf Hurwitz, 1859—1919）定理，见后。

§ 8.3 四元数的算法与其他表示

类似二元数，四元数有加法和乘法规则如下：

$$\begin{aligned}&(a+bi+cj+dk)+(w+xi+yj+zk)=\\&(a+w)+(b+x)i+(c+y)j+(d+z)k\end{aligned} \tag{8.8a}$$

$$\begin{aligned}&(a+bi+cj+dk)(w+xi+yj+zk)=\\&(aw-bx-cy-dz)+(ax+bw)i+(ay+cw)j+(az+wd)k\\&\qquad +(cz\text{-}dy)i\quad +(dx\text{-}bz)j\quad +(by\text{-}cx)k\end{aligned} \tag{8.8b}$$

乘法规则直接使用 (8.7) 式就能得到。根据四元数乘法，集合 $Q_8 = \{1, i, j, k, -1, -i, -j, -k\}$ 构成群，即为四元数群（quaternion group）。基于 (8.7) 式定义的乘法，容易理解一般地 $q_1q_2 \neq q_2q_1$，即四元数乘法不满足交换律。四元数不满足乘法交换律要求我们修正关于函数的认识。以指数函数为例，容易验证 $e^{\pi i}e^{\pi j}=(-1)(-1)=1$，但 $e^{\pi(i+j)}=\cos(\pi\sqrt{2})+\frac{i+j}{\sqrt{2}}\sin(\pi\sqrt{2})$，可见一般地 $e^{q_1}e^{q_2}=e^{q_1+q_2}$ 不成立。

四元数乘法的这个表达式有点复杂，哈密顿把四元数 $q=a+bi+cj+dk$ 分成 $q=r+v$ 两部分，其中的 r 是实部，哈密顿称之为 scalar（标量，即尺度因子）；$v=bi+cj+dk$ 是虚部，哈密顿称之为 vector（矢量）。我们在力学中遇到的位置矢量表示，$\vec{r}=xi+yj+zk$，在电磁学中遇到的电场矢量表示，$\vec{E}=E_x i+E_y j+E_z k$，就是这样引入的。确切地说，此处提到的是普通四元数世界矢量（ordinary quaternion world vector），是三维的。引入了四元数的标量加矢量的记号，$q=(r,v)$，四元数的加法和乘法规则可重新表述如下：

$$(r_1,v_1)+(r_2,v_2)=(r_1+r_2,v_1+v_2) \tag{8.9a}$$

$$(r_1,v_1)(r_2,v_2)=(r_1r_2-v_1\cdot v_2,\ r_1v_2+r_2v_1+v_1\times v_2) \tag{8.9b}$$

上式中的 $v_1\cdot v_2$ 和 $v_1\times v_2$ 的意义，在考虑四元数的实部为零的情形下，即 $q=(0,v)$，的乘法结果立即就明白了：

$$(0,v_1)(0,v_2)=(-v_1\cdot v_2,\ v_1\times v_2) \tag{8.10}$$

$v_1\cdot v_2$ 和 $v_1\times v_2$ 分别是 (普通四元数世界) 矢量的点乘和叉乘。如果单看矢量部分，两矢量相除，v_1/v_2，并不是矢量，但它可以是一个四元数。哈密顿在其著作中就用专门的一章“作为矢量之商的四元数”谈论这个问题，可说是对其情有独钟。三个以上的矢量的积，结果也该是四元数。矢量的意义在后来的矢量分析中有了推广，见下。顺便说一句，任意维的两矢量间都有内积和外积的问题，这在复数所在的二维情形就已现端倪。方程 $x^2=-1$ 有两个根，这让 $z=x+iy$ 和 $\bar{z}=x-iy$ 具有内在的共轭对称性。在诸多物理情景中，它们应该是同时出现的。$z\bar{z}=x^2+y^2$，加上熟悉的勾股定律，其意义就不言而明了。进一步地扩展，对于复数 $z=x+iy$，$w=u+iv$，有 $z\bar{w}=xu+yv+i(yu-xv)$，你看积的右侧有两项，第一项

为 $xu+yv$，第二项为 $yu-xv$。这是不是让你看到了矢量的内积和外积？

参照复数，对四元数 $q=a+b\mathrm{i}+c\mathrm{j}+d\mathrm{k}$，定义其共轭为 $q^*=a-b\mathrm{i}-c\mathrm{j}-d\mathrm{k}$，则有

$$|q|^2=qq^*=q^*q=a^2+b^2+c^2+d^2 \tag{8.11}$$

$|q|$ 称为四元数的模，则可进一步定义四元数的逆：

$$q^{-1}=q^*/|q|^2 \tag{8.12}$$

有了逆的定义（有逆是群性质的关键），四元数就是有除法的代数。对于 $q_1q_2=q$，有 $q_1=qq_2^{-1}$，$q_2=q_1^{-1}q$。注意前述公式的写法，四元数乘法不满足交换律，所以要注意顺序。显然，关于四元数积的共轭与逆，有 $(qp)^*=p^*q^*$，$(qp)^{-1}=p^{-1}q^{-1}$，反映的是所谓的内卷的反自同构（involutiver antiautomorphismus）。四元数的共轭可以用四元数自身来表示：

$$q^*=-\frac{1}{2}(q+\mathrm{i}q\mathrm{i}+\mathrm{j}q\mathrm{j}+\mathrm{k}q\mathrm{k}) \tag{8.13}$$

这个 1/2 与表述转动时的 1/2 角度似乎有关。四元数有模，则四元数构成一个四维度规空间，两个四元数之间的距离定义为 $d(p,q)=|p-q|$。

四元数也可以写成极坐标形式：

$$q=|q|(\cos\varphi+\hat{n}\sin\varphi) \tag{8.14}$$

或者 $q=|q|\mathrm{e}^{\hat{n}\varphi}$，其标量为 $a=|q|\cos\varphi$，也就是说 $\cos\varphi=a/|q|$；$\hat{n}=v/|v|$，是（普通四元数世界）单位矢量。由 $q=|q|\mathrm{e}^{\hat{n}\varphi}$，可以定义四元数的对数函数，$\ln q=\ln|q|+\hat{n}\varphi$。对于四元数运算 $p'=qpq^{-1}$ 还可以求微分

$$\frac{\partial p'}{\partial q}=\left(\frac{\partial p'}{\partial q_0},\frac{\partial p'}{\partial q_x},\frac{\partial p'}{\partial q_y},\frac{\partial p'}{\partial q_z}\right)$$

此结果可以用四元数自身来表示：

$$\frac{\partial p'}{\partial q}=\left(pq-(pq)^{-1},\ (pq\mathrm{i})^{-1}-pq\mathrm{i},\ (pq\mathrm{j})^{-1}-pq\mathrm{j},\ (pq\mathrm{k})^{-1}-pq\mathrm{k}\right) \tag{8.15}$$

这些都为四元数的应用带来了方便。

四元数可以有多种其他的表达形式。其一是把四元数当作复数对，是复数域 C^2 上的二维矢量空间。令 C^2 空间里的基矢量为

1 和 j，矢量的两个分量为任意的复数，则 $(a+b\mathrm{i})1+(c+d\mathrm{i})\mathrm{j}$ 这样的复数对，令 $\mathrm{ij}=-\mathrm{ji}$，就能表示四元数，满足四元数的运算规则。其二，是将四元数表示成形如 $\begin{pmatrix} a+\mathrm{i}b & c+\mathrm{i}d \\ -c+\mathrm{i}d & a-\mathrm{i}b \end{pmatrix}$ 的 2×2 复矩阵。这样的矩阵，大家可以验证一下，它遵循四元数的加法和乘法。注意 $\det\begin{pmatrix} a+\mathrm{i}b & c+\mathrm{i}d \\ -c+\mathrm{i}d & a-\mathrm{i}b \end{pmatrix}=a^2+b^2+c^2+d^2$，也就是说四元数的 2×2 矩阵，其矩阵值就是四元数的模平方。四元数的矩阵表示可以理解为四元数张成了一个四维线性空间，4 个基矢量分别为

$$1=\begin{bmatrix} 1 & 0 \\ 0 & 1 \end{bmatrix},\ \sigma_1=\begin{bmatrix} 0 & \mathrm{i} \\ \mathrm{i} & 0 \end{bmatrix},\ \sigma_2=\begin{bmatrix} 0 & 1 \\ -1 & 0 \end{bmatrix},\ \sigma_3=\begin{bmatrix} \mathrm{i} & 0 \\ 0 & -\mathrm{i} \end{bmatrix} \tag{8.16a}$$

这个四元数的矢量部分表示与泡利矩阵

$$\sigma_1=\begin{bmatrix} 0 & 1 \\ 1 & 0 \end{bmatrix},\ \sigma_2=\begin{bmatrix} 0 & -\mathrm{i} \\ \mathrm{i} & 0 \end{bmatrix},\ \sigma_3=\begin{bmatrix} 1 & 0 \\ 0 & -1 \end{bmatrix} \tag{8.16b}$$

之间相差一个虚数因子 –i。泡利矩阵是针对原子物理中遭遇的二值问题而由泡利构造的。笔者不知道泡利是否精研哈密顿的著作从而有所借鉴，但是四元数 2×2 矩阵表示的矢量部分可以用来描述电子的自旋，这本身已经足以让人为之着迷。强调一点，描述自旋的数学在电子被发现以前就有了，它不是量子力学带来的学问。所谓量子力学视角下电子这类自旋 1/2 粒子的波函数有奇异转动行为的说法，嗯，夏虫语冰吧。

四元数可以用二元数表示，反过来二元数也可以用四元数表示。选取任意四元数 ε，满足 $\varepsilon\varepsilon=-1$，则 $z=\xi+\eta\varepsilon$，其中 $\xi,\ \eta\in R$，是复数，而 $g(z)=u(\xi,\eta)+v(\xi,\eta)\varepsilon$ 是复函数。这是一个复杂回归简单但简单里依然内置（embedding）复杂的案例。

四元数的第三种表达形式是将四元数的每个虚部对应两个 2×2 泡利矩阵之积，即令 $\mathrm{i}=\sigma_3\sigma_2$，$\mathrm{j}=\sigma_1\sigma_3$，$\mathrm{k}=\sigma_2\sigma_1$，可以验证，这样的表示满足四元数的运算规则。在这个图像里，四元数对应的不是矢量，而是两个矢量的积，是二矢量（bivector）。这种表述，揭示了四元数更深刻的（几何）

内容，每一个二矢量的量纲是面积，它对应两个矢量所张成的平面里的一个有面积、有取向的量（在三维空间里，平面的取向可由与平面垂直的方向上的矢量来表示。为什么在三维空间里，有些不是矢量的量，比如磁场强度 B，被误当成了矢量？这就是原因。这样的电动力学是讲不清楚电磁的本质的）。这样，四元数和复数的关系就清楚了：在二维空间，有两个矢量方向 σ_1 和 σ_2，故只能定义一个二矢量或者说一个虚数，故虚数是 $z=a+b\mathrm{i}$ 的形式，其中 $\mathrm{i}=\sigma_1\sigma_2$ 是个 2×2 矩阵。而在三维矢量空间，三个矢量方向为 σ_1、σ_2 和 σ_3，于是可以定义 3 个二矢量，即有 3 个虚数。也可以用克利福德代数来理解四元数。在 $C\ell_{3,0}(R)$ 代数里，三维矢量，其基为 σ_1，σ_2，σ_3，满足 $\sigma_i\sigma_j=-\sigma_j\sigma_i$，四元数即对应 $C\ell_{3,0}(R)$ 代数的偶部 $C\ell^{+}_{3,0}(R)$。有兴趣的读者请参阅几何代数的相关内容。

四元数的第四种表达形式是 4×4 矩阵，比如，将 (a, b, c, d) 分别放入图 8.1 的 4×4 矩阵中 1, i, j, k 对应的位置上，就得到了对应四元数 $q=a+b\mathrm{i}+c\mathrm{j}+d\mathrm{k}$ 的一种表示。有趣的是，竟然有 48 种等价的不同表示（三维空间的点群中，就 O_h 群有最多的、多达 48 个等效点。此非巧合。四元数与晶体群有关，都关联着三维空间的转动）。构造原则如下：对角线都是 1，要求矩阵满足 $M_{mn}=-M_{nm}$ 此一规则。第一个元素是 1；第二个元素有 3×2 种选择（后面的 2 来自正负号自由度）；第三个元素有 2×2 种选择；第四个元素有 1×2 种选择。把 1 换成 a，k 换成 b，i 换成 c，j 换成 d，就是一个四元数的 48 种 4×4 矩阵表示的可能之一了。相对论量子力学中的狄拉克矩阵，就是四元数的 4×4 矩阵表示。

×	1	k	−i	−j
1	1	k	−i	−j
−k	−k	1	j	−i
i	i	−j	1	−k
j	j	i	k	1

图8.1　四元数4×4矩阵表示的构造方式

举例来说，四元数的 4×4 矩阵表示之一是

$$\begin{bmatrix} a & -b & -c & -d \\ b & a & -d & c \\ c & d & a & -b \\ d & -c & b & a \end{bmatrix}$$

这是个分量为 (a, b, c, d) 的四维线性空间里的矢量，4 个基矢量为

$$\begin{bmatrix} 1 & 0 & 0 & 0 \\ 0 & 1 & 0 & 0 \\ 0 & 0 & 1 & 0 \\ 0 & 0 & 0 & 1 \end{bmatrix}, \mathrm{i} = \begin{bmatrix} 0 & -1 & 0 & 0 \\ 1 & 0 & 0 & 0 \\ 0 & 0 & 0 & -1 \\ 0 & 0 & 1 & 0 \end{bmatrix}, \mathrm{j} = \begin{bmatrix} 0 & 0 & -1 & 0 \\ 0 & 0 & 0 & 1 \\ 1 & 0 & 0 & 0 \\ 0 & -1 & 0 & 0 \end{bmatrix}, \mathrm{k} = \begin{bmatrix} 0 & 0 & 0 & -1 \\ 0 & 0 & -1 & 0 \\ 0 & 1 & 0 & 0 \\ 1 & 0 & 0 & 0 \end{bmatrix} \tag{8.17}$$

看到了狄拉克矩阵没有？用四元数表述转动，不引入标量部分是残缺不全的。狄拉克矩阵 γ^{μ} ($\gamma = 0, 1, 2, 3$) 就是完备的。

严格说来，四元数的算法是实数域上的四维结合赋范可除代数（four-dimensional associative normed division algebra over the real numbers）。关于四元数的数学太深奥了，我能说的不多。

四元数的代数有多种不同的表示，但总要保持的是其内禀结构。由此看群的表示，就容易理解了。

§ 8.4 四元数的威力与意义

四元数构成可除代数，非交换性是让四元数不同于其他数系（实数，复数）的唯一性质。四元数是第一个非交换代数。就代数学发展来说，它算是打开了潘多拉的盒子。四元数的威力更强大。证明 1748 年欧拉发现的四平方 (整) 数恒等式（four-square identity）对于四元数来说只是一个演算而已。但是，如果没有四元数，这个恒等式的证明如果不是不可能的，那也是非常繁琐的。试演算一例。比如，$(1+2\mathrm{i}+3\mathrm{j}+4\mathrm{k})(2+3\mathrm{i}+4\mathrm{j}+5\mathrm{k}) = (-36+6\mathrm{i}+12\mathrm{j}+12\mathrm{k})$，这表明有等式

$(1^2+2^2+3^2+4^2)(2^2+3^2+4^2+5^2)=36^2+6^2+12^2+12^2$，酷！再者，四元数的非交换性带来很多意想不到的结果，其中之一是四元数多项式方程会有多于多项式幂次的解的数目。比如，关于方程

$$q^2+1=0 \tag{8.18}$$

即对于 $q=a+b\mathrm{i}+c\mathrm{j}+d\mathrm{k}$ 要求 $a^2-b^2-c^2-d^2=-1$，$2ab=2ac=2ad=0$，其解为

$$q=b\mathrm{i}+c\mathrm{j}+d\mathrm{k}\,,\ b^2+c^2+d^2=1 \tag{8.19}$$

但这是一个三维空间里的单位球。也就是说复数方程 $z^2+1=0$ 的解是 $\pm\mathrm{i}$，为两个孤立的值；四元数方程 $q^2+1=0$ 的解是流形 S^3。这正是空间拓展的真义啊，难道四元数表示转动（量子计算）的能力就在于此吗？单位四元数的 S^3 群和 $SU(2)$ 群之间有同构关系。四元数里的有限群应该指向 R^3 空间里的有限转动群，包括循环群 C_n，描述多面体的关于二面的 D_n 群，关于四面体的 T 群，关于八面体的 O 群，以及关于二十面体的 I 群（到这里就没有了，这和五次代数方程不可解有关联。很想知道二十面体和平移对称性不兼容是不是就是五次方程不可解的体现）。具体地，群 C_n 由 $<e_n>$ 产生，n 阶；$2D_n$ 由 $<e_{2n},\mathrm{j}>$ 产生，$4n$ 阶；$2T$ 由 $<\mathrm{i},\omega>$ 产生，24 阶；$2O$ 由 $<q_O,\omega>$ 产生，48 阶；$2I$ 由 $<q_I,\omega>$ 产生，120 阶，其中 $e_n=\exp(2\pi\mathrm{i}_C/n)$，$\mathrm{i}_C$ 表示独立于四元数的一个单位虚数，$\omega=(-1+\mathrm{i}+\mathrm{j}+\mathrm{k})/2$；$q_O=(\mathrm{j}+\mathrm{k})/\sqrt{2}$；$q_I=[2\mathrm{i}+(\sqrt{5}+1)\mathrm{j}+(\sqrt{5}-1)\mathrm{k}]/4$。此处内容请结合四元数、群论和固体空间群一起参详。

四元数的威力是多方面的，如前所见，它的许多表述都是不依赖于坐标的选取的（coordinate-free），这显得紧致而且容易推导。举例来说，使用四元数作变量的势函数用一个方程就表达了麦克斯韦方程组。四元数构成群，多种物理上的协变群，如 $SO(3)$ 群、洛伦兹群、广义相对论涉及的群、克利福德代数 $SU(2)$ 群、共形群，等等，都可以联系到四元数构成的群。

§ 8.4a 表示矢量空间

四元数是用来描述时空的，哈密顿一直都有这个想法。四元数的逆，可以描述时空的保角变换（conformal maps）。四元数里的矢量所表示的普通世界空间是对称的，空间里的运动学和麦克斯韦方程都可以完全用四元数的语汇加以描述。纯矢量作为四元数的虚部，提供了关于物理现象的方便表示。一切计算均可按照四元数的代数进行，我们要牢记这是实部为零的四元数的代数就好了。

$$\begin{aligned}&(x\mathrm{i}+y\mathrm{j}+z\mathrm{k})(a\mathrm{i}+b\mathrm{j}+c\mathrm{k})=\\&-(xa+yb+zc)+(yc-zb)\mathrm{i}+(za-xc)\mathrm{j}+(xb-ya)\mathrm{k}\end{aligned} \tag{8.20}$$

上式右侧的实部，加个负号，就定义为矢量的点乘，而虚部就是矢量的叉乘或曰外积。1846 年，哈密顿甚至引入了微分矢量算符 $\nabla=\mathrm{i}\frac{\mathrm{d}}{\mathrm{d}x}+\mathrm{j}\frac{\mathrm{d}}{\mathrm{d}y}+\mathrm{k}\frac{\mathrm{d}}{\mathrm{d}z}$，进一步地有 $-\nabla^2=\left(\frac{\mathrm{d}}{\mathrm{d}x}\right)^2+\left(\frac{\mathrm{d}}{\mathrm{d}y}\right)^2+\left(\frac{\mathrm{d}}{\mathrm{d}z}\right)^2$，这些在物理上会迅速用到电动力学上去。哈密顿此时实际上有了矢量分析，但他可舍不得把自己的四元数弄成个简化版，他摆弄全套的四元数都是得心应手。

§ 8.4b 表示转动

单位四元数 q, $|q|=1$，被哈密顿称为 versor，这个词字面上和转动有关，译成转量[①]。所有的单位四元数的集合构成一个群，提供了一个表示三维指向以及转动的数学记号，简单、紧致、科学有效。转量子群的像是一个点群。

设 u 是个四元数里的单位矢量，则单位四元数 $q=\cos\varphi+u\sin\varphi$ 通过共轭[②]操作

① 类似意思的还有 rotor。这不是电机里的转子，而是几何代数里的一个对象，其将任何多矢量（multivector）绕其原点转动。

② 共轭是谈论两头牛的关系，它们因为共轭从而往一个方向上用力。数学和物理中到处都是共轭的概念，请注意不同语境下的共轭意思可不一样啊。

$$\mathrm{v}' = q\mathrm{v}q^{-1} \tag{8.21}$$

将矢量 v 绕 u 为轴转动 2φ 角。可以演示一下，假设 $u = \mathrm{i}$，$q = \mathrm{e}^{\mathrm{i}\varphi}$，$\mathrm{e}^{\mathrm{i}\varphi}(v_1\mathrm{i} + v_2\mathrm{j} + v_3\mathrm{k})\mathrm{e}^{-\mathrm{i}\varphi} = v_1\mathrm{i} + \mathrm{e}^{\mathrm{i}\varphi}(v_2 + v_3\mathrm{i})\mathrm{j}\mathrm{e}^{-\mathrm{i}\varphi} = v_1\mathrm{i} + \mathrm{e}^{\mathrm{i}\varphi}(v_2 + v_3\mathrm{i})\mathrm{e}^{\mathrm{i}\varphi}\mathrm{j} = v_1\mathrm{i} + \mathrm{e}^{\mathrm{i}2\varphi}(v_2\mathrm{j} + v_3\mathrm{k})$，这就是矢量 $\mathrm{v} = v_1\mathrm{i} + v_2\mathrm{j} + v_3\mathrm{k}$ 绕 $u = \mathrm{i}$ 轴转动了 2φ 角。神奇不！

对矢量的两次转动，$\mathrm{v}' = q_2(q_1\mathrm{v}q_1^{-1})q_2^{-1} = q\mathrm{v}q^{-1}$，这对应 $q = q_2q_1$，$q^{-1} = q_1^{-1}q_2^{-1}$。转动的欧拉定理体现在四元数乘积上了。借助四元数，欧拉定理得到了说明，而且很容易计算出结果的转轴和转角，太好使了。容易证明，三维空间中，任意两个不同轴的转动定义一个镜面反射。由四元数转动 $\mathrm{v}' = q\mathrm{v}q^{-1}$，即共轭操作，也很容易导出矩阵形式的 $\mathrm{v}' = R\mathrm{v}$，由

$$(0, R\mathrm{v}) = q(0, \mathrm{v})q^{-1} \tag{8.22}$$

则 R 是单位四元数 q 对应的转动的 3×3 矩阵表示。

用四元数的矩阵表示，可以对一个四维矢量，按照如下共轭的方式 $\mathrm{v}' = q_l\mathrm{v}q_r$ 进行转动，其中 q_r 和 q_l 是两个可对易四元数的 4×4 矩阵表示（注意四元数有 48 种四维矩阵表示！）

$$\mathrm{v}' = q_l\mathrm{v}q_r = \begin{pmatrix} a_l & -b_l & -c_l & -d_l \\ b_l & a_l & -d_l & c_l \\ c_l & d_l & a_l & -b_l \\ d_l & -c_l & b_l & a_l \end{pmatrix}\begin{pmatrix} w \\ x \\ y \\ z \end{pmatrix}\begin{pmatrix} a_r & -b_r & -c_r & -d_r \\ b_r & a_r & -d_r & c_r \\ c_r & d_r & a_r & -b_r \\ d_r & -c_r & b_r & a_r \end{pmatrix} \tag{8.23}$$

若采用如下的四维矢量的四维矩阵转动表示：

$$q_l\mathrm{v}q_r = \begin{pmatrix} 1 & -r_{ab} & -r_{ac} & -r_{ad} \\ r_{ab} & 1 & -r_{bc} & -r_{bd} \\ r_{ac} & r_{bc} & 1 & -r_{cd} \\ r_{ad} & r_{bd} & r_{cd} & 1 \end{pmatrix}\begin{pmatrix} w \\ x \\ y \\ z \end{pmatrix} \tag{8.24}$$

其中

$$q_l = 1 + \mathrm{i}(r_{ab} + r_{cd})/2 + \mathrm{j}(r_{ac} - r_{bd})/2 + \mathrm{k}(r_{ad} + r_{bc})/2$$

$$q_r = 1 + \mathrm{i}(r_{ab} - r_{cd})/2 + \mathrm{j}(r_{ac} + r_{bd})/2 + \mathrm{k}(r_{ad} - r_{bc})/2$$

这里可见四元数不同表示之间的关系。推导细节就不列举了。总之，用

四元数的矩阵表示描述转动，表述紧致，计算容易。

四元数在量子力学中出现的地方很多。量子力学的波函数是一个从物理空间到复数的映射，$\Psi: R^3 \to C$，俗谓波函数是一复值函数（不是复变函数），转动满足 $R_\theta\psi(\mathrm{v}) \to \psi(R_\theta^{-1}\mathrm{v})$。然而，泡利 1924 年发现对于电子来说，波函数是一个从三维物理空间到四元数（二阶复数）的映射 $\Psi: R^3 \to Q$，转动应是 $R_q\psi(\mathrm{v}) \to q\psi(R_{\bar{q}}\mathrm{v})$，故对于转动 $\varphi = \pi$，$R_q\psi(\mathrm{v}) \to -\psi(R_{\bar{q}}\mathrm{v})$（注意，此处转动是用四元数共轭表示的）。四元数也用于相对论。对于四维时空，定义双四元数 $Q = (\mathrm{i}_0 ct)1 + \vec{r}$，即 $Q = (\mathrm{i}_0 ct)1 + x\mathrm{i} + y\mathrm{j} + z\mathrm{k}$，此四元数的标量和各矢量分量都是复数。

四元数表示空间转动的能力，让四元数成了经典力学、晶体学、量子力学和相对论的基础。期待有人撰写四元数在这些领域中应用的详细介绍。就描述转动的能力而言，罗德里格斯（Olinde Rodrigues, 1795—1851），1840 年就已独立发现了四元数。

行文至此，有必要将复数表示转动和四元数表示转动放到一起考察了，由此可以得到一些新的认识。单位复数表式转动时，单位复数表示为一个 2×2 实矩阵，见 (8.4) 式。这个矩阵作用的对象（operand）为由两个实数构成的列 $\begin{pmatrix} x \\ y \end{pmatrix}$，转动应表示为

$$\begin{pmatrix} x' \\ y' \end{pmatrix} = \begin{pmatrix} \cos\theta & -\sin\theta \\ \sin\theta & \cos\theta \end{pmatrix} \begin{pmatrix} x \\ y \end{pmatrix} \tag{8.25a}$$

对象 $\begin{pmatrix} x \\ y \end{pmatrix}$ 被当作是复数，是因为如果 (8.25a) 成立则如下等式也成立：

$$\begin{pmatrix} x' & -y' \\ y' & x' \end{pmatrix} = \begin{pmatrix} \cos\theta & -\sin\theta \\ \sin\theta & \cos\theta \end{pmatrix} \begin{pmatrix} x & -y \\ y & x \end{pmatrix} \tag{8.25b}$$

故对复数（矩阵）$x + \mathrm{i}y \Rightarrow \begin{pmatrix} x & -y \\ y & x \end{pmatrix}$ 同二实数列 $\begin{pmatrix} x \\ y \end{pmatrix}$（碰巧）可不加区分，或者是未意识到需要加以区分。在 (双) 四元数语境中，事情就不一样了。四元数可表示为 2×2 的复矩阵，其中一类特殊的可以是厄密矩阵，

2×2 厄密矩阵作用的对象是二复数列 $\begin{pmatrix}\xi\\ \eta\end{pmatrix}$。二复数列 $\begin{pmatrix}\xi\\ \eta\end{pmatrix}$ 不对应四元数，它也不能理解为两复分量的矢量，它是一个新的数学对象，称为旋量。从这个角度理解，引入旋量就很自然了[①]。顺带说一句，复平面常被当成欧几里得平面，细微处有不妥的地方。复数 $x+\mathrm{i}y$ 表示平面，四元数意义下的 $\xi\mathrm{j}+\eta\mathrm{k}$ 也是平面，但它们是不同的——内禀的数学不同。

§8.5 四元数的延伸

§8.5a 数系的推广

四元数可以看作是双复数（bi-complex number），即复数 $z=x+\mathrm{i}y$ 的实部和虚部都是另一套虚数，$x, y\in z'=a+\mathrm{j}b$。普通四元数 $q=a+b\mathrm{i}+c\mathrm{j}+d\mathrm{k}$ 中，(a, b, c, d) 都是实数。如果 (a, b, c, d) 可以是复数，即二元数，则 $A=a+b\mathrm{i}+c\mathrm{j}+d\mathrm{k}$ 这样的数称为双四元数（bi-quaternion），由哈密顿于 1844 年发明。再强调一遍，薛定谔方程是对扩散方程（实系数微分方程）中的时间加以复化（complexification）得到的，狭义相对论的时空有对作为四元数实部的时间的复化。狭义相对论中的时空坐标表示 $(\mathrm{i}ct, x, y, z)$ 不是简单的用虚数时间的矢量，而是双四元数，所以它承载的、而我们未曾理解到的内容多着呢（这是就对相对论的理解而言，我们和彭罗斯不可同日而语的原因）。双四元数可以按照四元数相加、相乘。双四元数有 5 种类型的共轭数与之对应，分别是复共轭、四元共轭、反共轭、转置和厄密共轭等。双四元数可作为实系数四元数之代数方程的根。如果把四元数的分量 (a, b, c, d) 都换成四元数 (A, B, C, D)，则有 $Q=A+B\mathrm{i}_2+C\mathrm{j}_2+D\mathrm{k}_2$，其中 $A, B, C, D\in H$，这样的数是二阶四元数。二阶虚数 $\mathrm{i}_2, \mathrm{j}_2, \mathrm{k}_2$ 和一阶虚数 i, j, k 遇到时，不发生运算。可以进一步地构造更高级别的四元

① 笔者是 2020 年 10 月 26 日再次修订时想到了 2×2 实矩阵和复矩阵作用对象的不同的。

数，不再赘述。顺带说一句，当有两个虚部为 0 时，四元数退化为复数。

对于复数 $O = A + B\mathrm{i}_0$，如果分量 (A, B) 都是四元数，这样的数构成八元数（octonion），满足乘法

$$(A + B\mathrm{i}_0)(C + D\mathrm{i}_0) = (AC - \tilde{D}B) + (DA + B\tilde{C})\mathrm{i}_0 \text{。} \tag{8.26}$$

其中，$\tilde{C}$ 和 $\tilde{D}$ 是相应的四元数共轭。在四元数被构造出来仅仅两个月后，1843 年 12 月 26 日格莱乌斯（John T. Graves, 1806—1870）就报告说他构造了八元数，他一开始管它叫 octaves，后来改成了 octonion。哈密顿发现八元数是非结合的（non-associative），即乘法一般有 $R(ST) \neq (RS)T$。这时时光已到了 1844 年 7 月，发现八元数是非结合的导致了结合律这档子事第一次被提出来。八元数现在也叫 Cayley number，是因为凯莱曾在 1845 年 3 月的英国《哲学杂志》（*Philosophical Magazine*）上提出了类似的八元数。格莱乌斯构造出八元数以后，把文章交给哈密顿审阅，但哈密顿是出了名的完美主义者，把事情给耽搁了。为此，哈密顿只好对朋友道歉。八元数也满足模平方乘积的定理，即任意 8 个整数平方和之积仍为 8 个整数的平方和。格莱乌斯试图证明 16 个整数也有类似的定理，无果；后来一个姓杨（J. R. Young, 生卒年不详）的数学家独立得到了 8 个数平方乘积的结果，他试图推广到任意个 2^n 个平方和的情形，也是无果。这些研究一起，反而证明了 16 个平方和恒等式的不可能性。当然，现在我们明白，除法代数只有一、二、四、八元数的情形。更高的代数需要牺牲更多的运算规则。这些规则的牺牲让人们认识了它们的存在与具体性质。这个世界上，太多的事物是在失去的时候其存在才能被注意到的。

§ 8.5b 代数的推广

四元数的代数性质很好，几何性质不是很理想。1847 年在考虑四元数几何性质的时候，哈密顿把四元数 $q = a + b\mathrm{i} + c\mathrm{j} + d\mathrm{k}$ 分为 scalar part（标量部）和 vector part（矢量部）。第一次提出了 scalar 的概念。哈密顿 1846 年甚至称呼四元数为 grammarithm（图算术）。四元数的形象是一

个数加上一段线（directed right line），是一个 scalar 和一个 vector 的形式和（形式和在克利福德代数中更加发扬光大）。哈密顿也是第一个用矢量表示带方向的任意线段的。四元数矢量的乘积会出现第四个方向，但是对其他三个方向是不区分的。这些都让哈密顿很困惑。到底四元数的几何意义是什么，这要依赖对四元数的深入研究。有一种说法，四元数提供了不需要坐标的解析几何。其实，四元数有丰富的几何内涵，它后来被发掘出的内容远超过哈密顿当初的想象。

哈密顿的学生泰特（Peter Guthrie Tait, 1831—1901）也是著名的数学物理学家，是热力学创始人之一。泰特是四元数的强烈拥护者和传播者，写过《四元数初论》（*An Elementary Treatise on Quaternions*）一书。麦克斯韦（James Clerk Maxwell, 1831—1879）是从泰特那里学到的四元数，当然明白四元数的物理意义，故他支持四元数。麦克斯韦指出，哈密顿把四元数之虚部的乘积结果分为标量部分和矢量部分的举措具有重要的物理意义！麦克斯韦甚至认为四元数是朝向获得关于空间的量的知识迈出的一大步，可同笛卡尔引入坐标系相媲美。许多物理现象有相似的数学表达，如果关注这些数学形式，就能对物理现象有更好的理解——不得不说，麦克斯韦是真有洞见的物理学家。麦克斯韦接着讨论哈密顿的微分矢量算符∇，造出了 convergence（散度）和 curl（旋度）这两个概念，即 $\nabla = \mathrm{i}\frac{\mathrm{d}}{\mathrm{d}x} + \mathrm{j}\frac{\mathrm{d}}{\mathrm{d}y} + \mathrm{k}\frac{\mathrm{d}}{\mathrm{d}z}$ 以点乘和叉乘的方式作用于一个（普通四元数世界）矢量上。麦克斯韦看到的是哈密顿的矢量用来表示空间里的物理现象的优点，而非仅仅是简单的计算方法“... but it is a method of thinking... It calls upon us at every step to form a mental image of geometrical features represented by symbols!”

麦克斯韦同时使用坐标和四元数表示电磁学现象。这么做的一个不方便的地方是，按照四元数的约定，矢量同自身的点乘（模平方）是负数，但是用（笛卡尔）坐标表示时那得是正数，这有点儿拧巴。用麦克斯韦自己的话说，这整个是 plough with an ox and an ass together（用一头牛和一头驴配套犁地）。

如今人们学习电动力学时一般用到的数学工具是一个叫作矢量分析（vector analysis）的技术。矢量分析的发明人是美国人吉布斯（Josiah Willard Gibbs, 1839—1903）和英国人亥维赛德（Oliver Heaviside, 1850—1925）。亥维赛德把复数引入电路分析，故对将四元数用于物理没有任何心理障碍，当前形式的麦克斯韦方程组就是他写出来的，这是矢量分析的一大成就。这两个人都是在阅读麦克斯韦 1873 年的经典《论电与磁》（*A Treatise on Electricity and Magnetism*）时有感而发，认为有简化或曰裁剪四元数以供表述电磁学的实际需求，最后各自独立地发展出了矢量分析。阅读麦克斯韦著作的吉布斯注意到，对于电磁学来说用不着保留整套的四元数代数，故在 1888 年下决心发明矢量分析体系。吉布斯说，他看出来就关于电磁学而言，把矢量的点乘和叉乘保持在一个式子里不是个好主意（笔者以为这是个非常错误的想法，该在一起的就得放到一起，理论的完备性是其威力的来源与保障），故而他把叉乘和点乘当作两个独立的矢量操作。吉布斯于是构建了具有两种乘法的矢量分析，以及微分算符∇对标量和矢量的不同作用。吉布斯的灵感也来自哈密顿以及泰特的著作，但根本上还是来自麦克斯韦的思想。吉布斯的《矢量分析基础》（*Elements of Vector Analysis*）一书于 1881 年面世，但到 1901 年才正式刊行，由其学生威尔逊（*Edwin Bidwell Wilson*, 1879—1964）编辑出版。同一时期，亥维赛德也是受麦克斯韦著作的影响在英国独立发展出了矢量分析，于 1881 年和 1883 年以“磁力与电流的关系”（*The relations between magnetic force and electric current*）为题发表了关于矢量分析的建议，系统的矢量分析出现在他 1893 年出版的《电磁学理论》（*Electromagnetic Theory*）一书的卷一里。亥维赛德是在 1888 年才听说美国人吉布斯也发展了矢量分析的。

(三维物理空间的)矢量分析是出于表述电磁学、电动力学的需要而来的对四元数的实用主义裁剪，它确实带来了一些便利和发展。但是，因为矢量分析是对严谨的四元数代数的实用主义裁剪，因此**它的危害也是巨大的**。众多的一团糨糊似的电动力学教科书和众多笔者这样的学电动力学却学了一脑子糨糊的人，就是证据。

四元数满足普通数和二元数的除交换律以外的所有代数运算规则，最重要的是它有除法。但是，取出其中的矢量部分作为单独的体系，问题可就麻烦喽：1. 矢量有点乘和叉乘两种乘法（甚至被有些人误以为是独立的），且乘积的性质还不一样，原则上它们都不是矢量啊（学物理的容易明白，两个同样对象的乘积，其量纲就不一样，它必然是不同性质的物理量），叉乘的结果只是在三维空间碰巧因为**对偶关系**可以当作矢量而已（有兴趣的读者请参考几何代数的相关表述）；2. 矢量叉乘不满足结合律，这是大事情，是四元数没有的大问题；3. 矢量没有除法；4. 矢量模平方不满足模平方乘积恒等式；5. 矢量不为零但叉乘可能为零，这是代数最要避免的事情。这些问题都是因为 (普通四元数世界) 矢量只是四元数的局部（虚部），故有叉乘的可能性，而一般意义下（其他维度）的矢量就没有叉乘运算了。比如，量子力学里的波函数可当作希尔伯特空间里的矢量，但没有波函数的叉乘。后世的电动力学教科书作者不理解那里面的 (普通四元数世界) 矢量及其算法的来源和性质，越抄越乱。

到了 1893 年，拥护四元数的人和拥抱新的矢量分析者之间的矛盾就冒出来了，甚至爆发了激烈的争论。其实，四元数与矢量分析之争也是比较奇怪的事儿。(普通四元数世界) 矢量分析本来就脱胎于四元数虚部的乘法，特殊的地方不过是给矢量模部分加个负号以及后来引入的微分算符，按理说它们不该成为互为敌对的两种方法。据说，因为矢量分析更直接贴近物理问题而为物理学家们所拥护，这话如今看来也未必有道理，甚至有反讽的味道。首先矢量分析有内伤，学起来也很麻烦；至于更贴近物理问题嘛，那得看是什么物理问题。描述转动还是得用四元数。

哈密顿从二元数出发去构造 triplet（三重数），结果落到了 quaternion

（四元数）上。作为一个被形而上学武装到牙齿的抽象派学者，哈密顿也一直在寻找 polylets of ever higher dimensions（更高维的多重数）。在哈密顿发展四元数的同时，将矢量拓展到高维线性空间的可能性由格拉斯曼（Hermann Günther Grassmann, 1809—1877）取得了进展，这体现在他 1844 年出版的《线扩展的学问》（*Die lineale Ausdehnungslehre*）一书中，此乃线性代数的鼻祖 (参阅拙著《磅礴为一》)。格拉斯曼比哈密顿更早且是从几何的意义上注意到存在 AB = –BA 这样的乘法。1862 年，格拉斯曼还出版了《扩展的学问——完备严谨版》（*Die Ausdehnungslehre vollständig und in strenger Form begründet*）。然而，由于追求抽象、严谨，格拉斯曼的书也是只有无畏的数学家能读，故此书在出版后的 30 年里几乎无人问津。尤其值得一提的是，1845 年格拉斯曼在电动力学里放弃了作用等于反作用的信条（参见 *Neue Theorie der Elektrodynamik*, 1845）。格拉斯曼认可数学是形式的理论，他用最一般和最抽象的方式研究空间里的带方向的线（directed lines in space）。格拉斯曼的目的是将几何抽象化。注意，带方向的线，这个形象后来被赋予给了 vector 一词，甚至成了 vector 的标准解释，这也是汉语“矢量”一词的由来。我愿意再强调一遍，vector 作为字，是携带者的意思，作为数学概念它可不是什么既有大小又有方向的量——vector 的性质由它所遵循的线性运算法则来定义，它可以没有方向，甚至没有长度。关于矢量的误解对于四元数的认识是致命的。

格拉斯曼还为我们提供了格拉斯曼代数，满足规则

$$1\cdot\xi=\xi;\quad \xi\cdot\xi=0 \tag{8.27}$$

你看出来了，这可以用来描述费米子。看看，早在量子统计出现之前，它可能用到的数学就准备好了。

吉布斯在 1881 年出版《矢量分析基础》（*Elements of Vector Analysis*）一书时是读过格拉斯曼的著作的。吉布斯矢量分析里的某些矢量性质，并不局限于三维矢量。哈密顿、格拉斯曼和吉布斯，他们的研究都指向 multiple algebra（任意多重代数）。但是，凯莱认为多重代数始于美国人佩尔

斯（Benjamin Peirce, 1809—1880）。这人也是一个热情的四元数支持者。佩尔斯 1870 年就写成、在 1881 正式出版了《线性结合代数》（*Linear Associate Algebra*），在 1855 年还出版过《分析力学》（*Analytical Mechanics*）一书，可见受哈密顿影响至深。Peirce 认为“The greatest value of the square root of minus one was its magical power of doubling the actual universe, and placing by its side an ideal universe, its exact counterpart, with which it can be compared and contrasted, and, by means of curiously connecting fibres, form with it an organic whole, from which modern analysis has developed her surpassing geometry!”。这一句不好翻译，留待读者学完微分几何、覆盖群、规范场论等内容回过头来自己品味。在《线性结合代数》这本书里，派尔斯总结了那时的所有超复数和少于 7 个单位的线性结合代数。吉布斯 1886 年发表过一篇名为“多重代数”（*Multiple Algebra*）的文章，1887 年凯莱也发表了同名文章。Ausdehnungslehre（扩展的学问）、vector analysis（矢量分析）、multiple algebra（多重代数）和 multiple associate algebra（多重结合代数），这些思想汇集到一起，我们上大学时都要学的 linear algebra（线性代数）这门学问于是水到渠成了。我算是大概明白我学过的线性代数教科书差在哪里了。

说起线性代数，必须提到矩阵一词。线性代数的关键词是 linear transformation（线性变换），它是多重代数的根本。线性矢量的变换常用一个矩阵表示。一般科学史认为矩阵一词由凯莱于 1858 年提出，吉布斯认为凯莱 1858 年的文章“矩阵的理论”（*A Memoir on the Theory of Matrices*）的基础其实已经见于 1844 年格拉斯曼《扩展的学问》了。实际上，1844 年，爱森斯坦发表的“关于三次式的一般研究”（*Allgemeine Untersuchungen über die Formen dritten Grades*）一文也包含矩阵的思想，这是爱森斯坦于 1843 年夏拜会哈密顿以后发表的，而哈密顿就是被同他的谈话给吓到了从而全力以赴捡起他多次放下的 triplet 研究最后发明了四元数的。其实，像 n^2 个量的方块（block），代数方程组的判别式，函数变换的雅可比判别式，等等，都容易让人想起矩阵，或者说它们就是矩阵。

有趣的是，自 1890 年后物理学家接受了矢量分析，作为矢量分析之母体的四元数却被弃置道旁。笔者读完十年大学，都没接触过四元数（怪我自己）。维塔克（Sir Edmund Whittaker, 1873—1956）于 1940 年曾呼吁复活哈密顿的四元数，当时也没有多少响应。然而，四元数里的深刻数学与物理怎么可能会被埋没呢？哈密顿当年就对四元数的价值深信不疑，它是关于自然的反映，它一定会带来更多的数学与物理。我们就慢慢等着看好了。Never mind when，哈密顿 1859 年对泰特这样说。其实，哪用等多久，克利福德（Willian Kingdon Clifford, 1845—1879）代数在 1870 年的出现，作为四元数作用对象的旋量在 1924 年的提出，立时就让四元数在电磁学和经典力学以外，比如量子力学，发现了更神奇的应用，这让真想了解物理的物理学家不得不认真学习四元数。至于由四元数开启的发明代数对象和代数规则给数学带来的影响，笔者不懂，不论。强调一下，linear algebra 不是什么线性代数，就是线的代数。

§ 8.5c 另一种意义上的代数推广

克利福德代数是对四元数代数的推广。克利福德代数是带二次型的 K-域上的矢量空间所产生的代数，是含幺结合代数（unital associative algebra）。克利福德代数标记为 $C\ell(V,Q)$，其中 V 是矢量空间，Q 是二次型。对于实数域上的矢量空间，配备了非退化的二次型 Q 的克利福德代数可标记为 $C\ell_{p,q}(R)$，对应的空间 V 的正交基中有 p 个满足 $e_i^2=1$，q 个满足 $e_i^2=-1$。整数对 (p, q) 称为二次型的记号[①]。若空间 V 的维度为 n，则代数 $C\ell(V,Q)$ 的维度为 n^2。比如 $C\ell_{0,2}(R)$ 是由 $\{1, e_1, e_2, e_1e_2\}$ 张开的四维代数，后面的三个元素，其平方皆为 -1，且互相反对易，这就是与四元数同构的啊。狭义相对论下的时空的代数为

① signature，有标准将其译为“符号差”。

$C\ell^{+}{}_{1,3}(R)$，指的是 $(c\mathrm{d}t)^2-(\mathrm{d}x)^2-(\mathrm{d}y)^2-(\mathrm{d}z)^2\geqslant 0$ 空间上的代数。定义了相应代数的二次型 $Q(\mathrm{v})$，可定义两矢量的内积

$$<\mathrm{u},\mathrm{v}>=\frac{1}{2}[Q(\mathrm{u}+\mathrm{v})-Q(\mathrm{u})-Q(\mathrm{v})]。\tag{8.28}$$

实数域上的克利福德代数有时候也称为几何代数（geometric algebras）。用几何代数重现的经典力学，那才叫优雅。

如果 $Q=0$，$C\ell(V,Q)$ 就是外代数。外代数、外微分，用这些语言重新表述一些物理内容，简洁、明快。比如用外微分推导热力学的麦克斯韦关系式，就是简单的练习题。关于克利福德代数及其在物理学中的应用，请参阅几何代数方面的专著。

§8.6 八元数

类似二元数和四元数，八元数有一个实部，另有七个虚部。记 8 个单位八元数为 $\{\mathrm{e}_0,\mathrm{e}_1,\mathrm{e}_2,\mathrm{e}_3,\mathrm{e}_4,\mathrm{e}_5,\mathrm{e}_6,\mathrm{e}_7\}$，任意一个八元数可表示为单位八元数的实线性组合，即

$$x=x_0\mathrm{e}_0+x_1\mathrm{e}_1+x_2\mathrm{e}_2+x_3\mathrm{e}_3+x_4\mathrm{e}_4+x_5\mathrm{e}_5+x_6\mathrm{e}_6+x_7\mathrm{e}_7\tag{8.29}$$

二元数、四元数是把实部直接写出来，为了统一, 八元数的标量基元素 e_0 是显性表达出来的。四元数的加减以各分量加减即可，乘除比较麻烦。选定 $\mathrm{e}_0=1$，八元数的乘法有 480 种可能的定义。其中常见的一种可能选择是:

$$\mathrm{e}_0\mathrm{e}_0=\mathrm{e}_0,\quad \mathrm{e}_0\mathrm{e}_i=\mathrm{e}_i\mathrm{e}_0=\mathrm{e}_i,\quad \mathrm{e}_i\mathrm{e}_j=-\delta_{ij}\mathrm{e}_0+\varepsilon_{ijk}\mathrm{e}_k\tag{8.30}$$

其中 $i, j, k=1, 2, \cdots, 7$，δ_{ij} 是 Kronecker 符号，ε_{ijk} 是反对称张量，对于 $ijk=123, 145, 176, 246, 257, 347, 365$，$\varepsilon_{ijk}=1$。这么复杂的记号体系，它告诉我们八元数不愧是超复杂的数。八元数共轭为 $x^*=x_0\mathrm{e}_0-x_1\mathrm{e}_1-x_2\mathrm{e}_2-x_3\mathrm{e}_3-x_4\mathrm{e}_4-x_5\mathrm{e}_5-x_6\mathrm{e}_6-x_7\mathrm{e}_7$，八元数与其共轭的积，$xx^*=x^*x=\sum_{i=0}^{7}x_ix_i$。格莱乌斯本人在发明了八元数后，随即就用八元数证明了八平

方数定理：任意两组 8 个整数平方之和的积一定是 8 个整数平方之和。

如前所述，八元数有个简单点儿的定义，即定义为一对四元数 (a, b)，其乘法为 $(a, b)(c, d) = (ac - d^*b, da + bc^*)$，其中 d^* 和 c^* 为四元数共轭。这是所谓的八元数 Cayley-Dickson 构造，看似好记，其实也不容易，要注意乘法的顺序。八元数乘法既不满足交换律，也不满足结合律。

我们生活在三维空间。自然地，复数和四元数有众多物理学上的应用。八元数维度多，太复杂，乘法既不能交换也不满足结合律，想将八元数用于物理学不是一件容易的事儿。矢量乘以单位复数或者与四元数相乘分别产生了正交群 SO_2 和 SO_4，乘以单位八元数则产生了正交群 SO_8。关于八元数的物理应用，笔者不太了解，就此打住。

如果按照复函数可微那么严格要求，四元数也就是线性函数 $q \to a + bq$ 和 $q \to a + qb$ 是可微的。八元数不只是遭遇代数规则的丢失，连可微性都丢失了。

§ 8.7 Hurwitz 定理

胡尔维茨（Adolf Hurwitz, 1859—1919）是德国数学家，对代数、几何、分析、数论都有研究。我们提及的四元数，就有专门的 Hurwitz quaternion。胡尔维茨有个关于复合代数的 Hurwitz 定理，1923 年才得以发表，告诉我们为什么复合代数只有 1-, 2-, 4-, 8- 元数 4 种情形。如果一个二次型在代数的非零部分定义了一个到正实数的同态，则代数必须是和实数、复数、四元数和八元数（之一）同构的。这其中，四元数已是非交换的了，而八元数是非交换、非结合的。Hurwitz 定理意味着平方和乘积的恒等式只能发生在 1-, 2-, 4-, 8- 维（元）的情形，这是胡尔维茨早在 1898 年就证明了的。胡尔维茨代数是有限维的未必满足结合律的代数，被赋予一个非退化的二次型恒等式 $Q(ab) = Q(a)Q(b)$。而如

果用到的系数域是实的，且二次型是正定的，则有内积关系

$$(a,b)=[Q(a+b)-Q(a)-Q(b)]/2 \tag{8.31}$$

这样的代数是欧几里得-胡尔维茨代数（Euclidean Hurwitz algebra）。Hurwitz定理的证明要用到代数的深层次知识。埃克曼（Beno Eckmann, 1917—2008）于1943年用有限群的表示，舍瓦雷（Claude Chevalley, 1909—1984）于1954年用克利福德代数，也都证明过。细节不提，这里只说结论。证明过程最后都着落到整数 $N>1$ 能否被数 $2^{(N-2)/2}$ 整除的问题。我们看到只有 $N=2, 4, 8$ 这三种情形满足这个要求。也就是说只有一元、二元、四元、八元数构成除法代数。

提起胡尔维茨，顺便说说整数问题。实数中的整数来自自然，其实是先有整数后有实数。关于复数的整数问题，$z=m+\mathrm{i}n$，其中 m 和 n 是实整数，被称为高斯整数，它在复平面内的图像是正方格子。那么关于四元数，四元数整数是什么样子的呢？$q=a+b\mathrm{i}+c\mathrm{j}+d\mathrm{k}$，$a, b, c, d$ 全是实整数，这就是四元数整数吗？胡尔维茨提出了Hurwitz integer的概念，即 $q=a+b\mathrm{i}+c\mathrm{j}+d\mathrm{k}$，但其中 a, b, c, d 全是实整数或者半实整数。这里涉及到整数的意义，除法得到的余数应比除数小。笔者对四元数整数概念中的各个实数域上的元素可以是半整数比较感兴趣，难道这和粒子的自旋指标可以为半整数有关吗？

§8.8. 多余的话

笔者从1983年接触电磁学、矢量分析和线性代数，后来在2003年前后接触四元数，一直有一种四元数出现得晚的错误印象。其实，矢量分析，线性代数，克利福德代数，都切切实实是在四元数以后发展起来的，是四元数上的生长物（outgrowth）。1890年以后的物理学家接受了矢量分析，而四元数这个母体却被弃置道旁。麦克斯韦、亥维赛德他们是在四元数的基础上给出了我们在普通电磁学、电动力学教科书里看到的

那个样子的电磁理论的——但众多的专业书籍竟然对四元数只字不提。可是，在四元数语境下的电磁理论（以至相对论和相对论量子力学）的表述多么紧致、系统、简单明了啊！那么，为什么会出现这么不堪的局面呢？愚认为，就物理学的数学表述而言，人们也是不自觉地从下流的。四元数之最要紧处，是它是可除代数。四元数如欲全面胜出，那物理现象必须要求有除法，这样四元数就不得不自然地被采用了。令人欣慰的是，四元数，以及后来的八元数，在物理学中得到了越来越多的应用，也带来了众多只有它们才能带来的新认识。

四元数与哈密顿其人的哲学倾向，是一个有趣的科学史话题。是哈密顿首先去掉了加在实数之上的代数运算规则限制，放出了恶魔。但是去掉这些限制的代数学的进步，让我们更加深刻地认识了这些限制的意义。这个事情具有特别的哲学意味。一个存在，也许只有当它失去的时候，我们才认识到它的存在，才能深刻地认识到它是怎样的一个存在。或者，对于一个对象，在它缺失的语境中才能得到最恰当的理解。或许，从这个角度来看，关于粒子物理，尤其是那个湮灭算符，我们因此会有不一样的认识。

哈密顿关于四元数的思想，见于他的两本书，1853 年的《四元数讲义》和 1866 年的《四元数原本》。前者太长、太艰涩，但是后来的简版却越写越多变成了他辞世以后才由其次子埃德文编辑完成的巨著。哈密顿对学问的态度由此可见一斑。这让笔者想起了泡利（Wolfgang Pauli, 1900—1958）的传记 *No time to be brief*[①]。这个书名很难翻译，是个拧着的说法，没有时间了（请回忆伽罗华临终的那句“我没有时间了”），所以不可以草草了了。关于哈密顿此人，笔者以为也许他的传记应该是 *No way to be brief*，即无由草草、无法浅薄。浅薄无声是我们这些俗人的宿命。哈密顿这样的巨擘，其思想的洪流波澜壮阔。哈密顿是数学家、物理学家，

① 偶然发现此句出自帕斯卡 (Blaise Pascal, 1623—1662) 的《致外省人的信》之第 16 封。

但他首先是哲学家，他的那些深刻的思想如今没有人再愿意理解了！可是，剔除了那些哲学的精神，他的数学和物理哪里会有无穷无尽的影响呢。

参考文献

[1] Thomas L. Hankins, *Sir William Rowan Hamilton*, The John Hopkins University Press (1980).

[2] C. F. Gauss, Mutationen des Raumes (空间变换, ca. 1819), in Königlichen Gesellschaft der Wissenschaften (Eds.), *Carl Friedrich Gauss Werke, Band VIII*, 357–362, Dieterichsche Universitäts-Buchdruckerei (1900).

[3] John H. Conway, Derek A. Smith, *On Quaternions and Octonions: Their Geometry, Arithmetic, and Symmetry*, A K Peters (2003).

[4] Theodore Frankel, *The Geometry of Physics: An Introduction*, 3rd ed., Cambridge University Press (2012).

[5] Chris Doran, Anthony Lasenby, *Geometric Algebra for Physicists*, Cambridge University Press (2003).

[6] Ian R. Porteous, *Clifford Algebras and the Classical Groups*, Cambridge University Press (1995).

[7] P. R. Girard, The quaternion group and modern physics, *European Journal of Physics* **5**(1), 25–32 (1984).

[8] Patrick R. Girard, Einstein's equations and Clifford algebra, *Advances in Applied Clifford Algebras* **9**(2), 225–230 (1999).

[9] T. Hawkins, Hypercomplex numbers, Lie groups, and the creation of group representation theory, *Archive for History of Exact Sciences* **8**(4), 243–287 (1972).

[10] Simon L. Altmann, Hamilton, Rodrigues, and the quaternion scandal, *Mathematics Magazine* **62**(5), 291–308 (1989).

[11] Emmy Noether, Hyperkomplexe Größen und Darstellungstheorie (超复数与表示理论), *Mathematische Zeitschrift*, **30**(1), 641–692 (1929).

[12] Emile Grgin, *The Algebra of Quantions: A Unifying Number System for Quantum Mechanics and Relativity*, Author House (2005).

[13] John C. Baez, The octonions, *Bulletin of the American Mathematical Society* **39**(2), 145–205 (2002).

[14] Olinde Rodrigues, Des lois géométriques qui régissent les déplacements d'un système solide dans l'espace, et de la variation des coordonnées provenant de ces déplacements considérés indépendamment des causes qui peuvent les produire (决定空间中刚性体系位移的几何定律……), *Journal de Mathématiques Pures et Appliquées* **5**, 380–440 (1840).

[15] S. L. Altmann, *Rotations, Quaternions, and Double Groups*, Clarendon Press (1986).

[16] Patrick du Val, *Homographies, Quaternions, and Rotations*, Clarendon Press (1964).

[17] Jack B. Kuipers, *Quaternions and Rotation Sequences: A Primer with Applications to Orbits, Aerospace and Virtual Reality*, Princeton University Press (1999).

[18] Stefano De Leo, Waldyr A. Rodrigues, Jr., Quantum mechanics: From complex to complexified quaternions, *International Journal of Theoretical Physics* **36**(12), 2725–2757 (1997).

[19] Hermann Günther Grassmann, *Die lineale Ausdehnungslehre, ein neuer Zweig der Mathematik*, Otto Wigand (1844).

[20] Hermann Günther Grassmann, *Die Ausdehnungslehre. Vollständig und in strenger Form begründet*, Enslin (1862).

[21] Benjamin Peirce, *Linear Associate Algebra*, D. Van Nostrand (1882).

爱尔兰数学家、物理学家哈密顿

Sir William Rowan Hamilton

1805—1865

苏格兰物理学家麦克斯韦

James Clerk Maxwell

1831—1879

德国数学家格拉斯曼

Hermann Günther Grassmann

1809—1877

第 9 章
群论

The utmost abstractions are the true weapons with which to control our thought of concrete fact.

——Alfred North Whitehead

极度的抽象是我们把控关于具体事实之思考的真刀实枪。

——怀特海

Mathematics loves symmetry above all.

——James Clerk Maxwell

数学最钟爱对称性。

——麦克斯韦

Over the Universe there is a group of symmetry.

宇宙之上有一个对称群。

——作者的自言自语

摘要 对代数方程解的思考带来了群论。群论另有几何的、数论的、分析的起源。数学的发展带来了群论出现的必然，而群论应用于物理学才见其威力，它带来了物理学的极大进展，扩展了自身的疆域且变得更加深刻。群是满足乘法结合律、有逆、有单位元的封闭集合，可以用矩阵、函数、算符等对象予以实现(表示)，从而可以作用于不同的数学对象上。群表示论是群论的硬核内容。就有限群而言，不可约表示没有不变的子空间，循着这个线索容易理解有限群表示的关键：舒尔引理。有了群论知识，就容易理解一些物理学的内容，如角动量、自旋、旋量、同位旋等概念。群论之于物理学的应用，在晶体学、量子力学、相对论、规范场论等领域各有侧重不同，应专门修习、混杂着修习。群论揭示了对称性在物理理论中的关键角色，基于这些理论新发现的物理现实让人们见识了数学之于物理之不可理喻的合理性。对称性借助群论后来成了构造物理理论的出发点。对称性原则是客观存在赋予物理学的必然信条。

关键词 代数结构；对称性；群；共轭类；群表示；有限群；置换群；交替群；变换群；阿贝尔群；非阿贝尔群；李群；李代数；单群；线性群；子群；正规子群；不变子群；商群；合成列；伽罗华群；空间群；洛伦兹群；自旋表示，同构；同态；自同构；直积；直和

关键人物 Lagrange, Cauchy, Abel, Gauss, Lie, Galois, Cayley, Klein, Poincaré, Cartan, Lorentz, Schur, Frobenius, Hölder, Jordan, Dyck, Dedekind, Curie, Weyl, Wigner

在系统地学习了代数方程的解与不可解之后，该认真地考虑代数结构了。代数结构是带算法和公理的集合，在抽象代数中有很多不同的代数结构。本书将以走马观花的方式关注几个物理学也特别关切的代数结

构。一个集合，若其上定义了加减乘除，则称为域（field。另外，物理学的场论，theory of field，字面上也是这个 field）；若其上定义了加法和乘法，则称为环（ring），比如整数就构成一个环；若其上只定义了乘法，那是群。集合是物理对象，算法是实实在在的物理操作，相继的操作某种意义上可以看作是操作（算符）的乘法。本章关注物理学的一个重大关切：群。

§ 9.1 群的定义与性质初步

现在，解代数方程的努力把我们一步一步带到了一个数学和物理学都无法回避的数学领域：群论。群，可以说就是个有特定乘法的集合，貌似简单之极，但群论却是一门博大精深的学问。群论可用于几乎所有的数学与物理领域，故有“挖掘工具”的美誉。群和对称性、共轭、等价性、不变性以及不可区分性等特殊概念相联系，故而会随时随地在物理学中现身。试图在一本著作中阐述清楚群论的一个侧面可能都无能为力，遑论本书的一个章节。本章中笔者将循着历史的必然轨迹接近群论，把目光限制在与代数方程解以及物理学有关的群论点滴上。其目的之一，也是为下一章规范场论的介绍做准备。

§ 9.1a 群的定义

群 G 是这样的集合，针对集合中的元素可以定义一个二元运算（binary operation），俗称乘法，使得任意两个元素的乘积都是该集合的元素。换句话说，群 G 关于其乘法具有封闭性（closure），即其乘法是一个 $G\times G\to G$ 的映射（自身相乘到自身的映射，从量纲的角度看，这个映射中应该有个同量纲的系数。你看，学物理从 $G\times G\to G$ 的形式就能看出群必然有结构因子的问题）。此外，该乘法还有如下性质：1. 满足结合律（associativity），即对于任意的群元素 p, q, r，有 $(pq)r=p(qr)$；2. 存在单位元（identity element）e，对于任意的群元素 g，有 $ge=eg=g$；3. 对于任意的群元素 g，都存在唯一的逆 g^{-1}，

有 $gg^{-1}=g^{-1}g=e$。群定义中的乘法需满足的三个条件是在群论发展过程中经一百余年的思考才最终确立的。此三个条件各有深意，若能参照具体物理语境中的操作可能更有深刻体会，下文会针对性地随机予以阐发。

最小的群可仅由两个元素组成，$G=\{e, a\}$，其中 e 是单位元，a 是一个为自身逆的元素（元素 g 的逆 g^{-1} 可以就是 g 本身），$aa=aa^{-1}=e$。物理上，a 可以是照镜子这个动作，单位元 e 是啥也没做；数学上，可以选择 $e=1$，$a=-1$，乘法是普通的乘法；也可以选择 $e=\begin{pmatrix}1&0\\0&1\end{pmatrix}$，$a=\begin{pmatrix}1&0\\0&-1\end{pmatrix}$，乘法是矩阵乘法，有 $aa=\begin{pmatrix}1&0\\0&-1\end{pmatrix}\begin{pmatrix}1&0\\0&-1\end{pmatrix}=\begin{pmatrix}1&0\\0&1\end{pmatrix}=e$；当然也可以是 $e=\begin{pmatrix}1&0&0\\0&1&0\\0&0&1\end{pmatrix}$，$a=\begin{pmatrix}1&0&0\\0&1&0\\0&0&-1\end{pmatrix}$。这么个最小、最简单的群 $G=\{e, a\}$，可是联系着物理上的镜面对称、时空反演、宇称、电荷共轭等概念，千万不要小瞧了哦。

再举一个稍微复杂点儿的例子，8 个元素的集合 $\{\pm 1, \pm \mathrm{i}, \pm \mathrm{j}, \pm \mathrm{k}\}$ 按照四元数的乘法法则就构成了四元数群 Q_8。注意，四元数的乘法不具有交换性，因此四元数群 Q_8 是一个非阿贝尔群。

§ 9.1b 群的性质初步

群是按照一个运算规则，比如正二十面体的相继对称转动，组织到一起的一个集合。群是由元素的集合与运算规则共同构成的，运算规则比元素重要。一个群里的元素并不是在所有意义上都是等价的——找出有意义的等价标准很有必要。群的概念整体上可对应物质，有个大的概念（共性）和与共性相容的各种亚结构。群里面有丰富的结构。群论首先有必要把这些结构厘清。当然，取决于群元素的数目、具体乘法以及其内部结构等因素，群会表现出很多不同的性质。

一般来说，群元素的乘积有性质 $g_1g_2 \neq g_2g_1$。但是，有一类群，其中的元素乘积满足 $g_1g_2 = g_2g_1$，这样的群是交换群，又称阿贝尔群。考察两个群元素 g_1 和 g_2，若 $g_1g = gg_2$，由于群元素始终有逆的存在，故有 $g_1 = gg_2g^{-1}$。令元素 g 遍历整个群 G，对于具体的 g_2 就能筛出所有的满足 $g_1 = gg_2g^{-1}$ 的元素 g_1 来，归于一个共轭类（conjugacy class）。一个共轭类里的元素具有许多共同性质。群可以表示为共轭类的集合。存在共轭类为群的表示打开了一扇大门。

群 G 中的一部分元素也可以按照同样的乘法构成群 H，称为子群，记为 $H < G$。单位元素 $\{e\}$ 和群 G 本身是两个平凡的子群，一般情形下谈论子群指的是非平凡子群。一个群 G 可以有多个子群，子群的交集仍是子群。举例来说，集合 $\{1, -1, \mathrm{i}, -\mathrm{i}\}$ 按照复数乘法构成一个群，C_4 群，其子集 $\{1, -1\}$ 按照复数乘法也构成一个群，C_2 群。

如下几个群的基本概念应当了解一下，它们在此前谈论代数方程解的时候提及过。

正规子群：设群 H 是群 G 的子群，若对于任意的 $g \in G$ 总有 $gH = Hg$，则称群 H 是群 G 的正规子群。显然，如果群 G 是置换群，则群 G 的所有子群都是正规子群。交错群 A_n 就是置换群 S_n 的正规子群。

单群：一个群，如果只有平凡正规子群，则称为单群（simple group）。单群不能再拆分。比如，当 $n \geqslant 4$ 时，交错群 A_n 是单群。这个结论对理解五次方程代数不可解有用。

拉格朗日考虑了子群陪集的概念。设 H 是群 G 的一个子群，可以定义陪集集合如下：$G/H = \{aH | a \in G\}$，此为左陪集；或者 $G/H = \{Ha | a \in G\}$，此为右陪集。陪集的每一个元素本身都是集合，群 H 也是其中之一，其是由单位元素 $\{e\}$ 所生成的陪集 $\{eH\}$。对于正规子群，左陪集与右陪集是相同的。

商群：设 H 是群 G 的正规子群，H 的所有陪集 G/H（读成 G mod H）关于其上的运算 $aH \cdot bH = (ab)H$ 就构成一个群，称为群 G 关于子群

H 的商群（quotient group，类似除法里的商）。赫尔德（Otto Hölder, 1859—1937）于 1889 年引入了商群的概念。此前商群是被看作成辅助解式方程的伽罗华群的，赫尔德把它当作陪集群。

商群的概念之所以被提炼出来，是因为它展现了群的结构，这也是它在伽罗华理论中具有重要地位的原因。举例来说，C_{12} 群可记为 $C_{12}=\{e^{i(n-1)2\pi/12}, n=1, 2, \cdots, 12\}$，乍一看它和 C_{11} 群 $C_{11}=\{e^{i(n-1)2\pi/11}, n=1, 2, \cdots, 11\}$ 除了相差一个元素别的也没有区别。然而，注意，$C_4=\{1, -1, i, -i\}$ 是 C_{12} 群的正规子群，商群 C_{12}/C_4 是一个 3 元素的群，$\{e, a, a^{-1}\}$。C_{12} 群比 C_{11} 群有丰富的结构。如果 G 是李群，而 H 是群 G 的正规子李群，则商群 G/H 也是李群。这样李群 G 就有纤维丛的结构，群 G/H 是基空间，群 H 是纤维。这样李群就和微分几何的纤维丛理论联系上了①。

§9.2 群概念起源

群论是代数学的一个小分支。群可用于数学的各个分支，可以想见它必然有多处不同的起源。公认的群论起源有四，按时间顺序大致为：1. 经典代数（J. L. Lagrange, 1770）；2. 数论（C. F. Gauss, 1801）；3. 几何（F. Klein, 1874）；以及 4. 分析（S. Lie, 1874; H. Poincaré & F. Klein, 1876）。

§9.2a 群的代数起源

一元二次方程的解，巴比伦人在公元前 1600 年就找到了，三次、四次方程的代数解法约出现在 1540 年。到了 18 世纪中叶，关于一元三次、四次方程有了足够多的解法，而解五次方程的尝试却总是无功而返。群论开始于 1770 年，那一年拉格朗日反思代数方程的基本理论问题，包括根的存在性和性质。一个代数方程，有 (根式) 解吗？如果有，

---

① 记得1988年刚读研时读过一篇用纤维丛讲述经典力学的论文，一头雾水，至今尚未散去。

该有几个？实根与复数根又各占几个？愚以为，最该问的也许是根之间的关联，或者说方程应该体现出的结构。最重要的是，关于代数方程，那时尚没有解的一般理论。

拉格朗日发现，解三次、四次方程的方法（见第 3、4、5 章）都是约化到一个辅助方程，即解式方程。辅助方程若比原方程降一阶，就能得到根式解，因为二次方程的解是容易得到的。拉格朗日考察任意 n 次多项式方程 $f(x)=0$ 的约化问题。方程 $f(x)=0$ 有 n 个根，选择一个关于 $f(x)=0$ 的根与系数一起构成的有理函数 $R(x_1, x_2, \cdots, x_n)$，作根的置换，如该函数有 k 个不同的值 $y_1, y_2, \cdots, y_k$，则解式可选择为多项式

$$g(x)=(x-y_1)(x-y_2)\cdots(x-y_k) \tag{9.1}$$

拉格朗日指出，k 必是 $n!$ 的因子。怎么选择这个有理函数 R 呢？这是个问题。

举例来说，对于一元四次方程，选择函数 $R=x_1x_2+x_3x_4$，在 24 种根置换下此函数只有 3 个不同值。也就是说，凭借这个过程可以把四次方程导向一个三次的解式方程。三次方程可解，因此四次方程可解。关于五次方程，拉格朗日找到的一个辅助解式方程是六阶的。考察 5！=120 的因子，分别为 2, 3, 4, 5, 6, 8, 10, 12, ……想找到在 5 个根的 120 种置换下只取 2、3 或 4 个值的有理函数 $R(x_1, x_2, \cdots, x_5)$，拉格朗日发现他做不到。拉格朗日这篇论文的意义，在于第一次把方程的可解性同根的置换联系到了一起。这里，笔者想强调一下，根的置换是解代数方程的真正核心问题所在。拉格朗日认识到解的必要条件是存在低一阶的解式方程，后来的阿贝尔与伽罗华证明了对于高于四次的方程这种情况一般来说不存在。但是，辅助解式方程的构造并不是基于一套明确的方法，因此不具有严格证明的功用。

伽罗华在 1832 年发现，代数方程的性质反映在唯一地同方程联系在一起的一个数学对象的性质中，即方程的群中。伽罗华第一次使用了 groupe 一词，他发明了正规子群（normal subgroup）的概念。伽罗华注意

到，解式方程的存在性等价于方程群的一个素数指标的正规子群（normal subgroup of prime index）的存在性。伽罗华发现的群的那个操作，就是根的置换。根的置换保持根之间在方程系数域上的关系不变。笔者个人的理解是，对于一个 n 次代数方程，它的 n 个根，就谈论代数方程来说，都是等价的。

顺带说一句，置换是对 permutation 一词的翻译。Permutation，per+mutare，意思是彻底地变动。在概率论等领域，我们把 permutation 译成了排列，permutation and combination，即排列与组合。考察一个具有 n 个对象的集合的排列（置换），比如 n 张不同花色的扑克牌从左到右排成一串之所有可能性，第一张牌有 n 种选择，第二张牌有 n–1 种选择，依此类推，最后一张牌只有 1 种选择，故这串牌的花样有

$$P(n)=n\times(n-1)\times\cdots\times 1 \tag{9.2a}$$

种可能性，简记为 $P(n)=n!$。计算从 n 个对象的集合中挑出 m 个对象的可能性，这是组合算法，记为 $C(n,m)$ 或者 C_n^m，有公式

$$C(n,m)=\frac{n!}{(n-m)!m!} \tag{9.2b}$$

置换群，permutation group，是有限群。柯西在 1815—1844 年系统研究过置换。他把全同置换（identity permutation，不做任何变动）也当作一个置换，引入类似 $\begin{pmatrix} x & y & z \\ x & z & y \end{pmatrix}$ 这样的循环符号表示置换（下一行是上一行置换后的结果），还提出了柯西定理：对于置换群，如果素数 p 是群阶的因子，则存在阶为 p 的子群。素数在群的语境中有特殊地位。请回顾伽罗华关于五次以上方程不可解的理论。

约当（Camille Jordan，1838—1922）深入研究了代数方程和置换群，这见于他 1869 年的“论一个 16 阶方程”（*Sur une équation du 16ème degré*）和 1870 年“替换与代数方程讲义”（*Traité des substitutions et des équations algébrique*）等文章。约当提出了技术层面上可解群的概念和群合成列的概念。那个

时期，置换群更多的是用 substitution group（替换群）的说法，这也是伽罗华的用词。

§ 9.2b 群的数论起源

高斯 1801 年在其《算术研究》(*Disquisitiones Arithmeticae*) 一书中总结了当时的数论研究成果。该书开启了有限阿贝尔群的研究，当然表述用的不是如今我们熟悉的群论术语。有限阿贝尔群包括模 m 的整数的加法群，关于模 p (p 为质数) 的整数的乘法群，二元二次型 (binary quadratic form) 等价类群，方程 $x^n=1$ 的 n 个根组成的群，等等。分圆方程 $x^n=1$的根 $x_m=\mathrm{e}^{\mathrm{i}2\pi m/n}$，$m=0, 1, 2, \cdots, n-1$，群元素相乘为普通的复数相乘，它们构成一个 n 阶循环群 (n-th unit root group)。如果 n 是个费马素数，高斯证明解这个分圆方程可以约化为解一系列二次方程，这也是尺规法画圆内接 17 边形的理论基础（高斯的墓碑上就是圆内接 17 边形图案）。

至于二元二次型等价类群，稍微有点复杂，但仍是初等数学。其实，是费马—欧拉—拉格朗日这条线上的数论研究让人们注意到了二次型这样的“广义数论”对象。考察二元二次型 $f(x,y)=ax^2+2bxy+cy^2$，作线性变换

$$\begin{aligned}x'&=\alpha x+\beta y\\ y'&=\gamma x+\delta y\end{aligned},\quad 其中\ \alpha\delta-\beta\gamma=1 \tag{9.3}$$

得到二次型 $g(x',y')=a'x'^2+2b'x'y'+c'y'^2$，$f(x,y)$ 和 $g(x',y')$ 是等价类。计算表明 $b^2-ac=b'^2-a'c'$，即判别式 $\Delta=b^2-ac$ 是二次型的一个变换不变量。当然了，$\Delta=b^2-ac$ 相等的二次型不一定是等价类。高斯定义了二元二次型的合成操作，即直接相乘，使得二元二次型的等价类可构成群。比如，等价类 $[f(x,y)=x^2+5y^2]$ 和等价类 $[g(x,y)=2x^2+2xy+3y^2]$ 就构成群。计算表明：

$$\begin{aligned}&[f(x,y)]\cdot[f(x',y')]\\ &\quad=[(x^2+5y^2)(x'^2+5y'^2)]\\ &\quad=[(xx'-5yy')^2+5(xy'+x'y)^2]\end{aligned} \tag{9.4}$$

这是 $[f(x,y)]$ 等价类，而 $[f(x,y)]\cdot[g(x',y']$ 是 $[g(x,y)]$ 等价类，$[g(x,y)]\cdot[g(x',y']$ 是 $[f(x,y)]$ 等价类。这形式上就是 $a\cdot a=a$，$a\cdot b=b$，$b\cdot b=a$，可见它们构成一个 2 阶循环群。

§ 9.2c 群的几何起源

群的几何起源指的是克莱因 1872 年的入职演讲，即所谓的埃尔朗恩纲领。在这个纲领中，克莱因把几何的分类当成了变换群下的不变性研究。几何是关于图形在变换下不变之性质的研究。克莱因指出，“群作为不同的学问出现在近代数学之各处，它作为分门别类的原则贯穿最变化多端之各个领域”。这样的群包括投影群、相似群、椭圆群，其实还必须有仿射群，以及它们所关联的几何。变换群则可指向无限群。本来是研究图形的几何关系的，但是研究重心很快就滑向了对变换的研究。对变换的分类，最终导致了克莱因对几何学的基于群论的综合。

克莱因的《二十面体讲义》(*Lectures on the Icosahedron*) 隐藏着刚体转动对称性、多项式方程解和函数论之间的内禀关系。更进一步关于群的认识，包括只有李 (Sophus Lie, 1842—1899) 的连续群变换才是真正的描述运动的群 (group of motion)；与狭义相对论有关的群包括刚体运动群、仿射群、圆变换、球变换等；形式 (form) 在变量的变换下之不变性的研究 (有 Cayley-Silvester 不变量理论，可以说是埃尔朗恩纲领的先驱) 是物理学的重大关切，等等。在广义相对论中，能量-动量张量的形式就是个要依据对称群去寻找的物理对象。对称性本身作为物理研究对象的思想，始于居里 (Pierre Curie, 1859—1906)。

§ 9.2d 群的分析起源

挪威数学家李是数学史上的一个关键人物，他于 1874 年引入了连续变换群，即我们今天常说的李群的一般理论。连续变换

$$x_i \to f_i(x_1,x_2,\cdots,x_n;a_1,a_2,\cdots,a_m),\quad i=1,\ 2,\ \cdots,\ n \tag{9.5}$$

其中 $a_1, a_2, \cdots, a_m$ 是参数，可构成连续变换群。比如，变换

$$x \to \frac{ax+b}{cx+d} \tag{9.6}$$

其中 a, b, c, d 为实数，$ad-bc \neq 0$，就构成连续变换群。李还把连续变换群从代数方程向微分方程领域扩展。微分方程的伽罗华理论由皮卡（Émile Picard, 1856—1941）于 1883/1887 年和维西奥（Ernest Vessiot, 1865—1952）于 1892 年的工作完成。

庞加莱和克莱因在 1876 年前后研究自守函数，其在变换 $z \to \frac{az+b}{cz+d}$，其中 a, b, c, d 为复数，$ad-bc \neq 0$，所构成的连续变换群或者其子群下是不变的。举例来说，当 a, b, c, d 为整数且 $ad-bc=1$ 时，变换 $z \to \frac{az+b}{cz+d}$ 构成的是同椭圆模函数相联系的模式群。扯远了，打住。

§9.3 群的性质进阶

伽罗华是第一个有结构思想的数学家。群论的研究，某种意义上是关于群之结构及其表示与作用的研究。

很多来自不同出处、貌似不同的群，其实可能具有某种程度上相同的结构。设 $(G, \circ)$ 和 $(G', \bullet)$ 是两个不同的群（这样表示是同时强调群的元素及其乘法），若存在映射 $f: G \to G'$，使得对于任意的 $a, b \in G$，有 $f(a \circ b) = f(a) \bullet f(b)$，则称映射 f 是一个从群 $(G, \circ)$ 到群 $(G', \bullet)$ 的同态（homomorphism）。进一步地，若映射 $f: G \to G'$ 是一一对应的，则称映射 f 是一个从群 $(G, \circ)$ 到群 $(G', \bullet)$ 的同构（isomorphism）。同构和同态（homomorphism）的着眼点都在 morph（形，结构）上，前缀 iso-, homo- 的意思都是"同"，但是同的程度不同而已。另有一个拓扑学中遇到的映射 homeomorphism，与 isomorphism 和 homomorphism 一样，字面上都是"同 + 构"的意思，被译为同胚。同胚是拓扑空间范畴中的同构。一个

群 G 到自身也有许多同构（映射，函数），这些函数构成的集合，配上映射的合成运算作为乘法 $f \circ h() = f(h())$，也构成一个群，称为自同构群，记为 Aut(G)。找出一个群的子群和自同构是认识其结构的重要途径。

群元素的数目，记为 $|G|$，有限的群，称为有限群。对于有限群，凯莱定理说，每一个有限群都同构于某个置换群（对称群）的子群。也就是说，研究了置换群 S_n，就相当于研究了所有可能的有限群。

群 G 是由一个特殊乘法所定义了的集合。对于物理学家感兴趣的群，群可能是个操作（operation）、算符（operator）的集合，具体的群元素作用于哪个对象之上，即它的 operand 是什么，也是群论的重要关切对象。对于物理上遇到的一些群，比如自旋群，找到其表示以及表示作用于其上的操作对象就是相关的群论研究。

代克（Walther von Dyck, 1856—1934）在 1882 年的“群论研究”一文中用生成元（generator）和生成关系定义群，他是第一个明确要求群定义中必须有逆的（即可除。请参考可除代数理解）。群的本质不再是表现于具体的表示形式中，而是存在于群元素间的关系中——这个思想很物理。有限群用其生成元及其关系表征 , 生成元的数目是群的秩（rank）。举例来说，元素 i 是 C_4 群 $\{1, -1, \mathrm{i}, -\mathrm{i}\}$ 的生成元，明显地，其他三个元素皆可由生成元得到，$\mathrm{i}^2=-1$，$\mathrm{i}^3=-\mathrm{i}$，$\mathrm{i}^4=1$。或者，选择 $-\mathrm{i}$ 作为生成元，明显地，$(-\mathrm{i})^2=-1$，$(-\mathrm{i})^3=\mathrm{i}$，$(-\mathrm{i})^4=1$（请体会 i 和 –i 的不可区分性）。有限循环群只需一个生成元，但可能有多个群元素都可以作为生成元。再比如群 $\{e, a, a^2, a^3, b, ab, a^2b, a^3b\}$ 是有两个生成元的群。如果令 $b^2=e$，$bab^{-1}=a^{-1}$，则这个群就是描述正方形对称性的 D_4 群。1884 年，克莱因给出了一个有两个生成元但是只有 4 个元素的群（著名的 Kleins’ Viergruppe），$V=\{a,b|a^2=e,b^2=e;ab=ba\}$，具体列出元素则是 $\{e, a, b, ab\}$，这是阶数最少的非循环群。用生成元表示群，可以把数论、代数方程和几何得出的不同群统一地纳入抽象群概念中去。

约当最先提出了两个群元素的交换子（对易式）的概念，$[a, b] = a^{-1}b^{-1}ab$。戴德金（Richard Dedekind, 1831—1916）等人于 1897/1898 年在研究哈密顿群（所有子群都是正规子群的一类非阿贝尔群）的过程中引入了群元素交换子以及交换子子群的概念。如果一个群有交换子子群，就不是单群。阿诺德在用拓扑方法证明一元五次方程代数不可解的过程中就用到了交换子子群的概念。

§9.4 群表示初步

凯莱指出：群是由其符号的组合规律定义的。然而，当我们应用群论于诸般物理问题的时候，光有符号是不够的。群及其作用的对象，要有具体的表示。群，一如观音菩萨，随类应化，有诸般化身方可济世(图 9.1)。用来表示群的数学对象有矩阵、算符，还有多项式甚至函数，其中尤以矩阵最为常见。矩阵可以加、乘，可能有逆，可具有不同的对易行为，可作为函数的宗量，可以作为算符，等等。一方面矩阵能表现出群的多面性质，另一方面它又特别物理，故特别适合群的表示。如无特别说明，此处的表示皆指用矩阵表示。

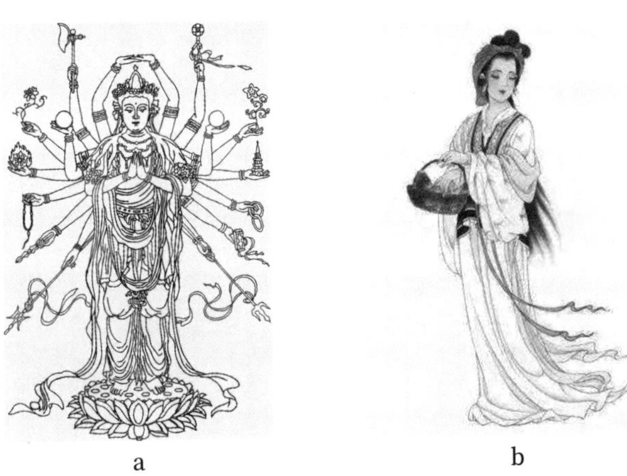

图9.1　(a) 千手观音相　(b) 鱼篮观音相
观音能具千般异相，群亦当如是观

§9.4a 有限群表示

元素数目有限的群为有限群。有限群表示理论来自弗罗贝尼乌斯、伯恩赛德（William Burnside, 1852—1927）等人。

对于一个 n 阶有限群 G，$n=|G|$，总存在表示 $R(g)\equiv 1$，这种平凡表示没有什么意义。反过来，总可以选择作用于 n 维矢量空间的 $n\times n$ 阶可逆矩阵 M_{ij}，要求满足关系

$$M_{ij}(g_1)M_{ij}(g_2)=M_{ij}(g_1g_2),\quad M_{ij}(g^{-1})=M_{ij}^{-1}(g) \tag{9.7}$$

这是所谓的正规表示[①]。但是，对于阶数高的有限群，正规表示或许有冗余，可以约化，用阶数更少的可逆矩阵表示，当然都要满足 (9.7) 式。这就引入了群的可约与不可约表示的问题。若表示是不可约的，其对应的表示空间是不变的。找出置换群的不可约表示是有限群表示论的重点。不可约表示是群论应用于物理学的起点。从技术层面上说，是如何分解 $n\times n$ 阶可逆矩阵 M_{ij}，使得得到的低阶矩阵仍是群表示的问题。

设群元素 g 对应矢量空间 V 上的线性变换 $A(g)$，$D=\{A(g)\}$ 是群的一个表示，有 $A(g_2)A(g_1)=A(g_2g_1)$，$A(e)=I$，$A(g^{-1})=A(g)^{-1}$。如果 V 的一个子空间在群表示 $D=\{A(g)\}$ 下不变，那就是表示 D 的一个不变子空间。如果空间 V 在 D 作用下没有不变子空间，那么表示 D 就是不可约的。群表示的可约与不可约体现在是否有不变子空间上。设群 G 在空间 V 上的表示为 D，若 V 是不变子空间的和，则表示 D 也可以表示为不可约部分之和，$D=D_1\oplus D_2\oplus\cdots\oplus D_m$，相应的矢量空间分解为 $V=V_1\oplus V_2\oplus\cdots\oplus V_m$。相应地，群表示的矩阵总是对角线上区块相连的样子。

有限群的不可约表示是其应用的起点。

那么，一个群表示是不可约的判据是什么？这就要用到舒尔（Issai

① 关于 regular representation 之“正则表示”的译法，笔者不敢苟同。regular、canonical 这两个物理关键词还是应该区分的。

Schur, 1875—1941）引理了。设有两个不同的不可约表示，不可约表示 1 为 $D_1 = \{A(g)\}$，在空间 V 中，其中的矢量为 x；不可约表示 2 为 $D_2 = \{B(g)\}$，在空间 W 中，其中的矢量为 y。假设存在从空间 V 到空间 W 的线性变换 P，对于 $x \in V$，$y \in W$，有 $y = Px$；若对所有的群元素，有

$$B(g)P = PA(g) \tag{9.8}$$

则 P 必是一对一的，或者 $P = 0$。也即是说，若两个表示 D_1 和 D_2 是不等价的，满足关系 $B(g)P = PA(g)$ 的只能是 $P = 0$；若两个表示 D_1 和 D_2 是等价的，满足关系 $B(g)P = PA(g)$ 的 P 在两个表示之间建立起了一个同构关系。关系式 (9.8) 意味着

$$B(g) = PA(g)P^{-1} \tag{9.9}$$

是相似变换，或者说对应的两个表示是等价的。

如果表示是个复表示，设 λ 是变换 P 的一个本征值，即是方程 $\det(P - \lambda I) = 0$ 的根。假设映射 $Q = P - \lambda I$ 满足 $A(g)Q = QA(g)$，则要么 $Q = 0$，要么 Q 是一个非奇性的变换。但是，因为 $\det(Q) = \det(P - \lambda I) = 0$，后一种可能性可以排除。也就是说，若关于群的一个不可约表示空间的一个线性变换 P 和该不可约复表示的所有变换 $A(g)$ 是可交换的，$A(g)P = PA(g)$，则导出结果 $P - \lambda I = 0$。这就是所谓的舒尔引理。对于阿贝尔群，$A(g)A(h) = A(h)A(g)$，也即任一个作为群表示的变换 $A(g)$ 也是那个空间的相似变换 P，故有 $A(g) = \lambda(g)I$，每个群元素对应一个复数 $\lambda(g)$，是故阿贝尔群的所有不可约表示空间都是一维的。

理解舒尔引理对群论的意义，关键是看这个引理怎样导向群表示的正交关系。舒尔引理谈论的是在群的两个不可约表示之间可以存在什么样的线性映射的问题。这里的关键是**交换**。多维空间对多维空间的映射是矩阵，有本征值问题。

舒尔第一引理说，如果两个维度不同的不可约表示存在关系 $M^{[1]}S = SM^{[2]}$，必然意味着 $S = 0$。如果有两个维度相同的不可约表示，

但作用在不同的希尔伯特空间上，$M^{[1]}S = SM^{[2]}$ 也必然意味着 $S = 0$。如果作用于同一个希尔伯特空间上，则 $M^{[1]} = SM^{[2]}S^{-1}$，这两个表示是等价的。对于同一个不可约表示，若存在矩阵 S，使得对于任一群元素，存在 $M(g)S = SM(g)$，则 S 必是一个常数乘上单位矩阵。这是第二引理。这是上一节内容用矩阵概念的表述。

舒尔引理回答有限群不可约表示的数目与类型问题。首先，有限群的所有表示，依据群平均内积 $\{i, j\} = \frac{1}{n}\sum_{g}\langle i(g)|\, j(g)\rangle$，都是酉的，即总有关系 $M(g^{-1})M(g) = 1$。这意味着 $M_{ij}(g^{-1}) = M_{ij}^{-1}(g)$，$M_{ij}(g^{-1}) = M_{ji}^{*}(g)$。对于两个维度分别为 d_{α} 和 d_{β} 的不可约表示 $M^{[\alpha]}$，$M^{[\beta]}$，总可以构造矩阵 $S = \sum_{g} M^{[\alpha]}(g)NM^{[\beta]}(g^{-1})$（这是关键），其中 N 是个任意的 $d_{\alpha} \times d_{\beta}$ 阵列，这样就建立起了关系式 $M^{[\alpha]}(g)S = SM^{[\beta]}(g)$。于是，根据舒尔引理，容易得到当 $M^{[\alpha]}$，$M^{[\beta]}$ 为不同的不可约表示时，存在等式

$$\frac{1}{n}\sum_{g} M_{ij}^{[\alpha]}(g)M_{pq}^{[\beta]}(g^{-1}) = 0 \tag{9.10}$$

这个等式的意思是，两个不可约表示，针对所有的群元素各自选取一个矩阵元，它们作为 n 维矢量，n 是群的阶，是正交的。另一个重要的等式为

$$\frac{1}{n}\sum_{g} M_{ij}^{[\alpha]}(g)M_{pq}^{[\alpha]}(g^{-1}) = \frac{1}{d_{\alpha}}\delta_{iq}\delta_{jp}, \tag{9.11}$$

其中 d_{α} 是不可约表示 $M^{[\alpha]}$ 的维数。这个等式的意思是，针对所有的群元素同一个不可约表示的矩阵元构成正交归一集合。

既然有限群的任何矩阵表示都等价于一个酉表示，可直接假设不可约表示的矩阵 $\Gamma_{nm}^{(\lambda)}(g)$ 是酉阵，其中 (λ) 是不可约表示的指标，满足 $\sum_{n=1,d_{\lambda}} \Gamma^{(\lambda)}(g)_{nm}^{*}\Gamma^{(\lambda)}(g)_{nk} = \delta_{mk}$。则对于不可约表示，有正交关系

$$\sum_{g\in G} \Gamma^{(\lambda)}(g)_{nm}^{*}\Gamma^{(\mu)}(g)_{kl} = \delta_{\lambda\mu}\delta_{nk}\delta_{ml}\frac{|G|}{d_{\lambda}} \tag{9.12}$$

由这个正交关系，再加上 identity representation[①] 是不可约表示的事实，则对于其他的不可约表示，必有

$$\sum_{g\in G}\Gamma^{(\lambda)}(g)_{nm}=0 \tag{9.13}$$

即任何其他不可约表示的矩阵元对群元素之和为0。关系式(9.11)—(9.13)有助于得到表示矩阵的显式表达。

有必要谈谈群表示的特征标表。设群 $G=\{g\}$ 有表示 $D=\{A(g)\}$，定义特征标（character）$\chi(g)=\mathrm{tr}(A(g))$，即群元素的特征标为其表示矩阵的迹（trace）。选定一个群元素 g，操作 hgh^{-1}，$h\in G$，得到的一个元素集合定义了一个共轭类。在有限群的不可约表示论中，共轭类扮演了重要的角色。共轭类里的所有元素，其表示（矩阵）有同样的特征标（迹）。这样，针对一个群的表示，可以构造特征标表，其中群元素按照共轭类归类。特征标表是群的不变量。给定了一个有限群，先根据群元素的乘法作共轭类划分。共轭类数目等于其不可约表示的数目，而不可约表示的维度等于其在正规表示中的多重性（出现的次数）。由一个群的共轭类划分，就可以找到其不可约表示的特征标表。弗罗贝尼乌斯于1896年引入了特征标表理论，开创了群表示论这一分支。特征标表的行是正交的，$\langle\chi_i,\chi_j\rangle=\delta_{ij}$；如果元素 g 和 h 不属于同一个共轭类，特征标表的列也是正交的，$\sum_i\chi_i(g)\bar{\chi}_i(h)=0$；否则 $\sum_i\chi_i(g)\bar{\chi}_i(g)$ 为元素 g 的中心化子（centralizer）的阶数。

对式(9.11)求迹，得 $\frac{1}{n}\sum_g\chi^{\alpha}(g)\bar{\chi}^{\beta}(g)=\delta^{\alpha\beta}$，即对任何不可约表示，有 $\{\chi^{\alpha},\chi^{\alpha}\}=1$。若一个可约表示是由不可约表示构成的，$\chi=\sum r_{\alpha}\chi^{\alpha}$，其中 r_{α} 是不可约表示 χ^{α} 出现的次数，这样，显然有

① identity representation 也许译成“全同表示”更直截了当，从字面上就能看出是把所有元素都表示为同样的操作。

$$\frac{1}{n}\sum_{g}\chi^{\alpha}(g)\overline{\chi}^{\alpha}(g)=r_{\alpha}\,,\ \{\chi,\chi\}=\sum r_{\alpha}^{2} \tag{9.14}$$

对于那个天然的 n 阶正规表示，$\sum r_{\alpha}^{2}=n$。单位元独自构成一个共轭类，所以 $\chi_{1}^{(\alpha)}=n_{\alpha}$，而一个 n_{α} 维的不可约表示在正规表示中出现 n_{α} 次，故有关系式

$$\sum n_{\alpha}^{2}=n \tag{9.15}$$

这是个硬性的要求。反过来，$n=\sum n_{\alpha}^{2}$，而把一个整数分解成整数平方和在许多时候其方式是唯一的。这为找到正确的群表示提供了便利。

举例来说，交替群 A_4 是置换群 S_4 的子群，有 12 个元素，可分为四个共轭类。故按照舒尔引理，可根据 $n=\sum_{i}n_{i}^{2}$ 来分解群的阶数 12，得 $12=1^2+1^2+1^2+3^2$，所以 A_4 群的 12 维正规表示的构成是沿对角线的三个不同 1×1 矩阵和重复出现 3 次的一个 3×3 矩阵。针对所有的不可约表示的可能维度 n_d，给出相应的表示群元素的 $n_d\times n_d$ 阶矩阵，就算完成了有限群的表示。

可用一个简单的群来检验舒尔正交关系对群表示的意义。考察 S_3 群，有六个元素，分为三个共轭类。分解 $6=1^2+1^2+2^2$，故有三个不可约表示，两个一维的和一个二维的。六个元素的二维不可约表示的矩阵分别为

$$\begin{pmatrix}1&0\\0&1\end{pmatrix},\begin{pmatrix}1&0\\0&-1\end{pmatrix},\begin{pmatrix}-\frac{1}{2}&\frac{\sqrt{3}}{2}\\\frac{\sqrt{3}}{2}&\frac{1}{2}\end{pmatrix},\begin{pmatrix}-\frac{1}{2}&-\frac{\sqrt{3}}{2}\\-\frac{\sqrt{3}}{2}&\frac{1}{2}\end{pmatrix},\begin{pmatrix}-\frac{1}{2}&\frac{\sqrt{3}}{2}\\-\frac{\sqrt{3}}{2}&-\frac{1}{2}\end{pmatrix},\begin{pmatrix}-\frac{1}{2}&-\frac{\sqrt{3}}{2}\\\frac{\sqrt{3}}{2}&-\frac{1}{2}\end{pmatrix}$$

容易验证，1. 除了单位元，其他群元素的迹皆为 0；2. 二维表示矩阵的四个矩阵元所构成的六维矢量都是正交的。

舒尔正交关系也可用于李群和李代数的表示，只需要把正交关系中的求和改成正确的积分形式即可，太复杂，此处不论。

§9.4b 连续群表示

(1) 一般推导

为连续变换选择合适的参数 t，使得变换 $A(t) \sim g$ 满足关系式

$$A(t_2 + t_1) = A(t_2)A(t_1) \tag{9.16}$$

群元素的乘法变成了参数的加法。因为 $A(t_2+t_1)=A(t_2)A(t_1)$，必然有 $A(0)=I$，故可取 $A(t)=\exp(Xt)$ 的形式，其中 $X=\dot{A}(0)$（字符上的点表示对参数的微分。下同）。因为 $A(0)=I$，$\dot{A}(0)=X$，在连续群表示 $A(t)=\exp(Xt)$ 的参数 $t=0$ 附近，算符 X 就决定了连续群的全部内容。

考察二维转动群表示 $R(\theta)$ 为例。用复数来表示二维空间转动，令 $\theta=\omega t$，$z(t)=\mathrm{e}^{\mathrm{i}\omega t}z(0)$。微分，得到 $\dot{z}(t)=\mathrm{i}\omega z(t)$。如果把二维空间坐标写成矢量，容易验证 $\dot{z}(t)=\mathrm{i}\omega z(t)$ 对应关系式

$$\begin{pmatrix}\dot{x}(t)\\ \dot{y}(t)\end{pmatrix}=\omega\begin{bmatrix}0 & -1\\ 1 & 0\end{bmatrix}\begin{pmatrix}x(t)\\ y(t)\end{pmatrix}$$

矩阵

$$D=\begin{bmatrix}0 & -1\\ 1 & 0\end{bmatrix}$$

就是描述无穷小转动的矩阵。注意，$D^2=-I$，对应 $\mathrm{i}^2=-1$（其实，或许 $(\pm D)^2=-I$ 才更全面。参见第 10 章关于 $\sqrt{-1}$ 的讨论）。一般地，二维矢量在转动下的变换为 $r(t)=\exp(t\omega D)r(0)$，代入 $D=\begin{bmatrix}0 & -1\\ 1 & 0\end{bmatrix}$，得

$$\exp(t\omega D)=\begin{bmatrix}\cos\omega t & -\sin\omega t\\ \sin\omega t & \cos\omega t\end{bmatrix}$$

这给出了我们熟悉的用转角表示的形式

$$\begin{pmatrix}x'\\ y'\end{pmatrix}=\begin{bmatrix}\cos\omega t & -\sin\omega t\\ \sin\omega t & \cos\omega t\end{bmatrix}\begin{pmatrix}x\\ y\end{pmatrix}$$

变换

$$A(t)=\begin{bmatrix}\cos\omega t & -\sin\omega t\\ \sin\omega t & \cos\omega t\end{bmatrix}$$

保持二次型 x^2+y^2 形式不变。变换

$$A(t)=\begin{bmatrix}\cos\omega t & \sin\omega t\\ \sin\omega t & -\cos\omega t\end{bmatrix}$$

也保持二次型 x^2+y^2 不变。所有保持二次型 x^2+y^2 不变的变换构成二维正交群 $O(2)$。对于

$$A(t)=\begin{bmatrix}\cos\omega t & -\sin\omega t\\ \sin\omega t & \cos\omega t\end{bmatrix},\ \det(A(t))=1$$

其表示的群记为 $SO(2)$ 群。$SO(2)$ 群，即二维特殊正交群，这里的二维是指它作用的空间是二维的，它实际上是一个单参数连续群。

洛伦兹变换使得 $x^2-(ct)^2$ 或者 $(ct)^2-x^2$ 不变。对二次型 x^2-y^2 作变换，$x^2-y^2=\xi\eta$，让$\xi(t)\eta(t)$ 不变的连续变换要求 $\dot{\xi}(t)\eta(t)+\xi(t)\dot{\eta}(t)=0$。选择$\dot{\xi}(t)=\alpha\xi(t)$；$\dot{\eta}(t)=-\alpha\eta(t)$，于是有

$$\begin{bmatrix}\xi'\\ \eta'\end{bmatrix}=\alpha\begin{bmatrix}1 & 0\\ 0 & -1\end{bmatrix}\begin{bmatrix}\xi\\ \eta\end{bmatrix};\ \xi(t)=e^{\alpha t}\xi(0);\ \eta(t)=e^{-\alpha t}\eta(0)$$

于是得到洛伦兹变换

$$\begin{bmatrix}x'\\ y'\end{bmatrix}=\begin{bmatrix}\cosh\theta & \sinh\theta\\ \sinh\theta & \cosh\theta\end{bmatrix}\begin{bmatrix}x\\ y\end{bmatrix}$$

关于洛伦兹群的讨论，见后。

(2) 李代数的性质

关于 (紧致) 连续群的变换，可由形如 $A(t)=\exp(tX)$ 中的无穷小变换 X, $X=\dot{A}(0)$ 所决定。其实，也不奇怪。连续群单位元素附近的结构包含了群的所有信息。无穷小变换 X 的集合称为李代数 ^{r}G 或者无穷小环 (ring)。若$A(t)\in G$，则对于实数 a，$A(at)\in G$，故 $aX\in{}^{r}G$；又，设 $A(t)\in G$，$B(t)\in G$，则 $C(t)=A(t)B(t)\in G$，故有若 $X\in{}^{r}G$，$Y\in{}^{r}G$，必有 $X+Y\in{}^{r}G$。可见李代数 ^{r}G 是一个矢量空间。

进一步地，由 $C(t)=A(t)B(t)A^{-1}(t)B^{-1}(t)\in G$，微分 $C(t)=A(t)B(t)A^{-1}(t)B^{-1}(t)$ 后令 $t=0$，有李代数元素 $\dot{C}(0)=0$的结果。二次微分后令 $t=0$，

得 $\ddot{C}(0)=2[\dot{A}(0)\dot{B}(0)-\dot{B}(0)\dot{A}(0)]$。元素 $C(t)=A(t)B(t)A^{-1}(t)B^{-1}(t)\in G$ 可近似地表为

$$C(t)=I+(XY-YX)t^2+\cdots \tag{9.17}$$

因此$XY-YX$也是该群的无穷小变换，但是对应的参数是 t^2。对易式 $[X,Y]=XY-YX\in{}^rG$ 是李代数中的元素。对易关系可看作是李代数的乘法。对易式是反对称的，因此有雅可比恒等式。

若李代数的基为 $E_1, E_2, \cdots, E_m$，其维度 m 是群的参数个数，根据上述内容，基之间必有关系

$$[E_j,E_k]=c_{jk}^{\ell}E_{\ell} \tag{9.18}$$

注意，结构因子 c_{jk}^{ℓ} 有关系 $c_{jk}^{\ell}=-c_{kj}^{\ell}$，对应的雅可比恒等式

$$\sum_{s=1,m}(c_{jk}^{s}c_{rs}^{p}+c_{kr}^{s}c_{js}^{p}+c_{rj}^{s}c_{ks}^{p})=0 \tag{9.19}$$

为群的结构关系。这些内容在李群应用的语境中，如广义相对论、规范场论等，都常见到。

寻找李代数比确立李群的表示要简单。李群唯一地决定了它的无穷小代数，反过来则不一定。李代数的基，对易关系，以及群的结构关系，是李群应用时必然涉及的关键要素。

§9.5 群论的眼光回头看代数方程

在学习了一些群论基础以后，用群论的眼光回头看代数方程，会看到不一样的风景。

首先，就有理数域上的代数方程 $x^n+a_1x^{n-1}+\cdots+a_{n-1}x+a_n=0$ 来说，这是一个有结构的形式，其中出现的算法是“乘法”和“加法”。换个角度看，方程左侧可以看作是 $n+1$ 维矢量 $(x^n, x^{n-1}, \cdots, x, x^0)$ 同(有理数)矢量 $(1, a_1, \cdots, a_{n-1}, a_n)$ 之间的内积。右侧为零，即这样的两个 $n+1$ 维矢量是正交的。我们看到，可解方程的根 $(x_1, x_2, \cdots, x_n)$ 是系数的有

理函数同方程 $x^n=1$ 的 n 个根之间的组合。请读者记住，多项式方程，系数有正负，但是算法只有“**乘法**”和“**加法**”，这一点对于理解代数方程和构建代数方程的理论很重要。代数方程的语境中没有“减法”。

根据代数基本定理，当我们把方程系数和根都推广到复数域上时，方程 $x^n+a_1x^{n-1}+\cdots+a_{n-1}x+a_n=0$ 有 n 个复数根。方程的 n 个根就理解方程的各种性质而言，它们是等价的、不可区分的，这样容易用它们构成对称函数。**对称性**是代数方程理论的一个关键词。

吉拉尔是第一个认真研究代数方程根之对称函数的，而且将之同另一个也是他提出的重要数学概念，帕斯卡三角①，相联系。在《代数领域的新发明》（*Invention nouvelle en L'algèbre*）一书中，吉拉尔提到方程根的数目问题，以及根的对称函数，并发展了对称函数的定理，即 n 阶方程的 n 个根组成的对称函数所含项（标记为 first fraction, second fraction, ……）的数目等于帕斯卡三角第 n 行的相应数目（笔者认为应该加上 0 次方项，见下）。吉拉尔把这个三角称为 triangle of extraction。吉拉尔也是第一个写出斐波那契数列递推公式的人，而斐波那契数列和帕斯卡三角恰是有深刻关系的（参见拙著《一念非凡》）。吉拉尔虽不是发明连分数（continued fraction）的人，但他天才地研究了连分数。用连分数表示代数方程，会告诉我们很多内容。此外，吉拉尔还是深入研究光的折射（refraction）的人，从字面上看不奇怪吧。

拉格朗日后来引入了对称函数的概念。记方程的 n 个根为 $(x_1, x_2, \ldots, x_n)$，则原方程形式为

$$\prod_{k=1}^{n}(x-x_k)=0 \tag{9.20}$$

笔者额外形式上定义 $(x_1,x_2,\cdots,x_n)^{(0)}=1$（意思是关于根的 0 阶函数等于 1。具体形

① Pascal's triangle. 因帕斯卡于 1654 年发表的论文 *Traité du triangle arithmétique* 而如此命名。我国称为杨辉三角，最早出现于杨辉 1261 所著《详解九章算法》。

式不定)[①]，由此可得对称函数：

$$
\begin{aligned}
&(x_1, x_2, \ldots, x_n)^{(0)} = 1\\
&x_1 + x_2 + \cdots + x_n = -a_1\\
&x_1x_2 + x_1x_3 + \cdots + x_1x_n + x_2x_3 + \cdots + x_{n-1}x_n = a_2 \qquad (9.21)\\
&x_1x_2x_3 + x_1x_3x_4 + \cdots + x_1x_{n-1}x_n + x_2x_3x_4 + \cdots + x_{n-2}x_{n-1}x_n = -a_3\\
&\cdots\cdots\\
&x_1x_2\cdots x_n = (-1)^n a_n
\end{aligned}
$$

这个对称函数很有趣，将根作置换，函数值不变，这是应有之义。连同额外定义的 $(x_1,x_2,\cdots,x_n)^{(0)}=1$ 算上，你看左边式子里的项数依次为 $1, n, n(n-1)/2, \cdots, n(n-1)/2, n, 1$，这是二项式展开 $(x+y)^n$（它体现了加法与乘法的精义）的系数 C_n^m。将不同 n 对应的组合数 C_n^m，即对于不同阶多项式方程的对称函数的项数，作为一行从上到下摞起来，可得到帕斯卡三角。式 (9.21) 右边是方程的系数，但前面多了个因子 $(-1)^{m-1}$，排列起来是 $(1, \bar{1}, 1, \bar{1}, \cdots)$，负号是交替出现的。你看，置换、交替的概念

① 关于引入 0-次项的问题，我在决定这样做的半年后读到微分形式的数学，发现与此处有同样的尴尬和处理。微分形式自微分 1-form $\omega=\xi^i \mathrm{d}x_i$ 开始，有微分 k-form, n-维流形上的微分 k-form 构成一个 C_m^k 维的矢量空间。返回头，定义流形上的实值函数 f 为微分 0-form。

2021 年 2 月，笔者在阅读克利福德 (William Kingdon Clifford) 的《精确科学的常识》(*The Common Sense of the Exact Sciences*) 一书时注意到了如下内容。对于二项式展开，$(a+b)^{(p+q)} = a^n + \cdots + b^n$，其中 $n=p+q$，中间项的一般形式可记为 $\frac{n!}{p!q!}a^pb^q$。如果要求中间项的通式表达对于两头的两项也成立，即对 $p=0$ 和 $q=0$ 也成立，则可以要求或者说定义 $a^0=1$, $0!=1$。这正是笔者要找的为变量是自然数的表达式额外添加变量为 0 的情形。

同一时期笔者在阅读几何代数时，注意到在几何代数中，求矢量函数 $G(a)=f(a)-\lambda a$ 的裁量 (determinant) 问题时，涉及的特征多项式为 $C(\lambda)=\sum_{s=0}^{n}(-\lambda)^{n-s}\partial_{(s)}\cdot f_{(s)}$，为此定义了 $\partial_{(0)}\cdot f_{(0)}=1$。但是 $\partial_{(s)}\cdot f_{(s)}$ 是从 $s=1$ 开始才有实质性意义的，$\partial_{(1)}\cdot f_{(1)}=\mathrm{tr}(f)$。这为笔者要找的为变量是自然数的表达式额外添加变量为 0 的情形又添一例合理性证据。顺便提一句，在此过程中，笔者决定将 determinant 译为“裁量（liàng）”，以精确表达此概念之正确含义。

很重要，很自然地出现在了方程理论中。由此，也就能看出额外引入 $(x_1, x_2, \cdots, x_n)^{(0)} = 1$ 的意义，这样的描述才是完备的。

这里体现的哲学思想是，代数方程是个有结构的存在；根都是等价的，可以构成对称函数，在置换下是不变量；方程的根可以用待求的根来表示，根之间的关系会指向方程的可解性问题。如前所述，一元二次方程 $(x-x_1)(x-x_2)=0$，对应方程 $x^2+bx+c=0$，其中 $b=-(x_1+x_2)$，$c=x_1x_2$，故而根的形式表示应为

$$x_{1,2} = \frac{(x_1+x_2)}{2} + \left(\pm\sqrt{\left(\frac{x_1+x_2}{2}\right)^2 - x_1x_2} \right) \tag{9.22}$$

方程规定了单个的根写成全部根之函数的形式。这是通向方程解抽象研究的关键一步。因此，方程可解性的研究着落在方程的结构或者根的结构的研究上。

拉格朗日引入新的用根表示的有理函数 $R(x_1, x_2, \cdots, x_n)$，不同于对称函数，其随根的置换可以有不同的值 $\xi_1, \xi_2, \cdots, \xi_k$。若$k<n$，则多项式方程 $(x-\xi_1)(x-\xi_2)\cdots(x-\xi_k)=0$ 可作为辅助的解式方程。此方法对三次、四次方程有效，但是对五次方程无效。有理函数 $R(x_1, x_2, \cdots, x_n)$ 的构造无章法可循，但它启发了代数方程的研究。

1826 年，阿贝尔宣称不是所有的五次方程都有有限根式解。阿贝尔发现，能用根式求解的代数方程（其实就是二次、三次和四次方程），根的根式解表达都是方程系数和单位根凑成的有理函数。伽罗华把方程可解性的问题转化为具体方程的置换群及其子群结构的问题。笔者以为，这里的关键是“有限根式意味着什么”的问题。紧接着的伽罗华理论宣称，一个代数方程有有限根式解，当且仅当它的伽罗华群是可解的。

每一个方程，都和一个根的置换群相联系，现在称之为伽罗华群。伽罗华群体现根的对称性。对于任意一个取有理数的关于根的多项式函数，伽罗华群中的置换都使得该函数的值不变。伽罗华将每一个方程对应一个数域，一个包含全部根的域，这个域又对应伽罗华群。一个方程

是否可解的关键，是方程的 (有理) 系数域可否经过有限次根号运算扩张成根域（比如方程 $x^2-2=0$ 的系数是整数 1，0，−2，但是根是无理数 $\pm\sqrt{2}$）。

伽罗华理论的第二个关键概念是正规子群。对于一个群，找到其最大正规子群，确定其最大正规子群的合成列，如果一个群的最大正规子群（商群是单群）合成列的因子都是素数（这意味着相应的商群都是循环群，其可由一个群元素的幂得到。幂的逆运算就是开方）的话，这样的群是可 (分) 解群。这意思是说，总可以通过开方进入下一层面。伽罗华提出了群的概念，研究群的结构，从群的结构研究方程的可解性，是数学史上的创举。伽罗华理论未能被及时接受，是因为他的理论超前于他的时代。同时代无人能领会的创造，才算得上真正的天才创造。伽罗华理论涉及群和域，群只有乘法，域有乘法和加法，这正好是代数方程的精髓。愚以为，研究代数方程可解性，应看到解方程是拼接可能的解的幂 $\left(x_k^n, x_k^{n-1}, \cdots, x_k^1, x_k^0\right)$，使其同有理系数构成的矢量成正交关系，即满足条件 $x^n+a_1x^{n-1}+\cdots+a_{n-1}x+a_n=0$。

粗略地说，一般 n 次代数方程对应置换群 S_n。置换群 S_n 中的置换可以分为偶置换（由偶数次邻位对换得到）和奇置换，其中偶置换构成群，称为交替群 A_n。交替群 A_n 是置换群 S_n 的最大正规子群。对于 $n \geqslant 5$，A_n 都是单群。这样合成列的因子便不是素数，群不是可解的，相应的方程不是有限根式可解的。以五次方程为例，置换群合成列为 $G=S_5 \supset A_5 \supset \{e\}$，而群 A_5 的元素数为 60，不是素数，故商群 $A_5/\{e\}$ 不是循环群。一元五次方程没有有限根式解，即俗话说的五次方程代数不可解。

代数方程的性质都在方程的伽罗华群里了。伽罗华引入了自共轭子群（正规子群），把群分成单群和复合群。一个可解群，其最大正规子群合成列中，子群阶数之商为一素数。也就是说，商群必是一个素数阶群，而素数阶群必为循环群。可解群中的正规子群关于上一级正规子群的所有陪集必须为一个循环群。循环群是阿贝尔群，则用一个生成元通过乘方（逆运算就是开方）就能表示。合成列的最后一个对象是单元素群 $\{e\}$，这说明借助循环群这表示是一路乘方进行下去的。换一种表述，对于一个群，一点一点分解它的最大正规子群序列，$G \triangleright H_1 \triangleright H_2 \triangleright \cdots \triangleright H_k \triangleright e$，相应地，有商群系列，$G/H_1, H_1/H_2, \cdots, H_{k-1}/H_k$，若商群总是素数阶的循环群，则这群是可分解的。注意这里的要求，是循环群且其阶数还必须是素数，这是特殊的单群。

自巴比伦人给出一元二次方程公式解 3600 多年后，或者自拉格朗日思考代数方程约 250 年后，或者自伽罗华发展出伽罗华理论约 200 年后，在许多地方多项式方程还被错误地教着，一元二次方程的解还从未被正确地写出来过，甚至连大学生都不学一元三次方程的解，想来令人唏嘘。

§9.6 几个重要酉群

在粒子物理中我们会遇到 $SU(3)\times SU(2)\times U(1)$ 理论的说法，这里涉及三个特殊的群，$U(1)$，$SU(2)$ 和 $SU(3)$。U 是 unitary 的首字母，unitary 汉译“酉”或者“幺”。Unitary group $U(n)$，酉群 $U(n)$，是复数域上的 $n\times n$ 阶酉阵 U 构成的群。酉阵满足条件 $U^*U = UU^* = I$，故总可以变换成对角形式。复数域矢量空间中的等度规变换是酉的，保矢量的模平方不变。Special unitary group，$SU(n)$，是由矩阵值为 1 的酉阵构成的李群，汉译“幺正群”或者“特殊酉群”。特殊酉群 $SU(n)$ 的李代数 $su(n)$ 由迹为 0 的、反厄米特的（skew-Hermitian）矩阵构成。(特殊) 酉群对物理学具有特别的意义，$U(1)$ 群用于电磁相互作用的描述，$SU(2)$ 用于电弱相互作用的描述，而 $SU(3)$ 则用于量子色动力学中关于强相互作用的描述。

***U*(1) 群**。数学上，$U(1)$ 是酉群 $U(n)$ 的 $n=1$ 的特例。酉群 $U(1)$ 对应圆群，可由模为 1 的复数 $e^{i\theta}$ 以复数乘法为群乘法来表示。群 $U(1)$ 是阿贝尔群。对应的特殊酉群 $SU(1)$ 是只有单位元的平凡群。群 $U(1)$ 描述量子电动力学的规范对称性。

$SU(2)$ 群。$SU(2)$ 是二维复矢量空间的等度规群，作用于 C^2 空间中的 S^3 球上。根据要求 $U^*U=1$，$\det U=1$，其一般形式应为

$$U=\begin{vmatrix} A & B \\ -\bar{B} & \bar{A} \end{vmatrix}, \ |A|^2+|B|^2=1$$

令 $A=a+\mathrm{i}b$，$B=c+\mathrm{i}d$，写成

$$U=aI+\mathrm{i}(bS_1+cS_2+dS_3) \tag{9.23}$$

的形式，其中 $a^2+b^2+c^2+d^2=1$，而 $S_1=\begin{vmatrix} 0 & 1 \\ 1 & 0 \end{vmatrix}, S_2=\begin{vmatrix} 0 & -\mathrm{i} \\ \mathrm{i} & 0 \end{vmatrix}, S_3=\begin{vmatrix} 1 & 0 \\ 0 & -1 \end{vmatrix}$，这就是泡利矩阵。或者，由 $U^*U=1$，得其无穷小变换需满足关系 $X^*+X=0$，即它是反厄密的。三参数反厄密的、迹为零的矩阵，一般形式为

$$X=\begin{vmatrix} \mathrm{i}z & \mathrm{i}x+y \\ \mathrm{i}x-y & -\mathrm{i}z \end{vmatrix}$$

容易看出其三个基即是泡利矩阵。$SU(2)$ 群可以完全由其三个李代数的基表示。又，一个酉阵总可以变换成对角形式，故对于 $SU(2)$，一般地，可表示为

$$U=\begin{bmatrix} \varepsilon & 0 \\ 0 & \varepsilon^{-1} \end{bmatrix}$$

$SU(2)$ 群与模为 1 的四元数群同构，与 S^3 球微分同胚，可用于表示三维空间里的转动。从 $SU(2)$ 到转动群 $SO(3)$ 有一个满射的同态。$SU(2)$ 还与旋量对称群 Spin(3) 相同，这时的转动有旋量表示。

SU(3) 群。$SU(3)$ 群要复杂得多。$SU(3)$ 群是三维复矢量空间的等度规群，其作用在 C^3 空间中的 S^5 上。$SU(3)$ 群的李代数 $su(3)$ 的生成元为 $T_a=\frac{\lambda_a}{2}$，其中 λ_a 就是物理文献中可见的盖尔曼（Murray Gell-Mann, 1929—2019）矩阵，为迹为 0 的 3×3 厄米特矩阵，它们分别是

$$\lambda_1=\begin{pmatrix} 0 & 1 & 0 \\ 1 & 0 & 0 \\ 0 & 0 & 0 \end{pmatrix}, \lambda_2=\begin{pmatrix} 0 & -\mathrm{i} & 0 \\ \mathrm{i} & 0 & 0 \\ 0 & 0 & 0 \end{pmatrix}, \lambda_3=\begin{pmatrix} 1 & 0 & 0 \\ 0 & -1 & 0 \\ 0 & 0 & 0 \end{pmatrix}, \lambda_4=\begin{pmatrix} 0 & 0 & 1 \\ 0 & 0 & 0 \\ 1 & 0 & 0 \end{pmatrix}$$

$$\lambda_5=\begin{pmatrix}0&0&-\mathrm{i}\\0&0&0\\\mathrm{i}&0&0\end{pmatrix},\lambda_6=\begin{pmatrix}0&0&0\\0&0&1\\0&1&0\end{pmatrix},\lambda_7=\begin{pmatrix}0&0&0\\0&0&-\mathrm{i}\\0&\mathrm{i}&0\end{pmatrix},\lambda_8=\frac{1}{\sqrt{3}}\begin{pmatrix}1&0&0\\0&1&0\\0&0&-2\end{pmatrix}\quad(9.24)$$

后来，我们知道，这些矩阵与基本粒子分类有关。$SU(3)$ 一开始是为了自旋统计引入的。关于夸克以及胶子之间的强相互作用的非阿贝尔规范理论是基于 $SU(3)$ 群的。夸克可类比于电荷，而 8 个用颜色标记的胶子则类比于光子。更多内容见第 10 章。

§ 9.7 时空里的转动

我们生活在三维空间，这个事实被确立为物理学第零定律。显然，三维及以下维度空间里的运动天然地是我们需要理解的运动。加上时间的 (3,1)- 维闵可夫斯基（Hermann Minkowski, 1864—1909）时空是各种物理现象展现的舞台。如果我们愿意关切广义相对论，则要习惯弯曲时空的黎曼几何；而如果我们愿意掌握规范场论，我们还得习惯采用任意联络的非黎曼几何。理解了时空的对称性，是理解运动以及相互作用甚至存在本身的基础。运动总可分解为平移加转动。三维空间和 (3,1)- 维闵可夫斯基时空里的转动，是群论应用于物理学可率先见功的地方。

§ 9.7a 角动量

笔者有个观点，角动量是个物理学起源性的概念。开普勒（Johannes Kepler, 1571—1630）行星三定律之第二，说的就是有心力两体问题的角动量守恒。牛顿（Isaac Newton, 1642—1726）的万有引力理论是有心力的理论，完美地解释了行星轨道形状以及与之相联系的角动量守恒。1900 年，普朗克（Max Planck, 1858—1947）为了得到黑体辐射谱分布公式而引入的光量子假说中的常数 h，其量纲也是角动量。1918 年外尔为了统一引力与电磁理论所引入的那个尺度因子 γ，其量纲也是角动量。最小作用量原理的作用量，其量纲是角动量，相空间体积的量纲也是角动量。这就不能简单地当作巧合了，这些事实反映的是物理学之最本质的东西。角动量只是时空对称性内禀性质中最容易为我们所感知的部分罢了。为了解释氢原子光谱，玻尔构造了氢原子的行星模型，所谓的量子化条件 $\oint pdx = nh$，不过就是对氢原子的行星模型中的角动量的限制。在解氢原子的薛定谔方程时，也是首先动用角动量守恒的事实（分析）让问题得到了简化的。位置、动量是一元物理量（矢量），而角动量 $L = r \times p$ 是二元的物理量，由位置矢量和动量矢量的外积而来，角动量是导出性的、反映（内在）关联的概念。角动量和作用量的量纲相同，似乎作用量一般更多的是同 Et 或者 Ht 相联系的。其实，若用 4-矢量形式表示，时空 4-矢量为 (ct, x, y, z)，动量 4-矢量为 $(E/c, p_x, p_y, p_z)$，此两个 4-矢量按照四元数相乘，结果就会有 Et 和 $r \times p$。由于历史的原因，物理表述用的语汇与语境长期存在混乱，请读者学习物理时多留心。

转动群 G 可以用无穷小变换 ^{r}G 来表示，即可以用无穷小变换的基的表示矩阵 X 作为群元素的表示。三维空间中，转动关于 x、y 和 z 轴的无穷小变换分别为

$$X = \begin{bmatrix} 0 & 0 & 0 \\ 0 & 0 & -1 \\ 0 & 1 & 0 \end{bmatrix};\ Y = \begin{bmatrix} 0 & 0 & 1 \\ 0 & 0 & 0 \\ -1 & 0 & 0 \end{bmatrix};\ Z = \begin{bmatrix} 0 & -1 & 0 \\ 1 & 0 & 0 \\ 0 & 0 & 0 \end{bmatrix} \tag{9.25}$$

由此可以构造三维转动群的表示理论，或者作为应用的出发点。

在量子力学中，位置、动量，因而角动量，都是当作算符处理的。角动量，是由物理空间的转动——其转动群记为 $R(3)$ 或者 $O(3)$——诱导而来的，是作用于希尔伯特空间状态函数 ψ 上的算符。对于波函数 ψ 这样的 L_2 函数，变换 $r \to r' = Rr$，诱导了变换 $\psi'(r') = \psi(r)$。可写成 $\psi'(r) = \psi(R^{-1}r)$ 的形式。或者，写成 $\psi'(r) = R\psi(r)$ 的形式，则 R 是作用于波函数上之转动的算符表示。

若转动带来的坐标变换为 $r' = r + \mathrm{d}r$，逆变换为 $r' = r - \mathrm{d}r$，有

$$\psi'(x,y,z)=\psi(x-dx,y-dy,z-dz)$$

$$\psi'(x,y,z)=\psi(x,y,z)-\{\frac{\partial\psi}{\partial x}dx+\frac{\partial\psi}{\partial y}dy+\frac{\partial\psi}{\partial z}dz\}$$

可得

$$\frac{\mathrm{d}\psi}{\mathrm{d}t}=\{\frac{\partial\psi}{\partial x}\frac{\mathrm{d}x}{\mathrm{d}t}+\frac{\partial\psi}{\partial y}\frac{\mathrm{d}y}{\mathrm{d}t}+\frac{\partial\psi}{\partial z}\frac{\mathrm{d}z}{\mathrm{d}t}\} \tag{9.26}$$

其中参数 t 是转动角度。对于转动，比如绕 z 轴，引起的效果是 $\mathrm{d}x/\mathrm{d}t=-y$，$\mathrm{d}y/\mathrm{d}t=x$，$\mathrm{d}z/\mathrm{d}t=0$，对应的作用于函数上的无穷小转动算符为

$$\tilde{Z}=-\left\{x\frac{\partial}{\partial y}-y\frac{\partial}{\partial x}\right\}$$

类似地，可得

$$\tilde{X}=-\left\{y\frac{\partial}{\partial z}-z\frac{\partial}{\partial y}\right\},\quad \tilde{Y}=-\left\{z\frac{\partial}{\partial x}-x\frac{\partial}{\partial z}\right\}$$

角动量算符定义为 $J_{x,y,z}=i(\tilde{X},\ \tilde{Y},\ \tilde{Z})$。算符 $\tilde{X}$，$\tilde{Y}$，$\tilde{Z}$ 满足李代数，因而角动量满足李代数。其实，从定义 $L=r\times p$，$p=-\mathrm{i}\hbar\nabla$，可以直接验证 $[L,L]=\mathrm{i}\hbar L$，即 L 满足李代数。

角动量是物理量，算符也必须是厄密算符，满足 $(J\psi,\ \psi)=(\psi,\ J\psi)$。用无穷小转动来说，那是 $(P\psi,\psi)=-(\psi,P\psi)$，$P^*=-P$（$P^*$ 是 P 的伴随算符）。构造算符 $A=\exp(tP)$，其满足关系式 $\mathrm{e}^{tP^*}\mathrm{e}^{tP}=I$，故有 $(A\psi,A\psi)=(\psi,\psi)$，即 $A=\exp(tP)$ 是个酉算符。有必要把三维空间转动群 $O(3)$ 的不可约表示 D_j 选为酉的。

记不可约表示 D_j 的正交基为 $|jm\rangle$（群表示），$J_z|jm\rangle=m|jm\rangle$，$J^2|jm\rangle=j(j+1)|jm\rangle$，$J_\pm|jm\rangle=\sqrt{j(j+1)-m(m\pm1)}|jm\rangle$。这是在量子力学教科书中常见到的角动量作用到用角动量量子数表征的量子态上的结果。具体地，球谐函数[①] $Y_{\ell m}(\theta,\varphi)=C_{\ell m}P_\ell^m(\theta)e^{im\varphi}$，$m=\ell,\ \cdots,\ -\ell$，构成 $2\ell+1$ 维的

---

① spherical harmonics。什么球谐函数，应该是球安装函数。harmony 是安装到位的意思。用一组完备的 $Y_{lm}(\theta,\varphi)$ 函数可以拼出球对称的分布，这才是其本意。

D_ℓ 表示。相关内容此处未能详细阐述，请参照专著认真修习。

§9.7b 洛伦兹群

对于物理学和学物理的人来说，最重要的一个群大概要数洛伦兹群了。洛伦兹群是只考虑时空转动不考虑时空平移的庞加莱群，或者说庞加莱群是非齐次洛伦兹群。洛伦兹群是反映时空转动对称性的李群。洛伦兹群 (的无穷维表示) 是理解狭义相对论和相对论量子力学的必要基础。洛伦兹群是单群，半单群，但不是连通的，还不是紧致的。就有限维表示而言，缺乏单连通性让洛伦兹群有自旋表示 , 而非连通性还意味着为了获得对完备洛伦兹群的表示，时间反演 T 和空间反演 P 得单独处理。我怎么觉得，这些对物理学家来说都是喜讯呢——粒子物理学家、晶体学家都会注意到时间反演和空间反演所带来的特别的物理。

洛伦兹群是保 $-c^2\mathrm{d}t^2+\mathrm{d}x^2+\mathrm{d}y^2+\mathrm{d}z^2$ 不变的时空变换，故而可标记为 $O(3,1)$ 群，群 $SO(3,1)^+$ 是洛伦兹群的连通部分。群 $SO(3,1)^+$ 的覆盖群为 $SL(2,C)$。洛伦兹群可以用矩阵、线性变换或者作用到某个希尔伯特空间上的酉算符来实现。洛伦兹群的表示理论的分类与表征于 1947 年完成。特别地，洛伦兹群的表示提供了处理自旋的理论基础。

洛伦兹群是四维时空的转动群，是一个 6 参数的连续群，其是 12 参数的 $O(4,C)$ 群的子群。$SU(2)$ 让 $SO(3)$ 群表示简单了，$SL(2,C)$ 也可让洛伦兹群表示变得简单。作为 $SL(2,C)$ 群的一个群 G，以 $X'=GXG^*$ 的方式作用于时空坐标的外尔表示

$$X=\begin{bmatrix} ct+x & y-\mathrm{i}z \\ y+\mathrm{i}z & ct-x \end{bmatrix}$$

上。或者用一般的复二维空间表示，考虑厄密性，令

$$x=\begin{bmatrix} x_0+x_3 & x_1-\mathrm{i}x_2 \\ x_1+\mathrm{i}x_2 & x_0-x_3 \end{bmatrix}$$

$$\det x = x_0^2-x_1^2-x_2^2-x_3^2$$

这相当于为闵可夫斯基空间选择了 (+, −, −, −) 度规。厄密矩阵

$$x=\begin{bmatrix} x_0+x_3 & x_1-\mathrm{i}x_2 \\ x_1+\mathrm{i}x_2 & x_0-x_3 \end{bmatrix}$$

对应的四个基 2×2 矩阵分别为

$$\sigma_0=\begin{bmatrix} 1 & 0 \\ 0 & 1 \end{bmatrix}, \sigma_1=\begin{bmatrix} 0 & 1 \\ 1 & 0 \end{bmatrix}, \sigma_2=\begin{bmatrix} 0 & -\mathrm{i} \\ \mathrm{i} & 0 \end{bmatrix}, \sigma_3=\begin{bmatrix} 1 & 0 \\ 0 & -1 \end{bmatrix}$$

σ_0 是单位 2×2 矩阵，后三个即是所谓的泡利矩阵，皆为迹为 0、本征值为 ±1 的矩阵。此处可见泡利矩阵是 $SU(2)$ 群的无穷小变换，满足关系式

$$\sigma_j\sigma_k=\delta_{jk}+\mathrm{i}\varepsilon_{jkl}\sigma_l \tag{9.27}$$

其中 δ_{jk} 是 Kronecker 符号，ε_{jkl} 是 Levi-Civita 符号，这个公式和欧拉公式一样神奇。泡利矩阵的对易关系

$$[\frac{1}{2}\sigma_j, \frac{1}{2}\sigma_k]=\frac{1}{2}\mathrm{i}\varepsilon_{jkl}\sigma_l \tag{9.28}$$

称为洛伦兹代数。$SL(2,C)$ 群的无穷小变换为六个迹为 0 的矩阵，三个是泡利矩阵，另三个是它们各自乘上 i。也即是说，作为洛伦兹群覆盖群的 $SL(2,C)$ 群，利用泡利矩阵可以实现它的李代数，六个生成元分别为

$$J_m=\frac{1}{2}\sigma_m;\ \ K_m=\frac{\mathrm{i}}{2}\sigma_m,\ \ m=1,2,3$$

闵可夫斯基时空 $R^{3,1}$ 的等距群，$SL(2,\mathrm{C})$ 群，也可用 4×4 矩阵表示，其六个生成元，三个是关于空间转动的，三个是关于推进（boost）的。比如关于 x 轴的转动，

$$Z(\theta)=\begin{pmatrix} 1 & 0 & 0 & 0 \\ 0 & 1 & 0 & 0 \\ 0 & 0 & \cos\theta & -\sin\theta \\ 0 & 0 & \sin\theta & \cos\theta \end{pmatrix}$$

这是一个反厄密的矩阵，写成 $Z(\theta)=\exp(-\mathrm{i}\theta J_1)$ 的形式，得生成元为

$$J_1=\begin{pmatrix} 0 & 0 & 0 & 0 \\ 0 & 0 & 0 & 0 \\ 0 & 0 & 0 & -\mathrm{i} \\ 0 & 0 & \mathrm{i} & 0 \end{pmatrix}$$

依次类推，可得

$$J_2=\begin{pmatrix}0&0&0&0\\0&0&0&\mathrm{i}\\0&0&0&0\\0&-\mathrm{i}&0&0\end{pmatrix},J_3=\begin{pmatrix}0&0&0&0\\0&0&-\mathrm{i}&0\\0&\mathrm{i}&0&0\\0&0&0&0\end{pmatrix}$$

与此相似，关于 t-x 推进，

$$B(\eta)=\begin{pmatrix}\cosh\eta&\sinh\eta&0&0\\\sinh\eta&\cosh\eta&0&0\\0&0&1&0\\0&0&0&1\end{pmatrix}$$

写成 $B(\eta)=\exp(-\mathrm{i}\eta K_1)$ 的形式，得生成元

$$K_1=\begin{pmatrix}0&\mathrm{i}&0&0\\\mathrm{i}&0&0&0\\0&0&0&0\\0&0&0&0\end{pmatrix}$$

依次类推，可得

$$K_2=\begin{pmatrix}0&0&\mathrm{i}&0\\0&0&0&0\\\mathrm{i}&0&0&0\\0&0&0&0\end{pmatrix},\quad K_3=\begin{pmatrix}0&0&0&\mathrm{i}\\0&0&0&0\\0&0&0&0\\\mathrm{i}&0&0&0\end{pmatrix}$$

此六个生成元有李代数：

$$[J_j,J_k]=\mathrm{i}\varepsilon_{jk\ell}J_\ell,\ [J_j,K_k]=\mathrm{i}\varepsilon_{jk\ell}K_\ell,\ [K_j,K_k]=-\mathrm{i}\varepsilon_{jk\ell}K_\ell \tag{9.29}$$

洛伦兹群也可以是 R^4 空间微分同胚群的子群，故其李代数可以等同于 R^4 空间的基灵（Wilhelm Killing, 1847—1923）矢量场。在一个空间上产生等距变换的矢量是基灵矢量。这六个基灵矢量分别是：

$$\mathrm{i}J_x=-z\partial_y+y\partial_z;\ \mathrm{i}J_y=-x\partial_z+z\partial_x,\ \mathrm{i}J_z=-y\partial_x+x\partial_y$$

$$\mathrm{i}K_x=x\partial_t+t\partial_x,\quad \mathrm{i}K_y=y\partial_t+t\partial_y,\quad \mathrm{i}K_z=z\partial_t+t\partial_z \tag{9.30}$$

爱因斯坦注意到洛伦兹群也适用于描述能量-动量空间的转动，保 $E^2-p_x^2-p_y^2-p_z^2$ 不变（取 $c=1$），故质量

$$m^2 = E^2 - p_x^2 - p_y^2 - p_z^2 \tag{9.31}$$

是洛伦兹不变量（现在你知道谈论什么加速粒子质量增加是多么荒唐了吧。粒子质量是不变量）。实际上，洛伦兹变换是狭义相对论的精髓所在，狭义相对论涉及的张量都要按照洛伦兹变换进行变换。洛伦兹变换描述的是 $R^{3,1}$ 维空间里的变换，不可以单拿出一个维度上的变换关系过度发挥。关于洛伦兹变换的一个根深蒂固的误解是运动方向上的长度收缩，这是一个洛伦兹和爱因斯坦都持有的错误观念。彭罗斯这样的数学家会从洛伦兹变换是时空共形变换的角度直接排除这种观念。洛伦兹变换从一开始就是一个让球波看起来还是球波的变换。实际上，一个运动的三维物体在静止观察者那里的视效果只是发生了转动，即所谓的 Terrell-Penrose 转动。关于这一点，几何代数的证明比较直观易懂。如果考虑平移，闵可夫斯基空间的完备等距群是庞加莱群。维格纳（Eugene Wigner, 1902—1995）对庞加莱群的不可约表示的分类就是依据式 (9.31) 中的质量指标 m 以及自旋指标 s 进行的。

对于一个 k 分量的量子力学波函数，其在固有洛伦兹变换 Λ 下的变换为 $\psi'^{\alpha}(x) = D[\Lambda]^{\alpha}_{\beta}\psi^{\beta}(\Lambda^{-1}x)$，其中 $D[\Lambda]$ 是属于洛伦兹群的 (m, n) 表示之某个直积的 k 维矩阵形式的表象函数。克莱因-戈登方程和狄拉克方程及其解就是洛伦兹不变的。

如前所述，李代数 $su(3,1)$ 的基可以由前述的 3 个转动生成元 J_i 和 3 个推进生成元 K_i 构成。作基的复化，$A = \frac{1}{2}(J + \mathrm{i}K)$，$B = \frac{1}{2}(J - \mathrm{i}K)$，这两者分别满足李代数的对易关系：

$$[A_j, A_k] = \mathrm{i}\varepsilon_{jkl}A_l,\ [B_j, B_k] = \mathrm{i}\varepsilon_{jkl}B_l,\ [A_j, B_k] = 0 \tag{9.32}$$

这里可以看出，李代数 $su(2,C) \oplus su(2,C)$ 对洛伦兹群表示的同构上的意义。李代数 $su(2,C)$ 的最高权重表示（highest weight representation）用标签 $\mu = 0, \frac{1}{2}, 1, \frac{3}{2}, \cdots$ 标记。这里就能看到自旋的影子了。洛伦兹代数的有

限维不可约表示由一对这样的半整数来标记。比如，粒子的动量 4-矢量在表示 $(\frac{1}{2}, \frac{1}{2})$下变换，旋量在 $(\frac{1}{2}, 0)$ 或者 $(0, \frac{1}{2})$ 表示下变换，而能量-动量张量之迹为零的部分按照 (1, 1) 表示变换。在表示 (0, 0) 下变换不变的是洛伦兹标量。表示 (m, n) 与表示 (n, m) 的直和形式更具有物理意义，因为这样可以使用实数域上的算符。比如 $(\frac{1}{2}, 0)\oplus(0, \frac{1}{2})$ 是所谓的二旋量表示，见于狄拉克的电子理论，而电磁场张量是在表示 $(1, 0)\oplus(0, 1)$ 下变换的。关于这些表示的具体矩阵形式，过于繁杂，此处不作介绍。

§9.8 旋量

四元数引入了标量和矢量的概念。在过去的物理中，尤其是在相对论中，我们习惯了用标量、矢量和张量区分不同的物理量，它们都是随坐标变换而齐次变换的量。实际上，这些可统一按照张量来理解，矢量是 1 阶张量，而标量是 0 阶张量。举例来说，薛定谔方程 $\mathrm{i}\hbar\partial_t\psi = H\psi$ 中的波函数 ψ 就是标量（其作为希尔伯特空间里的矢量身份是另一重意义上的，不要混淆），狭义相对论里的动量 P_μ 和磁矢势 A_μ 都是矢量，而电磁场强度 $F_{\mu\nu}$ 是 2 阶张量。与标量、矢量和张量不同的，还有旋量，这个概念在群论以及近代物理中扮演着重要的角色。回避这个概念是某些近代物理表述让人感到困惑的原因之一。

旋量由卡当在 1913 年提出，后经外尔、彭罗斯等人发展成了比较系统的数学体系。费米子要用旋量描述。比如，量子力学中关于电子的泡利方程

$$\left[\frac{1}{2m}\left(\sigma\cdot(p-\frac{e}{c}A)^2+e\varphi\right)\right]\begin{pmatrix}\psi_+\\ \psi_-\end{pmatrix}=\mathrm{i}\hbar\partial_t\begin{pmatrix}\psi_+\\ \psi_-\end{pmatrix} \tag{9.33}$$

其中的波函数 $\psi=\begin{pmatrix}\psi_+\\ \psi_-\end{pmatrix}$ 就是旋量，此即一般所说的旋量类似两分量复

矢量的原因。狄拉克方程里的波函数是四分量的，应该理解为二旋量。但是，只看到旋量类似两分量复矢量的样子不足以理解旋量，旋量之显得另类的地方在于它有特殊的变换性质。旋量是同狭义相对论完全掺和在一起的，不妨从洛伦兹群的角度来回答什么是旋量。

从数学角度来看，一个 2×2 的酉阵，形式为

$$U=\begin{pmatrix} a & b \\ -b^* & a^* \end{pmatrix}$$

其中

$aa^*+bb^*=1$。二（复）分量的量 $\begin{pmatrix} \xi \\ \zeta \end{pmatrix}$ 按照

$$\begin{pmatrix} \xi' \\ \zeta' \end{pmatrix}=\begin{pmatrix} a & b \\ -b^* & a^* \end{pmatrix}\begin{pmatrix} \xi \\ \zeta \end{pmatrix} \tag{9.34}$$

的方式变换，此即是旋量。但是，我们更关切的是物理上的旋量，按照洛伦兹群对应的酉阵作用于其上的那种旋量。物理的 2×2 矩阵是复的、酉的，是个很强的约束。

如前所述，根据狭义相对论，将时空坐标写成厄密矩阵

$$R=\begin{pmatrix} t+z & x-\mathrm{i}y \\ x+\mathrm{i}y & t-z \end{pmatrix}$$

的形式（$c=1$），时空对称性要保持这个矩阵的模，$t^2-x^2-y^2-z^2$，不变，也即是等距变换。酉阵 U 下的相似变换 $R'=URU^*$ 就能保持厄米特矩阵 R 的模不变。对于 $U=\begin{pmatrix} a & b \\ -b^* & a^* \end{pmatrix}$，其总保持 $R=\begin{pmatrix} t+z & x-\mathrm{i}y \\ x+\mathrm{i}y & t-z \end{pmatrix}$ 的 t 分量不变。容易验证，若 $a=\cos\frac{\theta}{2}$，$b=\mathrm{i}\sin\frac{\theta}{2}$，变换结果为 $x'=x$，$y'=y\cos\theta+z\sin\theta$，$z'=-y\sin\theta+z\cos\theta$；若 $a=\cos\frac{\theta}{2}$，$b=\sin\frac{\theta}{2}$，变换结果为 $x'=x\cos\theta-z\sin\theta$，$y'=y$，$z'=x\sin\theta+z\cos\theta$；而若 $a=e^{\frac{\mathrm{i}\theta}{2}}$，$b=0$，则变换结果为 $x'=x\cos\theta+y\sin\theta$，$y'=-x\sin\theta+y\cos\theta$，$z'=z$。也就是说，这样的酉阵的一般形式为 $U=\mathrm{e}^{\frac{1}{2}\mathrm{i}\sigma\cdot\theta}$，其中矢量 σ 是泡利矩阵。

我们知道，把时空变换完全按照 4-矢量 $(t, x, y, z)^T$ 的形式处理，

转动就可以用 4×4 正交矩阵（属于 $SO(4)$ 群）处理。已知，空间坐标转动的三个生成元分别为 J_x，J_y，J_z（见式 9.30），它们是反对称的且也形成洛伦兹代数 $[J_x, J_y]=\mathrm{i}J_z$。

时间同三个空间坐标之间的推进变换对应的 3 个生成元为 K_x，K_y，K_z（见式 9.30），它们是对称的且不形成洛伦兹代数。容易验证，$[K_x, K_y]=K_xK_y-K_yK_x=-\mathrm{i}J_z$。这个关系，可以写成

$$[\pm\mathrm{i}K_x, \pm\mathrm{i}K_y]=\mathrm{i}J_z \tag{9.35}$$

这就是文献所说的与旋量有关的李代数开根号（the roots of Lie Algebra），这是 $\sqrt{-1}=\pm\mathrm{i}$ 的旧事重现，也强调两种情形都应该保留。已知有对应关系 $J_m \to \frac{1}{2}\sigma_m$，我们不妨接受对应关系 $\pm\mathrm{i}K_m \to \pm\frac{1}{2}\sigma_m$，$m=1, 2, 3$，这样我们就有了两个不同的反映时空洛伦兹对称性的 2×2 酉阵

$$U=\mathrm{e}^{\frac{1}{2}\mathrm{i}\sigma\cdot\theta-\frac{1}{2}\sigma\cdot\varphi},\ U=\mathrm{e}^{\frac{1}{2}\mathrm{i}\sigma\cdot\theta+\frac{1}{2}\sigma\cdot\varphi} \tag{9.36}$$

作为它们的作用对象的二（复）分量的量 $\begin{pmatrix}\xi\\ \zeta\end{pmatrix}$，就称为旋量。对应 $U=\mathrm{e}^{\frac{1}{2}\mathrm{i}\sigma\cdot\theta+\frac{1}{2}\sigma\cdot\varphi}$ 的旋量定义为左手性的，称为外尔旋量；对应 $U=\mathrm{e}^{\frac{1}{2}\mathrm{i}\sigma\cdot\theta-\frac{1}{2}\sigma\cdot\varphi}$ 的旋量定义为右手性的。描述相对论量子力学的理论要求存在两种旋量，大自然中也必须存在电子和反电子。可以这样理解，洛伦兹群告诉我们，如果旋量形式上是四分量矢量的一半，那就应该有两种旋量。狄拉克的四分量矢量波函数是二旋量，因此狄拉克方程是宇称守恒的；泡利的波函数是单个旋量，泡利方程不是宇称不变的。

关于存在，可从描述存在的时空的性质得到物质的性质。比如电子自旋与时空结构是相联系的，好神奇啊。

§ 9.9 物理学中的群论举例

数学是物理学的语言与工具，群论完美地体现了这一点。群论被誉为挖掘工具，是有道理的。群论起源于数学研究，但它在物理学中展

现了其作为认识世界之工具的威力。可以说，没有群论，就没有当代物理学。实际上，对称性如今甚至成了构造新物理学的出发点。群论帮助塑造物理学的功用是多方位的。若能从对称性的角度从头系统地回顾物理学的建立，莎特莱侯爵夫人（Émilie du Châtelet, 1706—1749）所谓的institutions de physique，并仔细检视其内在结构和生长点，必有益于物理学未来的发展。笔者多年来一直希望能看到这方面的进展。

本节将从晶体学、量子力学和相对论的角度，简要介绍群论在物理学中的应用。

§ 9.9a 空间群

群可用于表征几何体的对称性，这一点在晶体学上表现得尤为突出。三维空间中的晶体是由原子或者分子严格按照三个方向上的重复平移得到的，即若在点 r_0 上有一个构成单元，则在位置 $R=r_0+n_1a_1+n_2a_2+n_3a_3$ 上，其中 n_1, n_2, n_3 为整数，a_1, a_2, a_3 为一组基矢量，也必有构成单元。三维空间晶体的对称群称为空间群（space group），因为平移对称性的限制，共只有 230 种。关于晶体的对称性问题，笔者愿意这样理解。先忘掉原子或者分子，晶体可理解为由平行六面体作为单胞在空间密堆积而成的。考察平行六面体的三边长以及夹角的不同可能性，可分为三斜、单斜、正交、四方、三方、六方和立方共七种情形，此为七种晶系之说。进一步地，考察在相应的平行六面体上允许放置原子（motif）的可能性，进一步地有三斜之 P、单斜之 (P, C)、正交之 (P, I, F, C)、四方之 (P, C)、三方之 P、六方之 P 和立方之 (P, I, F) 共 14 种可能，P 代表最朴素的情形——一个单胞一个原子，C 表示底心，I 表示体心，F 表示面心，这样的平行六面体骨架经过平移充满整个空间得到的晶格，称为布拉菲（Auguste Bravais, 1811—1863）格子（1850 年提出）。现在，我们可以把目光集中到一个有限大小的凸多面体的对称群（点群，point group）上了，因为要和平移对称性相恰（凸多面体要通过平移充满空间)，因此晶体的点群只允许有 1-、2-、3-、4-、6-次转轴，外加上镜面和空间反演这两个对称元素，故只有 32 种。32 种点群罗列如下：三斜 2 种 ($1, \bar{1}$)、单斜 3 种 ($2, m, 2/m$)、正交 3 种($222, mm2, mmm$)、四方 7 种($4, \bar{4}, 4/m, 422, 4mm, 42m, 4/mmm$)、三方 5 种($3, \bar{3}, 32, 3m, \bar{3}m$)、六方 7 种 ($6, \bar{6}, 6/m, 622, 6mm, \bar{6}m\bar{2}, 6/mmm$) 和立方 5 种 ($23, m3, 432, \bar{4}3m, m3m$)。这 32 种点群有大小之分，它们的群-子群关系见图 9.2。

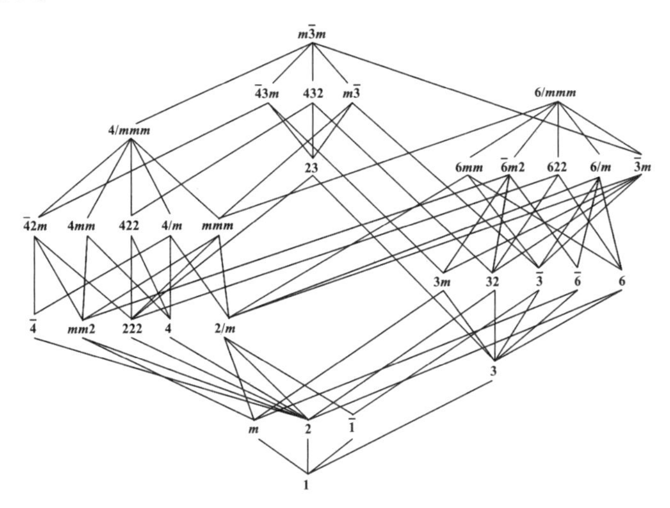

图9.2　晶体 32 种点群的群-子群关系

晶体的点群中没有五次转轴。但是具有五次对称性的三维物体是非常自然的，小到分子，比如 C60，大到人类建筑。典型的具有五次对称性的几何体是正二十面体，其对称群 I 值得特别关注。正二十面体群 I 曾被拉格朗日和克莱因拿来研究五次方程的解。考察一个正二十面体，其特征是 12 个五重对称的顶点 V，30 条边 E（过边的中点有二次转轴）和 20 个正三角形的面 F（过面的中心有三次转轴），显然满足欧拉公式

$$V - E + F = 2 \tag{9.37}$$

该结构的对称群为 {235}，简记为 I 群，有 60 个元素，其中 15 个二次轴贡献 15 个群元素，10 个三次轴贡献了 20 个群元素，6 个五次轴贡

献了 24 个群元素，外加单位元，正好是 60 个。具有 60 个元素的 I 群，与置换群 S_5 之最大正规子群，即交替群 A_5（五次方程代数不可解证明中的主角），同构。如果考虑正二十面体构型还可以保有与二次轴垂直的镜面，则该结构的对称群为 $\{\frac{2}{m}\overline{3}\overline{5}\}$，简记为 I_h 群。I_h 群有 120 个元素，这是三维空间中一个多面体所能拥有的最高对称性——它最接近球，故而许多高度对称的三维有限尺寸的物体都会采取这样的对称性。I_h 群与具有 120 个元素的置换群 S_5 并不同构。具有 I_h 群对称性的一个著名例子是 C60 分子，60 个碳原子组成了一个凸多边形，其特征是 60 个顶点，90 个边和 32 个面（12 五个边形和 20 个六边形），显然满足欧拉公式 $V-E+F=2$。因为是用小的平面去缝制一个接近球面的多面体，故老式足球也是 C60 分子样的结构（是科学，不是巧合）；反过来看，这也是 C60 分子被称为巴基球的原因。

具有五次转动的微颗粒，当它继续长大想成为晶体时就会遭遇对称性不匹配的挫折。这个挫折的一个直观表现就是会限制可获得的正二十面体孪晶颗粒的大小，笔者实验室曾获得的最大正二十面体 Ag 孪晶颗粒边长约为 8mm(图 9.3)。晶体为了获得平移对称性会采取不同的策略以克服五次对称性带来的内在困难，这个过程中发生的晶体颗粒的微结构变迁是笔者一直感兴趣的研究课题。

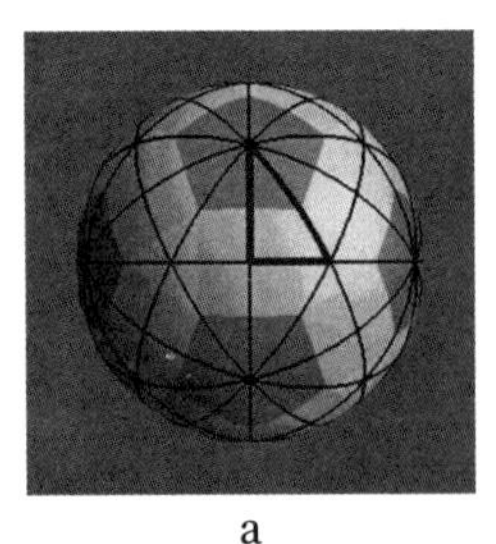
a

b

c

图9.3　正二十面体 Ag 孪晶颗粒对比图

(a) 展示了正二十面体对称元素的一个绣球

(b) 由32个小面拼成的足球

(c) 正二十面体Ag颗粒

§ 9.9b 群与量子力学

自 1770 年到 1930 年，在群论经历了 160 年的蓬勃发展以后，欧洲一般意义上的一流物理学家对群论仍然一无所知。更有甚者，标志新量子力学诞生的薛定谔方程出现于 1926 年，而外尔和维格纳各自用群论发展量子力学所衍生的专著在 1928 年和 1931 年就及时出现了，此一举动竟然被污蔑为群瘟（Gruppenpest）。（当时德国某些）一流物理学家之愚蠢与蛮横真让人瞠目结舌。也不知道这种愚蠢和蛮横后来绝迹了否？

维格纳认为劳厄（Max von Laue, 1879—1960）或许是第一个认识到了群论天然地作为发展量子力学之工具的意义的人。用群论能获得关于问题的第一层定位（obtain a first orientation）。量子力学起源于对光谱的研究。维格纳认为认识到所有的光谱学规则都源自对称性是最重要的结果。

按照薛定谔 1926 年论文的题目，量子化就是个本征值问题。求解一个 (表示算符的) 矩阵 α 的本征值的方程为久期方程（secular equation）

$$|\alpha-\lambda I|=0 \tag{9.38}$$

量子力学中对称性的表现是算符的相似变换，形如 $\beta=\sigma^{-1}\alpha\sigma$（在群论里称为共轭）。可以证明，$|\alpha-\lambda I|=0$ 保证了 $|\sigma^{-1}|\cdot|\alpha-\lambda I|\cdot|\sigma|=0$ 成立，因此有

$$|\beta-\lambda I|=|\sigma^{-1}\alpha\sigma-\lambda I|=0 \tag{9.39}$$

也就是说，一个算符的本征值（谱）关于相似变换是不变量。

与本征值关联的是本征函数。考察两个算符 H 和 T，$T\varphi=\lambda\varphi$，即 φ 是算符 T 对应本征值 λ 的本征函数。若算符 H 和 T 对易，即 $HT=TH$，则有 $TH\varphi=HT\varphi=\lambda H\varphi$，也就是说，$H\varphi$ 也是算符 T 对应本征值 λ 的本征函数。$H\varphi$ 与 φ 相差一个常数因子，$H\varphi=\varepsilon\varphi$，这是说 φ 也是算符 H 的本征函数。对易的两个算符有一组共同的本征函数。

将这个定理应用于晶体的量子力学问题。考察哈密顿量算符 $H=\dfrac{p^2}{2m}+V(x)$ 和晶体的周期平移算符 T，由于哈密顿量中的动能和势能项经周期平移都不变，故有 $HT=TH$。为简单起

见，用一维情形具体地说明。设晶体的周期为 a，平移 n 个周期的平移算符记为 T_n，显然有 $T_nT_m\psi(x)=\psi(x+na+ma)=T_{n+m}\psi(x)$，平移 T_n 有表示或者说其本征值（相当于表象函数）为 e^{ikna}，$T_n\psi(x)=e^{ikna}\psi(x)$。显然，令 $\psi(x)=e^{ikx}u(x)$，要求 $u(x+na)=u(x)$，这种形式的波函数就是平移算符的本征函数。可以将 $\psi(x)=e^{ikx}u(x)$ 推广到三维情形，$\psi(r)=e^{ik\cdot r}u(r)$，$u(r+n_1a_1+n_2a_2+n_3a_3)=u(r)$，这种形式的波函数称为布洛赫（Felix Bloch, 1905—1983）波。固体物理里有布洛赫定理（Bloch, 1928），谓晶体中电子的能量本征态必为布洛赫波。选定 $\psi(r)=e^{ik\cdot r}u(r)$，代入能量本征值方程 $H\psi(r)=\varepsilon\psi$，得本征值方程

$$\left(\frac{(p+\hbar k)^2}{2m}+V(r)\right)u(r)=\varepsilon u(r) \tag{9.40}$$

形式上看，这相当于电子在晶体中其动量算符经历了变换 $p\to p+\hbar k$，这和电动力学中电子在电磁场中的动量算符要作替换 $p\to p-\frac{e}{c}A$ 是一个意思。这和规范场论里对微分算符的扩展也是一脉相承的。布洛赫定理是固体物理中电子能带理论的基础。

群论在量子力学中的应用是全面的，时空、内禀自由度以及动力学算符的对称性，多粒子体系的交换对称性，波函数作为希尔伯特空间模为 1 的复矢量可为群提供表示，这些事实都为群论在量子力学中的应用提供了切入点。有句话说得好，分子谱就是舒尔引理的应用。充分论述群论在量子力学中的应用远超本书的范围，相关的专著汗牛充栋。有兴趣、有能力的读者请专门修习。

§9.9c 群与相对论

时空是物理展现的舞台，时空构成了许多物理的背景支撑。相对论关注物理方程关于时空的对称性，因此群论是相对论表述的主要数学工具。实际上，在狭义相对论发轫之初，是庞加莱坚持关于麦克斯韦波动方程的变换要构成群才确立了洛伦兹变换的最终形式。在关于运动物体

的电动力学研究中，或者让麦克斯韦波动方程形式不变的坐标变换中，得到的时空变换形式如下：

$$\begin{aligned} t' &= \varphi(v)\beta(t - vx/c^2) \\ x' &= \varphi(v)\beta(x - vt) \\ y' &= \varphi(v)y \\ z' &= \varphi(v)z \end{aligned}\quad, \ \beta = 1/\sqrt{1 - v^2/c^2} \tag{9.41}$$

庞加莱认识到这个变换要有群的特征，可直截了当地要求 $\varphi(v) = 1$，于是得到我们熟悉的洛伦兹变换：

$$\begin{aligned} t' &= \beta(t - vx/c^2) \\ x' &= \beta(x - vt) \\ y' &= y \\ z' &= z \end{aligned}\quad, \ \beta = 1/\sqrt{1 - v^2/c^2} \tag{9.42}$$

类似的描述是狭义相对论中关于时空变换的物理之极度简化版。

在狭义相对论中，时空是平直的闵可夫斯基空间 $R^{3,1}$，其中的时空距离定义为 $\mathrm{d}s^2 = -(c\mathrm{d}t)^2 + \mathrm{d}x^2 + \mathrm{d}y^2 + \mathrm{d}z^2$，度规简写为 $\eta = (1,\ 1,\ 1,\ -1)$（也有选择 $\eta = (1,\ -1,\ -1,\ -1)$ 的）。闵可夫斯基时空有全局洛伦兹对称性。1907 年，闵可夫斯基发现爱因斯坦的狭义相对论可以理解为四维时空的几何理论。时空几何由距离平方 $\mathrm{d}s^2 = \mathrm{d}x^2 + \mathrm{d}y^3 + \mathrm{d}z^2 - c^2\mathrm{d}t^2$，或者矢量模平方 $x^2 + y^2 + z^2 - c^2t^2$ 所决定，属于双曲空间里的几何。双曲空间里的等距变换与洛伦兹变换相联系。相关的工作包括此前基灵（Wilhelm Killing, 1880, 1885），庞加莱（Henri Poincaré, 1881），考克斯（Homersham Cox, 1881），麦克法兰（Alexander MacFarlane, 1894）等人的贡献。

三维欧几里得空间的等距变换构成欧几里得群，由转动、平移和镜面反射等操作构成。加入了时间维度的四维双曲时空，即闵可夫斯基时空，保度规的转动矩阵 Λ，$\Lambda\eta\Lambda^{-1} = \eta$，构成洛伦兹群 $O(3,1)$。包括了平移的完备等距群是庞加莱群。在 D 维空间，一个度规可以有 $D(D+1)/2$ 个独立基灵矢量，因此闵可夫斯基空间的等距群是 10 维的。庞加莱群是一个 10 维的非阿贝尔李群。狭义相对论只同描述时空转动的洛伦兹群相关联。其实，单单的时空平移也对应相对论的理论，但被有意无意轻视了。笔者以为，就理论完备性、严谨性（时空是仿射几何而非欧几里得几何）和物理现实而言，只涉及平移对称性的朴素相对论也应该认真对待（参见拙著《相对论（少年版）》）。

群概念加上几何观点，是深入理解相对论思想及其导出物理的有效工具。狭义相对论作为几何的理论，是广义相对论的前奏。广义相对论是关于弯曲空间里的物理学，它从一开始就是几何的。时空曲率同引力等价，光是时空的连接，自然要考虑弯曲空间里的麦克斯韦方程组。广义相对论的场方程要满足广义协变性，采用的微分是协变微分，物理量要用张量的形式，这些都决定了群论是理解广义相对论的正确语言。

广义相对论的背景是弯曲时空。一般的时空，可看作半黎曼流形 M 上配个度规张量 g，记为 (M, g)。若微分同胚 $f: M \to M$ 保度规张量 g 不变，那就是这个流形的等距变换了。度规的基灵矢量产生度规的一个无穷小等距变换。基灵矢量满足形成李群之李代数的对易关系。广义相对论关于固定背景空间的等距理论，可以简述为基灵矢量场用李微分构成李代数。但是，关于动态空间对称性的群就更复杂了。关于流形的完备群是流形到自身的所有连续可微映射构成的群，即流形的微分同胚群，其是无穷维的。对于拓扑为 R^4 的流形，庞加莱群有无限多种方式嵌入到相应的微分同胚群中去。广义相对论要求的广义协变性，也是一种规范理论，即引力场的 $SL(2,C)$ 规范理论，那是后话。

§9.10 多余的话

眼里不揉沙子的读者早已从本章的行文中看出了作者的力不从心。我本人大学时从未学过群论，研究生时上过固体空间群的课，也是昏昏课堂中的无从昭昭。及至后来不断零零散散地自学了一点量子力学、相对论和微分几何，自然地会注意到贯穿于其中的群的概念，也感受到了群论知识对一个学物理者的重要性。群表示的数学优雅已经足够迷人，而想到时空对称性竟然能够规定微观粒子的性质还为其提供分类的依据，这也太令人惊诧了。若是想到我们关于时空几何的观念强烈地为我们关于物质本性的理论所影响，则这物质与时空几何之间的互反关系恐怕才是物理学之最根本的内容，也难怪外尔、薛定谔和彭罗斯这种数理巨擘都会撰写时空结构的专著，维格纳会感慨数学在物理学中有不可理喻的有效性。

笔者虽然没学会群论，但在学习群论这件事上可是没少花工夫。仔细想来，除了基础差、脑子笨、无人指点以外，更重要的是我从没能系统深入地学过。深度学习，从难处学习，系统地学习，才是学习的有效策略。首先要深度学习，高强度、长时间、专门地学习某个对象到有所斩获的程度，付出才不算白费；从难处学习，到更困难处浏览一番，回首从前觉得困难的地方，说不定会有豁然开朗的感觉；至于说到系统学习，有系统的知识才容易记忆、容易理解，才知道如何应用。

新量子力学的出现基于理解原子谱线之强度的努力。1925 年矩阵力学出现，幸亏玻恩（Max Born, 1882—1970）知道矩阵的概念；1926 年薛定谔写出波动方程，虽然其本人已是成名的数学物理教授，据说数学方面仍需求助于人。然而，外尔，一个职业数学家，在 1918 年即着手统一引力与电磁学，1927—1928 年冬季学期即在自己用群论发展了量子力学的基础上开讲“群论与量子力学”。可见建立新物理学如同开荒造田，手里得有工具。

群论用于量子力学、相对论和规范场论的发展，至今约一百年过去了。这些近代物理的伟大成就，极大地改变了世界，是人类今日之高度技术化社会的深层学术基础。我们当怀着感恩的心情，学会之、欣赏之甚至还应能应用之、拓展之。若我们的学者们也能学着为工业提供技术，为技术提供科学，为科学提供思想，岂不令人振奋哉？当然啦，这要求大学能够为思想提供会思考的头脑。

数学、物理是少数天才的创造。人家随便一个人的创造，可能是某些地方倾举国之力学都学不会的，这样想来，谦虚恐怕该是我们唯一正确的姿态。

参考文献

[1] H. Gray Funkhouser, A short account of the history of symmetric functions of roots of equations, *The American Mathematical Monthly* **37**(7), 357–365 (1930).

[2] J. F. Cornwell, *Group Theory in Physics: An Introduction*, Academic Press (1997).

[3] J. F. Cornwell, *Group Theory in Physics*, 3 Volumes, Academic Press (1984; 1984; 1989).

[4] Élie Cartan, Les groupes projectifs qui ne laissent invariante aucune multiplicité plane (不保任何平面多重性不变的射影群), *Bulletin de la Société Mathématique de France* **41**, 53–96 (1913).

[5] Walther von Dyck, Gruppentheoretische Studien (群论研究), *Mathematische Annalen* **20**(1), 1–44 (1882).

[6] Stuart Martin, *Schur Algebras and Representation Theory*, Cambridge University Press (1994).

[7] Israel Kleiner, *A History of Abstract Algebra*, Birkhäuser (2007).

[8] Israel Kleiner, The evolution of group theory: a brief survey, *Mathematical Magazine* **59**(4), 195–215 (1986).

[9] Eugene P. Wigner, *Symmetries and Reflections*, Indiana University Press (1967).

[10] P. A. M. Dirac, The quantum theory of the electron, *Proceedings of the Royal Society of London*, Series A, **117**(778), 610–624 (1928).

[11] T. Yamanouchi, Quantum mechanics, in É. Roubine (Ed.), *Mathematics Applied to Physics*, 562–601, Springer (1970).

[12] I. M. Gel'fand, R. A. Minlos, Z. Ya. Shapiro, *Representations of the Rotation and Lorentz Groups and Their Applications*, Pergamon Press (1963). 此书为俄文

原版 *Представления группы вращений и группы Лоренца, их применения*, Физматгиз (1958) 的英译本 (G. Cummins, T. Boddington译)

[13] Sibel Baskal, Young S. Kim, Marilyn E. Noz, *Physics of the Lorentz Group*, Morgan & Claypool (2015).

[14] K. N. Srinirasa Rao, *The Rotation and Lorentz Groups and Their Representations for Physicists*, John Wiley & Sons (1988).

[15] Salvatore Esposito, *The Physics of Ettore Majorana: Phenomenological, Theoretical, and Mathematical*, Cambridge University Press (2015).

[16] Yvette Kosmann-Schwarzbach, *Groups and Symmetries: From Finite Groups to Lie Group*, Springer (2010). 此书为法文原版 *Groupes et symétries. Groupes finis, groupes et algèbres de Lie, représentations*, Les Éditions de l'École Polytechnique (2005) 的英译本 (Stephanie Frank Singer译)

[17] Shlomo Sternberg, *Group Theory and Physics*, Cambridge University Press (1994).

[18] Pierre Ramond, *Group Theory: A Physicist's Survey*, Cambridge University Press (2010).

[19] Pierre Ramond, *Field Theory: A Modern Primer*, 2nd ed., Addison-Wesley (1989).

[20] Pierre Ramond, *Journeys Beyond the Standard Model*, Perseus Books (1999).

[21] Hermann Weyl, *Symmetry*, Princeton University Press (1952).

[22] Hermann Weyl, *The Theory of Groups and Quantum Mechanics*, Methuen & Co (1931). 此书为德文原版 *Gruppentheorie und Quantenmechanik*, Hirzel (1928) 的英译本 (H. P. Robertson译)

[23] Hermann Weyl, *The Classical Groups: Their Invariants and Representations*, 2nd ed., Princeton University Press (1946).

[24] William Burnside, *Theory of Groups of Finite Order*, Cambridge University Press (1911).

[25] Felix Klein, Vergleichende Betrachtungen über neuere geometrische Forschungen (A comparative review of recent researches in geometry), *Mathematische Annalen* **43**(1), 63–100 (1893). 此为克莱因1872入职Erlangen大学的报告

[26] Felix Klein, *Lectures on the Icosahedron and the Solution of the Fifth Degree*, Trübner & Co (1888). 此书为德文原版 *Vorlesungen über das Ikosaeder und*

die Auflösung der Gleichungen vom fünften Grade, B. G. Teubner (1884) 的英译本 (George Gavin Morric译)

[27] Eugene P. Wigner, *Group Theory and its Application to the Quantum Mechanics of Atomic Spectra*, Academic Press (1959). 此书为德文原版 *Gruppentheorie und ihre Anwendung auf die Quantenmechanik der Atomspektren*, Vieweg (1931) 的英译本 (J. J. Griffin译)

[28] Peter J. Olver, *Equivalence, Invariants and Symmetry*, Cambridge University Press (1995).

[29] Michael J. Field, *Dynamics and Symmetry*, Imperial College Press (2007).

[30] 曹则贤，相对论（少年版），科学出版社 (2020).

[31] Christopher Bradley, Arthur Cracknell, *The Mathematical Theory of Symmetry in Solids: Representation Theory for Point Groups and Space Groups*, Rev. ed., Oxford University Press (2010).

[32] Moshe Carmeli, *Group Theory and General Relativity: Representations of the Lorentz Group and Their Applications to the Gravitational Field*, McGraw-Hill (1977).

[33] J.-A. de Séguier, *Théorie des groupes finis* (抽象群理论基础). *Élements de la théorie des groupes abstraits*, Gauthier-Villars (1904).

[34] Otto Schmidt, *Abstract Theory of Groups*, W.H. Freeman (1966). 此书为俄文原版*Абстрактная теория групп*, 2 изд., Гос. технико-теорет. изд-во (1933) 的英译本 (F. Holling, J.B. Roberts译)

[35] Benjamin Steinberg, *Representation Theory of Finite Groups: An Introductory Approach*, Springer (2012).

[36] Issai Schur, Neue Begründung der Theorie der Gruppencharaktere (群特征标理论重建), *Sitzungsberichte der Königlich Preußischen Akademie der Wissenschaften zu Berlin*, 406–432 (1905).

[37] J.-P. Serre, *Linear Representations of Finite Groups*, Springer (1977).

[38] Mark Aronovich Naimark, *Linear Representations of the Lorentz Group*, Pergamon Press (1964). 此书为俄文原版 *Линейные представления группы Лоренца*, Физматгиз (1958) 的英译本 (Ann Swinfen, O. J. Marstrand译)

[39] Werner Rühl, *The Lorentz Group and Harmonic Analysis*, W.A. Benjamin (1970).

[40] Edward Frenkel, *Love and Math: The Heart of Hidden Reality*, Basic Books (2013).

[41] I.M. Yaglom, *Felix Klein and Sophus Lie: Evolution of the Idea of Symmetry in the Nineteenth Century*, Birkhäuser (1990). 此书为俄文原版 *Феликс Клейн и Софус Ли*, Знание (1977) 的英译本 (Sergei Sossinsky译)

[42] Chris Doran, Anthony Lasenby, *Geometric Algebra for Physicists*, Cambridge University Press (2003).

挪威数学家李

Sophus Lie

1842—1899

匈牙利数学物理学家维格纳

Eugene Wigner

1902—1995

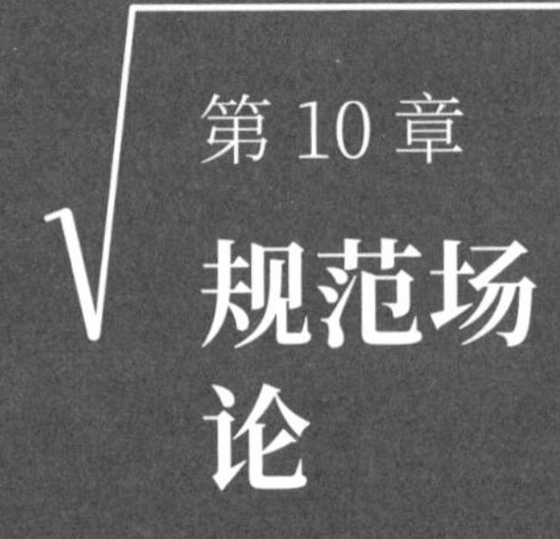

第 10 章 规范场论

昔者仓颉作书，而天雨粟，鬼夜哭！

——《淮南子》

…le but unique de la science, c'est l'honneur de l'esprit humain

——Carl G. J. Jacobi

科学的唯一目的，是人类精神的荣耀。

——雅可比

Mathematics is a part of physics…

——Vladimir Arnold

数学是物理的一部分。

——阿诺德

摘要 经典电磁学被总结在关于电场和磁场强度的麦克斯韦方程组中。采用磁矢势 $A_\mu = (\varphi / c, A)$ 表述电磁学，有一个冗余的自由度。这引入了规范和规范函数的概念。引力理论采用微分几何的语言，弯曲空间的协变微分引入了克里斯多夫符号 $\Gamma^{\alpha}_{\mu\nu}$，其可由时空的度规 $g_{\mu\nu}$ 得到。从微分几何的角度，可以把与克里斯多夫符号相类比的联络当作基本量，不同的联络定义不同的微分几何。引力场方程不能完全确定时空的度规，还留有 6 参数洛伦兹变换的自由度。外尔研究广义相对论和电磁学，从数学形式上注意到了电磁学可能是引力的伴随现象。引入额外的矢量函数作为联络处理矢量在时空中的平移问题，会带来一个长度的尺度因子。爱因斯坦以这可能会造成历史（路径）依赖的原子现象为由反对这个理论。薛定谔于 1922 年从量子化条件、伦敦于 1927 年从量子力学波动方程的角度考虑，建议把尺度因子理解为相因子，为此需要引入 $\sqrt{-1}$。1929 年外尔再次考虑电子与引力问题，把电磁场理解成了量子场的伴随现象，从而有了规范场论。在规范场论中，规范场是时空几何的联络，规范场的场强可表示为与联络相联系的曲率。电荷守恒被证明是规范不变性——确切地说是相位变换不变性——的结果，从而与能量-动量守恒有了同样的数学基础。此后，在 1954 年起短短的两年内，相继出现了关于 E_2 空间同位旋的规范场论，包括杨-米尔斯场论，肖关于 E_3 和 E_4 空间同位旋的规范场论，以及内山龙雄的广义洛伦兹群意义下规范场论的一般化推导。$SU(2)$ 群和 $SU(3)$ 群下的非阿贝尔规范场论被用于理解弱相互作用和强相互作用，继而创立了描述弱电理论和强相互作用的量子色动力学等理论，从对称性出发揭示了亚原子世界里的诸多基本物理现象。最后，标准模型统一了强、弱、电磁三种相互作用，被称为 $SU(3)\times SU(2)\times U(1)$ 理论。1974 年，杨振宁先生给出了规范理论的积分形式表述，把引力场作为规范场加以讨论。规范场论与纤维丛的几何与拓扑有密切联系。规范场论应该还有别的形式。

规范场论是数学物理的巅峰，是数学与物理交替促进的典型，反映的是人类为了理解自然所进行的不懈努力。欲学会规范场论，一要学会变分法，二要学会李群与李代数。诺特定理是理论物理的基石。最小作用量原理、诺特定理和洛伦兹群表示，愚以为这是理解理论物理的三把钥匙。

关键词 电磁学；麦克斯韦方程组；Lorenz 规范；库伦规范；规范变换；规范函数；洛伦兹群；广义相对论；引力；引力势；度规；联络；曲率；微分几何；纤维丛；自旋联络；平行移动；物质场；规范场；规范群；规范场论；同位旋；量子场论；量子色动力学

关键人物 Maxwell, Coulomb, Lorenz, Lorentz, Riemann, Christoffel, Ricci, Levi-Civita, Einstein, Noether, Weyl, Schrödinger, Fock, Fritz London, Oscar Klein, Felix Klein, Proca, 杨振宁, Mills, Shaw, 内山龙雄, Gell-Mann, Higgs

§ 10.1 物理学是怎么拼凑出来的

物理学是由一群天才的头脑拼凑出来的。面对繁杂的观测数据，开普勒总结出行星运动三定律的关键是他将参照点从天然的选择，即我们的脚下，挪到了太阳上。这对应相对论之庞加莱群的纯时空位移部分（周期运动进一步让时间平移不那么重要），笔者将之名为朴素的相对论（primitive relativity）。虽然它是平庸的，但它与仿射几何有关，没有它相对论是不完整的。力学（含经典光学）在积累了足够多的定理的基础上开始了原理性构造，有了费马原理（光程最短）、莫培图斯（Pierre Louis Maupertuis, 1698—1759）原理（路径取极值），最后形成了最小作用量原理，有了欧拉-拉格朗日（Euler-Lagrange）方程。哈密顿-雅可比（Hamilton-Jacobi）方程让经典力学有了学问的样子并为 (相对论性) 量子力学打下了基础。作用量原理成了物理学沉淀下来的一个真正的原理。热力学从一开始就是从原理出发构造的，“一切不以做功为目的的传热都是浪费”，卡诺的这个原理简单直白但有效。有了卡诺循环这个神奇的不规则四边形就能得出一个二元一次方程组，分别对应热力学第一、第二定律①。相对于经典力学，那里的主角是质点和刚体，电磁学的主角是场，麦克斯韦方程组经麦克斯韦波动方程终于塑造了完整的电磁学体系。麦克斯韦波动方程的对称性变换是狭义相对论的核心，广义的相对性原理带来了广义相对论，让物理学有了几何的味道甚至实质。在广义相对论（1915 年底诞生）那里，引力和电磁相互作用已经走到了一起。到此时刻，大自然已知还只有两种相互作用：引力与电磁相互作用。广义相对论开启了对称性支配相互作用（symmetry dictates interaction）的模式。

20 世纪物理学的特征是量子力学和相对论的出现。1900 年开启了的量子力学时代，到 1928 年“新”量子力学的三大方程，薛定谔方程、泡利方程和狄拉克方程，全部横空出世，算是羽翼丰满了。爱因斯坦 1905 年的狭义相对论带来了新的时空观，1915 年底的引力场方程是将相对性原理推广到弯曲时空的结果。1918 年克莱因和诺特（Emmy Noether, 1882—1935）奠立了对称性的数学理论，特别是诺特的不变的变分问题（1918 年 6 月 26 日提交），将物理世界的守恒定律同作用量之数学形式的对称性联系了起来，从此成为理论物理学的圭臬。在这样的背景下，外尔

① 笔者以为，方程 $Q_1/T_1-Q_2/T_2=0$ 才应该是热力学第二定律的正确表述，它和热力学第一定律对应的方程 $Q_1-Q_2=W$ 一起构成联立方程组，才有了关于卡诺循环的严格完备的数学描述。热力学第二定律的 Carathéodory 表述也是数学意义上的表述，而所谓的开尔文表述和克劳修斯表述，还有不常见的普朗克表述等其他表述，只是得到热力学第二定律应遵循的原则或由其得到的推论，而非热力学第二定律本身。由方程 $Q_1/T_1-Q_2/T_2=0$ 的微分形式 $\oint\frac{\mathrm{d}Q}{T}=0$ 才能导出熵的概念。由热力学第二定律才有熵的概念，采用熵概念的热力学第二定律表述是对热力学历史和逻辑的颠倒。

1918 年在“引力与电”一文中试图统一引力理论与电磁学的思想[①]，经薛定谔（Erwin Schrödinger，1887—1961）于 1922 年、伦敦于 1927 年的思考与建议，到了外尔 1929 年的“电子与引力 I”（3 月 7 日英文简报，5 月 8 日德文长文）一文再阐述，已是渐臻成熟，终于形成了规范场论。规范对称性成为构造物理理论的出发点，物理学有了新的基本原理以及新的研究范式。

从开普勒的行星定律，经过经典力学（光学）、电磁学、量子力学到规范场论，伴随着相应数学的诞生，这一路上的拼凑之艰辛与成功，惊天地、泣鬼神。最小作用量原理、卡诺原理、相对性原理，现在我们又迎来了规范原理。规范理论肇始于 1918 年，基于两个独立的思想：“其一是外尔的电磁场几何理论，其二是诺特的关于如何从对称性出发构造物理理论之可观测量的基本定理。”当然，广义相对论的出现提供了原初的动机，让外尔这个大象级职业数学家闯入了物理学的瓷器店。

§10.2 电磁理论与规范

从前的物理学，很自然地，一开始关注物体（粒子、质点、刚体、流体）的运动。电磁现象是宏观可见的、有点儿特别的自然现象。随着对电磁现象认识的深入，电磁场的概念就被提了出来。这个过程的代表人物是法拉第（Michael Farady, 1791—1867）。愚以为，只在当赫兹（Heinrich Hertz, 1857—1894）在 1887 年，即在法拉第提出电磁场的概念五十余年后，使用振荡电路在远处也打出了火花，才算确立了电磁场的概念（这个实验证明有些东西从电路中飞出去了）。场，作为与粒子的对应物，从此成了物理学的研究对象。设想一块田地（field），长满了野草繁花，其间还有欢蹦乱跳的

---

① 将引力同电磁学相结合，几乎是物理学发展到 19 世纪后期的必然。基于高斯、韦伯和黎曼的电动力学，1870—1900 年间有许多科学家试图在引力中加入有限传播速度以解释水星轨道近日点的漂移速率，这个有限速度指向光速。1915 年底成型的广义相对论本身就是引力理论同电磁理论相结合的结果。

兔子，则其上展开的故事都可能被类比到物理学的场论研究，相关的学问有经典场论、量子场论与规范场论，等等。场论（field theory; Feldtheorie; théorie des champs），是偏高难的物理学研究领域。场论学者总让我想起看着庄稼地满脸喜悦或者满脸愁苦的老农。

电磁场理论到麦克斯韦把此前的电磁感应规律在 1861—1862 年总结到一套方程组里（电磁感应规律都是左边一项、右边一项，但麦克斯韦给第四个方程添加了位移电流项），算是初具雏形。麦克斯韦方程组当前的形式是亥维赛德给出的。笔者愿再次强调，1. 矢量分析是四元数以后出现的学问。电磁学里用到的矢量是四元数之矢量部分意义上的矢量，它和狭义相对论里将时空、能量-动量或者电磁势当成 4-矢量（4-vector）的那个矢量，意义上有些不同。电磁学理论的后续发展一再告诉我们四元数表示才是好的选择；2. 电场 E 是矢量，但是磁场 B 不是，B 不具有矢量那样的加法。把电场 E 和磁场 B 都看作矢量，从而要求麦克斯韦方程组关于电和磁形式上的对称是对电磁学的误解，是缺乏数学知识的表现。电、磁，二者一也。

考察真空情形，常见的麦克斯韦方程组如下：

$$\begin{aligned}&\nabla\cdot E=\rho/\varepsilon_0\\&\nabla\cdot B=0\\&\nabla\times E=-\partial B/\partial t\\&\nabla\times B=\mu_0(j+\varepsilon_0\partial E/\partial t)\end{aligned}\tag{10.1}$$

如欲由常见的电磁学麦克斯韦方程组进入协变形式，方程的顺序可能需要调整。把顺序放对了，麦克斯韦方程组的 4-矢量形式是容易看出来的。将方程 (10.1) 改写成

$$\begin{aligned}&\nabla\cdot B=0\\&\nabla\times E+\partial B/\partial t=0\\&\nabla\cdot E=\rho/\varepsilon_0\\&\nabla\times B-\mu_0\varepsilon_0\partial E/\partial t=\mu_0 j\end{aligned}\tag{10.2}$$

就能看出前两个是一组的，而后两个是另一组的，后者与源有关。采用 4-矢量电磁势

$$A_\mu = (\varphi / c, A) \tag{10.3}$$

和反对称洛伦兹张量

$$F_{\mu\nu} = \partial_\mu A_\nu - \partial_\nu A_\mu \tag{10.4}$$

表示场强，则麦克斯韦方程组 (10.2) 的前两项是 $\partial \wedge F = 0$，或者 $\partial_\mu(\varepsilon^{\mu\nu\rho\sigma} F_{\rho\sigma}) = 0$；后两项是 $\partial_\mu F^{\mu\nu} = j^\nu$，其中 j^ν 是电流 4-矢量。用几何代数的语言，可以进一步写成简单的 $\nabla F = J$。麦克斯韦方程组的主角是场的强度量 E 和 B，可为电荷（其实是物理学家）所感知的存在。

这是关于电磁现象的微分表示。可是，麦克斯韦方程组还有积分形式。这一点提醒我们，关于电磁现象的方程，可能隐藏着某种任意性。电磁现象有完全从电磁势角度的描述。在静电场情形，$e\varphi$ 类似引力场的 $m\varphi$，表示静电势能，即电荷之间相互作用引起的势能。矢量势 A 描述电流元之间相互作用引起的势能，约是在 1840 年代由纽曼（Franz Ernst Neumann, 1798—1895）和韦伯（Wilhelm Eduard Weber, 1804—1891）分别引入的。1851 年，汤姆森（William Thomson, 1824—1907），即开尔文勋爵，也引入了矢量势 A（具体的历史细节，电磁学有必要交代）。1856 年，麦克斯韦提出法拉第感生电场就是 $E = -\partial A / \partial t + \nabla\varphi$ 中的第一项，A 就是法拉第曾提出的 eletrotonic density[①]。电磁势 A 的引入在麦克斯韦方程组之前，描述电磁势 4-矢量所需的是四元数的概念，是在 1846 年引入的，这些历史事实有助于对电磁学的正确理解。现在，我们有了矢量分析形式的麦克斯韦方程组 (10.2)，从矢量分析的角度，引入可相加的电磁势 φ 和 A 是可理解的。把电磁势 φ 和 A 写成 4-矢量

$$A_\mu = (\varphi / c, A_x, A_y, A_z) \tag{10.5}$$

的形式，其实如写成 $A_\mu = (i\varphi / c, A_x, A_y, A_z)$ 的形式则又回到了 (双) 四元数，别说相加，相除都是可以的。正确的物理语言，应该是严谨的、自洽的。

---

① 笔者不知其汉语译名，字面意思是一种与电有关的密度。

磁矢势 A 由 $\nabla\cdot B=0$ 引入。磁矢势 A 和电场矢量 E 一样，确实是四元数中的矢量部分，有性质 $\nabla\cdot\nabla\times A\equiv 0$，故可令

$$B=\nabla\times A \tag{10.6a}$$

引入标量势 φ，令

$$E=-\nabla\varphi-\partial A/\partial(ct) \tag{10.6b}$$

则方程 $\nabla\times E+\partial B/\partial t=0$ 总成立。显然，使用电磁势 φ 和 A 的语言描述电磁场要简单许多。用电磁势 φ 和 A 表示的麦克斯韦方程组 (10.2) 的后两个 (有源) 方程为

$$\nabla^2\varphi+\frac{\partial}{\partial t}(\nabla\cdot A)=-\rho/\varepsilon_0 \tag{10.7a}$$

$$\nabla^2 A-\frac{1}{c^2}\frac{\partial^2 A}{\partial t^2}-\nabla(\nabla\cdot A+\frac{1}{c^2}\frac{\partial\varphi}{\partial t})=-\mu_0 j \tag{10.7b}$$

注意这两个方程是二阶微分方程，而且隐隐约约能看到弦振动方程的样子。这样，电磁学和牛顿力学就接近了。

麦克斯韦方程组不能唯一地决定电磁势，电磁势 φ 和 A 具有一定的任意性。作变换

$$\begin{aligned} &A\to A'=A+\nabla\chi \\ &\varphi\to\varphi'=\varphi-\frac{1}{c}\frac{\partial\chi}{\partial t} \end{aligned} \tag{10.8}$$

麦克斯韦方程组 (10.7) 作为动力学方程保持形式不变。标量函数 $\chi(t,x,y,z)$ 被称为规范函数 (gauge function)，变换 (10.8) 称为规范变换 (gauge transformation)。显然，若 χ_1，χ_2 是规范函数，则 $\chi_1+\chi_2$ 也是规范函数。电磁相互作用的规范函数构成一个加法群，属于阿贝尔群。

规范变换允许我们给电磁势加个限制而不影响对电磁场的描述。考察上述方程 (10.7)，$\nabla\cdot A=0$ 可以是一个选择，被称为库伦 (Charles-Augustin de Coulomb, 1736—1806) 规范，它使得第一个方程 (10.7a) 变得简单，即回到了静电场的理论 (这可不是好物理)。另一个显然的选择是

$$\nabla\cdot A+\frac{1}{c^2}\frac{\partial\varphi}{\partial t}=0 \tag{10.9}$$

这个称为洛伦茨（Ludvig Valentin Lorenz, 1829—1891）规范，它将方程 (10.7a), (10.7b) 形式上变得相同

$$\nabla^2\varphi+\frac{1}{c^2}\frac{\partial^2\varphi}{\partial t^2}=-\rho/\varepsilon_0 \tag{10.10a}$$

$$\nabla^2 A-\frac{1}{c^2}\frac{\partial^2 A}{\partial t^2}=-\mu_0 j \tag{10.10b}$$

洛伦茨 (Lorenz) 规范是个洛伦兹 (Lorentz) 变换不变的规范条件，与此相对，库伦规范就不是。愚以为，这个才是电磁学正确的表述方式，它内含四元数 (4-矢量形式)、波动方程以及洛伦兹变换，可以方便地进入相对论，在现实与抽象的物理层面都体现了高度。关于麦克斯韦方程组还有其他一些规范，如相对论庞加莱规范等，但笔者看不出其中的物理或者便利。必须指出，认为电磁学规范的选取是出于方便的考虑是一种浅薄的看法。采用电磁势 $A_\mu=(\varphi/c, A_x, A_y, A_z)$ 而非电磁场强度 E 和 B 描述电磁学，是自作用量原理这一物理共同原则出发构造电磁学理论的自然选择。由使用电磁势而来的规范的选取也会带来不同的物理图像，它绝不是随意的。

请记住，麦克斯韦方程组和波动方程，那是个宝藏，我们在一般电动力学和狭义相对论教科书中所见到的只是其很少、很小的侧面。就理解麦克斯韦方程组的多种面目来说，我们一般的数学物理学家所拥有的数学储备是不够的。时空对称性指向相对论，而场的时空以外的对称性指向规范场论。规范的中心思想是，物理量有任意性，存在规范变换，使得动力学方程不变，故而有选择特定规范条件的自由度。

顺便说一句，按照最小作用量原理出发构造物理理论，麦克斯韦方程组的四矢量形式为 $\Box A^\nu-\partial^\nu(\partial_\mu A^\mu)=j^\nu$，可由拉格朗日量密度 $L=-\frac{1}{4}F_{\mu\nu}F^{\mu\nu}-j_\mu A^\mu$，其中 $F^{\mu\nu}=\partial^\mu A^\nu-\partial^\nu A^\mu$，出发作为欧拉-拉格朗日方程得到。此外，若引入质量项，$L=-\frac{1}{4}F_{\mu\nu}F^{\mu\nu}+\frac{1}{2}m^2A_\mu A^\mu-j_\mu A^\mu$，由此得到的方程为普罗卡方程（Proca equation），$\Box A^\nu-\partial^\nu(\partial_\mu A^\mu)+m^2A^\nu=j^\nu$，描

述有质量、自旋为 1 的粒子。此是后话。

上面谈论的是经典电磁场理论里的规范自由度问题，电荷在那里还是个比较模糊的形象。电子作为一个具体的带电荷的粒子，其身份是 1897 年才确立的。描述电子同电磁场相互作用的量子力学方程有泡利方程（1927），$\mathrm{i}\hbar\partial_t\psi = H\psi$，其中

$$H = \frac{1}{2m}\left[\sigma\cdot(p - \frac{e}{c}A)\right]^2 + e\varphi,\ \psi = \begin{pmatrix}\psi_+ \\ \psi_-\end{pmatrix} \tag{10.11}$$

波函数是两分量的，代表自旋的两种状态，而电磁势则通过电荷进入了哈密顿量的表达。磁矢势经过常系数 e/c 改造后和动量并列，这是个值得关注的动向（试比较第 9 章中电子在周期势场下的动量表述）。含磁矢势的动量是和泡利矩阵 σ 相耦合的，这让这个量子力学方程有相对论的内蕴。

1926 年，福克（Vladimir Fock, 1898—1974）将经典电磁学的规范理论拓展到与电磁场相互作用的带电粒子的量子力学中去，为此引入了如下变换

$$\begin{aligned}&A \to A' = A + \nabla\chi\\&\varphi \to \varphi' = \varphi - \frac{1}{c}\frac{\partial\chi}{\partial t}\\&\psi \to \psi' = \psi\exp(\mathrm{i}e\chi/\hbar c)\end{aligned} \tag{10.12}$$

也即相较于此前的洛伦茨 (Lorenz) 规范变换添加了波函数的变换 $\psi \to \psi' = \psi\exp(\mathrm{i}e\chi/\hbar c)$。这意味着电磁势的规范变换伴随波函数的变换 $\psi \to \psi' = \psi\mathrm{e}^{\mathrm{i}\theta}$，波函数多出个相因子，而 $\mathrm{e}^{\mathrm{i}\theta}$ 是 $U(1)$ 群的表示。福克的这篇论文是基于薛定谔方程、爱因斯坦的狭义与广义相对论和克莱因（Oscar Klein, 1894—1977）的五维场论讨论相关问题的。注意，规范函数 χ 乘上常数 e/c 的量纲是作用量。

§ 10.3 引力场论与微分几何

爱因斯坦的引力场方程

$$R_{\mu\nu} - \frac{1}{2}Rg_{\mu\nu} = 8\pi GT_{\mu\nu} \tag{10.13}$$

不能唯一地决定时空的度规张量 $g_{\mu\nu}$，所以引力也有规范的事儿。能量守恒可以把能量-动量张量 $T_{\mu\nu}$，$\mu, \nu = 0, 1, 2, 3$，的独立分量减少到 6 个。当爱因斯坦认识到这个问题时，他的结论是广义协变性要有所限制。所谓限制，即具有广义协变性的场方程要在一类受限的坐标系下考虑，这是借助度规张量场的四个方程所构成的坐标条件实现的。所谓坐标条件，就是规范条件。

爱因斯坦的广义相对论开启了对规范不变性的理解。广义相对论的数学基础是黎曼几何，规范场论的核心则是非黎曼几何。1917 年，意大利数学家列维-齐维塔（Tullio Levi-Civita, 1873—1941）认识到黎曼导数 $\left(\nabla_\mu\right)^\alpha_\beta = \delta^\alpha_\beta\partial_\mu + \Gamma^\alpha_{\mu\beta}$ 和黎曼张量 $R^\alpha_{\mu\nu\beta} = \left(\nabla_\mu, \nabla_\nu\right)^\alpha_\beta$ 的不变性只由这个称为联络（connection）的克里斯多夫符号

$$\Gamma^\alpha_{\mu\beta} = \frac{1}{2}g^{\alpha\sigma}(\partial_\mu g_{\beta\sigma} + \partial_\beta g_{\mu\sigma} - \partial_\sigma g_{\mu\beta}) \tag{10.14}$$

之坐标变换所决定：

$$\Gamma^\lambda_{\mu\nu} \to \frac{\partial y^\alpha}{\partial x^\mu}\frac{\partial y^\beta}{\partial x^\nu}\frac{\partial x^\lambda}{\partial y^\gamma}\Gamma^\gamma_{\alpha\beta} + \frac{\partial^2 y^\alpha}{\partial x^\mu \partial x^\nu}\frac{\partial x^\lambda}{\partial y^\alpha} \tag{10.15}$$

正是这个变换的样子（第二项）带来了规范场论以及推广黎曼几何的故事。在引力理论中，这个联络是由度规导出的，见式 (10.14)。但是，联络可以当作独立的、本原的量。任意函数，只要其满足坐标变换 (10.15)，就可以当作联络。由一个广义的联络 $\Gamma^\alpha_{\mu\beta}$，定义协变微分 $\left(\nabla_\mu\right)^\alpha_\beta = \delta^\alpha_\beta\partial_\mu + \Gamma^\alpha_{\mu\beta}$，就有针对特定联络的微分几何。如果没有与之匹配的度规 $g_{\mu\nu}$，那就当作非黎曼几何处理好了。

给定了联络，可以定义该几何下的一个矢量沿曲线的平行移动（parallel transfer; Fernparallelismus）。矢量 v 之无穷小平行移动带来的变化为 $\delta \mathrm{v} = (\nabla_\mu \mathrm{v})\mathrm{d}x^\mu$（一阶小量，线性形式），而两个不同的无穷小平行移动变化之

差为 $\Delta v^{\alpha}=R^{\alpha}_{\mu\nu\beta}dx^{\mu}dx^{\nu}v^{\beta}$（二次型，二阶小量），其中 $R^{\alpha}_{\mu\nu\beta}=\left[\nabla_{\mu},\nabla_{\nu}\right]^{\alpha}_{\beta}$。构造物理就要这些。如果没有度规（度规允许比较任意分开的两点上的矢量大小），自然没有测地线，则我们熟悉的测地线方程

$$\frac{d^2x_r}{d\tau^2}+\Gamma^{r}_{st}\frac{dx_s}{d\tau}\frac{dx_t}{d\tau}=0$$

就是描述一个矢量一直沿着自己的方向平行移动的曲线。

现在，我们引入广义的联络作为出发点。三指标的联络 $\Gamma^{\alpha}_{\mu\beta}$ 比二指标的度规张量 $g_{\mu\nu}$ 拥有多一重的自由度，因此具有构造理论的更大的灵活性。它将黎曼几何从度规解放出来，打开了一个微分几何的更广阔天地。

§10.4 外尔的引力与电理论

§10.4a 引力规范

考虑到黎曼认为空间度规会等效表现为力，与物质有相互作用，爱因斯坦认为度规同物质间作用的规律就是引力的规律，度规可理解为引力势。不过，度规 $g_{\mu\nu}$，引力势，是一个不变微分二次型 $ds^2=g_{\mu\nu}dx^{\mu}dx^{\nu}$ 里的系数，而电磁势 4-矢量 A_{μ} 是一个不变的线性微分形式 $d\varphi=A_{\mu}dx^{\mu}$ 里的系数。它们从未被放到一起考虑过，尽管爱因斯坦就是用电磁相互作用的洛伦兹变换来要求广义相对论的。熟悉微分几何的数学家外尔敏锐地注意到了这里有物理——它是否提供一个统一电磁学和引力理论的切入点呢？

黎曼几何可以用平行移动自然地表述。矢量 ξ^i 从一点 $P(x_1, x_2,\cdots, x_n)$ 移到近邻的一点 $P(x_1+dx_1,x_2+dx_2,\cdots,x_n+dx_n)$ 变成 $\xi^i+d\xi^i$，

$$d\xi^i=-\Gamma^{i}_{rs}dx^s\xi^r \tag{10.16}$$

带出了一个新的几何量——联络 $\Gamma^{\alpha}_{\mu\beta}$。设无穷小平行位移造成的矢量内积之比为 $1+d\varphi$，

$$d\varphi = \varphi_i dx^i \tag{10.17}$$

会发现这个联络不仅依赖于二次型（$ds^2 = g_{ik}dx^i dx^k$），而且还依赖于线性形式 $d\varphi = \varphi_i dx^i$。这是个有趣的数学形式上的发现，也就外尔这样的数学家会注意到、能注意到。笔者看到这儿时想到的是一元二次方程 $axx + bx + c = 0$，二次项、线性项再加个常数项。嗯，物理定律，好多就长成这样。

外尔发现，$g_{ik}dx^i dx^k$ 加 $\varphi_i dx^i$ 与 $\lambda g_{ik}dx^i dx^k$ 加 $\varphi_i dx^i + d(\ln\lambda)$ 描述同样的几何（好别致的一种不变性），而与 $\varphi_i dx^i$ 对应的不变量是反对称的 $F_{ik} = \partial\varphi_i / \partial x_k - \partial\varphi_k / \partial x_i$，这个形式在电磁学中出现过。外尔由此想到可以把 φ_i 理解成电磁势矢量。难道电磁场是引力的伴生现象？

提醒大家注意一个事实，德国数学家希尔伯特（David Hilbert, 1862—1943）、克莱因、诺特和外尔，意大利的数学家里奇（Gregorio Ricci-Curbastro, 1853—1925）、列维-齐维塔和贝尔特拉米（Eugenio Beltrami, 1835—1900），都是研究不变量的大家。不变量、不变性、不变变换，这是数学物理的思想核心。换成物理的语言，就是对称性与守恒律，将这两者融为一体的是著名的诺特定理（1918），其中关键的数学概念是群论。更广泛一点儿的概念是等价性。

1918 年，为了建立真正的无穷小几何，也为了统一电磁学和引力，外尔引入了广义联络的问题。外尔注意到在黎曼几何中，平行移动过程中矢量的值是不随路径改变的。外尔在时空联络之外再引入一个 4-矢量场 $\mathrm{v}_\mu(x)$，即将联络改造为

$$\tilde{\Gamma}^\lambda_{\mu\nu} = \Gamma^\lambda_{\mu\nu} + \frac{1}{2}g^{\lambda\sigma}(g_{\mu\sigma}\mathrm{v}_\nu + g_{\sigma\nu}\mathrm{v}_\mu - g_{\mu\nu}\mathrm{v}_\sigma), \tag{10.18}$$

矢量依据这样的联络平行移动，连长度都是变的，经移动后会获得一个尺度因子 $e^{\int_{x_1}^{x_2}\mathrm{v}_\mu(x)dx^\mu}$。在这篇文章中，规范一词第一次被引入微分几何。因为相关的微分几何牵扯到长度的量度问题，当然是规范（gauge，本义是尺规）的事情。

推广广义相对论试图统一引力与电磁学其实不是什么新鲜事。广义相对论让引力理论有了电磁学的味道，关键点在于洛伦兹变换。如果黎曼几何是广义相对论的基础，那么一个更广泛的仿射几何也许能同时容纳引力和电磁学，所需要做的事情就是在引力场（$g_{\mu\nu}$）上再加上一个电磁矢量场 $\mathrm{v}_{\mu}(x)$，当然能加到一起那得有个耦合项，表现为拉格朗日量中两个场的恰当物理量的乘积项。如果这个矢量场是标量函数的梯度，这样得到的新的几何是平庸的。恰恰当电磁势是标量函数的梯度时，电磁场是平庸的。这个形式上的相似引导外尔选取 $\mathrm{v}_{\mu}(x)=\dfrac{e}{\gamma}A_{\mu}(x)$（系数 γ 当前身份不明。注意这里是被当作实数引入的）。由尺度（规范）不变性可得到电荷流的守恒律，如同从庞加莱不变性得到能量-动量的守恒律，这些都是诺特定理的展示。能量-动量守恒和电荷守恒竟然都是某种几何的性质？太神奇了！

外尔注意到，引力理论的表示必须有两重的不变性：1. 相对任意的光滑坐标变换是不变的；2. 相对于变换 $g_{\mu\nu}\to\lambda g_{\mu\nu}$ 是不变的。如前所述，利用平行移动概念可以证明，时空几何的解析表示形式 $g_{\mu\nu}\mathrm{d}x^{\mu}\mathrm{d}x^{\nu}$ 加上 $\varphi_i\mathrm{d}x^i$ 与 $\lambda g_{\mu\nu}\mathrm{d}x^{\mu}\mathrm{d}x^{\nu}$ 加上 $\varphi_i\mathrm{d}x^i+\mathrm{d}(\ln\lambda)$ 等价。变换

$$
\begin{aligned}
&g_{\mu\nu}\mathrm{d}x^{\mu}\mathrm{d}x^{\nu}\to\lambda g_{\mu\nu}\mathrm{d}x^{\mu}\mathrm{d}x^{\nu}\\
&\varphi_i\mathrm{d}x^i\to\varphi_i\mathrm{d}x^i+\mathrm{d}(\ln\lambda)
\end{aligned}
\tag{10.19}
$$

即为引力的规范变换。

§10.4b 对外尔理论的批判与诠释

外尔 1918 年的引力规范理论还能让我们从规范场的视角重新审视电磁理论，这个理论很神奇，很有道理。但是，时空的量度要因为电磁场的存在而改变尺度，即存在关系

$$
\ell=\ell_0\mathrm{e}^{\int_{x_1}^{x_2}\frac{\mathrm{e}}{\gamma}A_{\mu}(x)\mathrm{d}x^{\mu}}
\tag{10.20}
$$

这一点却让人很难接受。爱因斯坦对外尔的论文就直接提出异议：“如

果这个理论是对的，那原子的性质就必须是历史（路径）依赖的，这和我们观察到的原子现象不一致……您的想法很美妙，但是我必须坦白地说，在我看来，那理论不可能对应自然。”这个很酷的理论如果错得一无是处就太可惜了。谁来救救它呢？

一大拨儿物理天才，薛定谔、福克、伦敦等，正在赶往物理学舞台中心的路上。

爱因斯坦对外尔理论的反对基于其会导出原子性质是历史（路径）依赖的结论，算是说到点子上了。1922 年，量子力学逐渐成熟的时节，薛定谔发表了“关于单电子量子轨道的一个值得注意的现象”一文。薛定谔指出，如果外尔的理论是正确的，长度因为电磁场的存在随平行移动有个因子，考虑原子中电子的运动，尺度改变因子 $\mathrm{e}^{-\frac{\mathrm{e}}{\gamma}\int A_\mu \mathrm{d}x^\mu}$（这个同式(10.20) 相比，指数上差个负号）要满足轨道量子化的条件，结果是 γ 应为某个常数乘上普朗克常数 h，$\gamma \propto h$。电子经过一个环路后，长度要乘上因子 $\mathrm{e}^{h/\gamma}$。很难相信这个结果没有物理意义。不过，电子随着运动还携带着“长度”(的量度)，不好理解。薛定谔建议，可以取

$$\gamma = \frac{h}{2\pi\sqrt{-1}} \tag{10.21}$$

这样因子 $\mathrm{e}^{h/\gamma}$ (的模) 就是 1 了，电子经历准周期运动后一切如常。薛定谔在文末说，“我不敢判断这在外尔几何的语境下是否会有意义。”可惜了，这个犹豫让 1925 年 39 岁的薛定谔，在构造薛定谔方程之前，极度怀疑人生。薛定谔 1922 年的这个表达式 $\gamma = \frac{h}{2\pi\sqrt{-1}}$ 足够伟大，伟大到让量子场论的胚胎出现在新量子力学之前。请注意，薛定谔这里引入的虚因子是 $\sqrt{-1}$ 而非 i 或者 –i。

薛定谔建立波动力学的经典论文“作为本征值问题的量子化”于 1926 年分四部分发表。薛定谔的经典论文当然不只是带来那个让他名垂青史的量子力学基本方程。他把相对论电磁学的哈密顿-雅可比方程

$$\left(\partial W / \partial x^{\mu}-eA_{\mu}(x)\right)\left(\partial W / \partial x^{\mu}-eA_{\mu}(x)\right)+m^{2}=0 \tag{10.22}$$

推广为了相对论的电磁克莱因 - 戈登方程[1]：

$$\left[\left(\partial^{\mu}-\frac{\mathrm{i}e}{\hbar}A^{\mu}(x)\right)\left(\partial_{\mu}-\frac{\mathrm{i}e}{\hbar}A_{\mu}(x)\right)+\frac{m^{2}}{\hbar^{2}}\right]\psi(x)=0 \tag{10.23}$$

这里，算符 $\nabla_{\mu}=\partial_{\mu}-\frac{\mathrm{i}e}{\hbar}A_{\mu}$ 有了广义相对论中协变导数的影子。俄罗斯人福克（Vladimir Fock, 1898—1974）在 1927 年就发表了将广义相对论同量子力学结合的论文“论带电粒子之波与运动方程的不变形式”。这篇论文是 1926 年 7 月 24 日从列宁格勒寄出的，该文第一个词就是薛定谔方程，可见他做这篇论文所用时间之短。这篇文章明确引入了规范变换（原文照录）

$$\begin{aligned}
&A\rightarrow A+\nabla f\\
&\varphi\rightarrow\varphi+\frac{1}{c}\partial f / \partial t\\
&p\rightarrow p-\frac{e}{c}f
\end{aligned} \tag{10.24}$$

指出它保微分1-形式 $\mathrm{d}\Omega=\frac{e}{mc^{2}}(A_{x}\mathrm{d}x+A_{y}\mathrm{d}y+A_{z}\mathrm{d}z)-\frac{e}{mc}\varphi\mathrm{d}t+\frac{1}{mc}\mathrm{d}p$ 不变。他还构造了一个拉普拉斯方程:

$$\begin{aligned}
&\nabla^{2}\psi-\frac{1}{c^{2}}\frac{\partial^{2}\psi}{\partial t^{2}}-\frac{2e}{c}\left(A\cdot\nabla\frac{\partial\psi}{\partial p}+\frac{\varphi}{c}\frac{\partial^{2}\psi}{\partial p\partial t}\right)-\frac{e}{c}\frac{\partial\psi}{\partial p}\left(\nabla\cdot A+\frac{1}{c}\frac{\partial\varphi}{\partial t}\right)\\
&+\left[m^{2}c^{2}+\frac{e^{2}}{c^{2}}(A^{2}-\varphi^{2})\right]\frac{\partial^{2}\psi}{\partial p^{2}}=0
\end{aligned} \tag{10.25}$$

其在变换 (10.24) 和洛伦兹变换下不变。对于规范变换 $A\rightarrow A+\nabla f$，$\varphi\rightarrow\varphi+\frac{1}{c}\partial f / \partial t$，其效果就是 $\psi\rightarrow\mathrm{e}^{\frac{2\pi\mathrm{i}e}{ch}f}\psi$。这包含了规范场论的完整思想了。这是量子版的电磁规范理论。福克的这篇文章沿用了克莱因（Oscar Klein）的五维空间推导，其实没有必要。

伦敦（Fritz London, 1900—1954）1927 年 2 月 25 日提交了“外尔理论的

①　这里可以纳入电子同磁场的相互作用，是薛定谔感兴趣的地方。好几个人写出过这个方程。

量子力学诠释”一文，把外尔引入的尺度变换同德布罗意的波动力学联系起来，明确指出尺度因子的形式为 $\mathrm{e}^{\frac{2\pi\mathrm{i}}{h}\int\frac{e}{c}\Phi_i\mathrm{d}x^i}$（原文照录），即 $\gamma=\mathrm{i}\hbar$，这样尽管路径是不可积的，但是在每一点上的规范尺度（gauge-measure）是唯一的。这一下子显得外尔的理论包含了通往波动力学的逻辑之路。不可积因子同电磁理论联系没问题，但是不应该当作时空的尺度因子，而应该是当作波动力学的相因子。伦敦最了不起的地方是，他在文末强调薛定谔 1922 年就指出了这一点，只是当时未能认识到它的重要性而已，绝无抢占优先权的想法。在 1926 年薛定谔的方程作为新量子力学的基础出现之后，对外尔规范因子的这个诠释就变得重要了。量子力学让外尔的思想真正导向了规范场论。后来人们谈论伦敦时，往往津津乐道的是伦敦方程，不知道那个关于超导的唯象方程有什么重要的。

外尔本人此后在 1928 年的《群论与量子力学》（*Gruppentheorie und Quantenmechanik*）一书和 1929 年的两篇论文中干脆将电磁作用带来的尺度因子改称为相因子（phase factor）。相因子同路径有关，这埋下了存在拓扑相位的伏笔。

有了规范场论，外尔 1918 年的论文可以作如下理解：克里斯多夫联络的电磁协变版本可写为

$$\Gamma^{\alpha}_{\mu\beta}=\frac{1}{2}g^{\alpha\sigma}(D_\mu g_{\beta\sigma}+D_\beta g_{\mu\sigma}-D_\sigma g_{\mu\beta}),\ \ D_\mu=\partial_\mu-\mathrm{i}eA_\mu \tag{10.26}$$

可将规范原理用于狄拉克理论。狄拉克自由场方程为

$$\left(\gamma^\mu\partial_\mu+m\right)\psi(x)=0 \tag{10.27}$$

将 $D_\mu=\partial_\mu-\mathrm{i}eA_\mu$（采用了$c=1$，$\hbar=1$的惯例）替换 ∂_μ，得到

$$\left(\gamma^\mu D_\mu+m\right)\psi(x)=0 \tag{10.28}$$

将规范原理应用于自旋为 1/2 的粒子的波动方程，会得到方程：

$$\left(D^\mu D_\mu+\frac{e}{2m}\sigma_{\mu\nu}F^{\mu\nu}+m^2\right)\psi(x)=0 \tag{10.29}$$

其中

$$\sigma_{\mu\nu} = \frac{\mathrm{i}}{4}\left[\gamma_{\mu}, \gamma_{\nu}\right]$$

这明显是两个自由场加上一个相互作用项的样子。后来我们会看到，引入规范理论都是这样做的。

§ 10.5 外尔的电子与引力理论

外尔是个职业数学家，他在1918年那段时间似乎对1913年就有了的电子轨道量子化无感，对他来说，那也没啥好值得关注的。他在1918年将引力理论和电磁学相结合的努力，实际上是传统数学物理的自然延续，特别引起他关注的是引力理论中的能量-动量守恒和电磁学中的电荷守恒之得到方式的可相类比。然而，薛定谔于1922年从轨道量子化的角度审视外尔的几何尺度因子，就有了敲定这个尺度因子的物理依据。注意，外尔的 γ 碰巧是角动量、作用量的量纲。1929年，在薛定谔、伦敦等人指出选择 $\gamma = \mathrm{i}\hbar$ 可将外尔几何同量子力学联系起来、福克给出电磁同波函数结合的规范变换之后，外尔发表了世纪经典长文“电子与引力”，算是奠立了规范理论。这个时候，他对当时的相对论量子力学已经极为熟悉了。

外尔引入了关于时空的四维标架[①]表述，把不可积尺度因子当成了场函数的不可积相因子。外尔将规范不变性上升为对称性原理，明确指出电磁学可以从规范原理导出。其实，是在电磁学的基础上得到的规范原理，由其可导出电磁学一点儿也不奇怪。规范原理后来被用于理解新的基本相互作用，那才显出威力来。外尔可以轻松地把规范场论从针对电磁学的阿贝尔规范情形推广到非阿贝尔规范情形，但那时候没有这方面的需求，那时物理里还没有弱相互作用和强相互作用。

大体上，外尔先介绍了闵可夫斯基空间的两分量旋量，讨论宇称和

① Tetrad formulism，德语用词为 vierbein，就是4条腿。

时间反演不变性，引入了标架理论来处理弯曲时空的场论。外尔不只是要建立弯曲时空中的旋量理论，而且要系统地得出诺特守恒定理，这样电磁学和引力的类比就有了统一的基础。此后，他引入自旋联络以构建弯曲流形上的旋量理论，针对广义坐标变换（general coordinate transformation）和洛伦兹变换得到相应的守恒定律；最后，从规范原理导出电磁理论。更酷的地方是他把旋量理论也纳入了引力。标架的四条腿（vierbein）在不同时空点上独立地转动，遵循洛伦兹变换。洛伦兹变换是关于无质量的光子的。泡利指出这些做法对有质量的狄拉克粒子也是成立的。

外尔是群论大家，将群论引入量子力学就是他和维格纳（Eugene Wigner, 1902—1995）共同完成的。他先是建立起了泡利矩阵（自旋）和洛伦兹变换（时空）之间的关系。外尔认为质子 - 电子问题（后来发现其实分别是电子 - 正电子问题和质子 - 中子问题）同量子力学的对称性，包括宇称 P 和时间反演 T，有关。外尔还引入了外尔旋量，讨论了粒子的手性问题。他的这些超前认识要到 20 世纪 50 年代才显出其重要性来——弱相互作用宇称不守恒是 1956 年被发现的。

广义坐标变换群（微分同胚 D）同洛伦兹群不一样，没有 2-1 覆盖群，但是维格纳指出使用局域标架能解决这个问题。局域标架把引力的广义坐标群变换扩展到了半直积群 $D\wedge L$，L 是洛伦兹群。所谓的标架定义如下：

$$\eta_{ab}e_{\mu}^{a}(x)e_{\nu}^{b}(x)=g_{\mu\nu}(x) \tag{10.30}$$

其中 η_{ab} 和 $g_{\mu\nu}$ 分别是闵可夫斯基平直时空和弯曲时空的度规。用局域标架 $e_{\mu}^{a}(x)$ 变换狄拉克矩阵，

$$\gamma_{\mu}(x)=e_{\mu}^{a}(x)\gamma_{a} \tag{10.31}$$

则有 $[\gamma_{\mu}(x),\gamma_{\nu}(x)]=2g_{\mu\nu}(x)$。标架 $e_{\mu}^{a}(x)$ 有 16 个单元，度规 $g_{\mu\nu}$ 只有 10 个，尚余 6 个自由度，正好可由 6 参数的洛伦兹群表征。若有洛伦兹变换

$$\hat{e}_{\mu}^{a}(x)=h_{b}^{a}(x)e_{\mu}^{b}(x) \tag{10.32}$$

配合式 (10.30) $\eta_{ab}e_{\mu}^{a}(x)e_{\nu}^{b}=g_{\mu\nu}(x)$，正是 $h'\eta h=\eta$，此为平直度规的相似变换。可见，标架可以由度规决定到尚欠一个局域洛伦兹变换的程度。这个洛伦兹变换的连通部分变换这个标架，是局域的，它保度规不变。这可看作是对电磁规范的非阿贝尔推广。

电磁规范自由度和引力的洛伦兹变换自由度可相类比。进一步地，外尔引入标架内部版的联络：

$$A_{\mu c}^{b}(x)=\Gamma_{\mu c}^{b}+e_{\sigma}^{b}\partial_{\mu}e_{c}^{\sigma} \tag{10.33}$$

其中 $e_{\sigma}^{b}\partial_{\mu}e_{c}^{\sigma}$ 项处于特殊线性群 $SL(4,R)$ 的李代数中。在这个理论中，4-矢量 $A_{\mu}(x)$ 相对于微分同胚 D 是协变的，但是随洛伦兹群的变换

$$A_{\mu}(x)\to h^{-1}(x)A_{\mu}(x)h(x)+h^{-1}(x)\partial_{\mu}h(x) \tag{10.34}$$

却不是协变的。这表明引力是规范理论，而且同非阿贝尔理论中联络的规范变换是类似的，虽然当时不知道其意义。(10.34) 式与后来的杨-米尔斯理论中 B_{μ} 场的变换 $B'_{\mu}(x)=S^{-1}(x)B_{\mu}S+\frac{\mathrm{i}}{\varepsilon}S^{-1}\partial_{\mu}S$ 形式上完全一样。

简单说来，构造规范场论大致可以分为三个步骤：1. 把一个场的拉格朗日量密度所对应的对称群推广为局域群；2. 把该局域群的表示指定给某个规范场；3. 改造初始的拉格朗日量，并构造出总拉格朗日量。这个理论的中心是协变微分。外尔使用这套思想成功地处理了引力场，引力与旋量，以及引力与电磁场的规范理论。

(a) 引力与旋量

外尔把两分量旋量理论纳入引力，这样可以在弯曲时空中处理旋量问题，或者说建立起弯曲时空的相对论量子力学。旋量在洛伦兹群下的变换为

$$\delta\varphi^{\alpha}(x)=\frac{1}{2}\omega_{ab}(x)(\sigma_{ab})_{\beta}^{\alpha}\varphi^{\beta}(x) \tag{10.35}$$

其中 σ_{ab} 就是 $SL(2,C)$ 群的生成元。现在来构造旋量的协变微分和在引

力场下的自由旋量作用量。根据平行移动，外尔找到的协变微分形式为 $D_\mu = \partial_\mu + A^a_{\mu b}\sigma^b_a$，其中 σ^a_b 是 $SL(2,C)$ 群的旋量表示。旋量的自由作用量为

$$L_0 = -\mathrm{i}\int \psi^* (\sigma^\mu(x) D_\mu + \frac{1}{2}\sigma_a \frac{\partial e^a_\mu(x)}{\partial x_\mu})\psi \tag{10.36}$$

广义协变微分为 $D_\mu = \partial_\mu + A^a_{\mu b}\tau^b_a$，其中同位旋算符 τ^b_a 是内部 $SL(2,C)$ 群的相应表示，而 $A^a_{\mu b}\tau^b_a$ 就称为自旋联络。

(b) 引力

当只有引力时，黎曼张量为

$$R^a_{\mu\nu b} = \left[D_\mu, D_\nu\right]^a_b = \partial_\mu A^a_{\nu b} - \partial_\nu A^a_{\mu b} + A^a_{\mu c}A^c_{\nu b} - A^a_{\nu c}A^c_{\mu b} \tag{10.37a}$$

形式上可简写为

$$R = \partial \wedge A + [A, A] \tag{10.37b}$$

由此可见黎曼张量同电磁场强度张量之间的类比，这给出了在非阿贝尔规范理论中场强的正确表达式。相应的爱因斯坦作用量为 $\int\sqrt{-g}Rd^4x = \int\sqrt{-g}(A_{a[bc]}A^{c[ab]} + A^a_{[ac]}A^{[ac]}_a)\mathrm{d}^4x$

(c) 弯曲时空里的电磁学

在旋量理论里，有一个内在的阿贝尔自由度。旋量被定义的 (洛伦兹) 群属于 $SL(2,C)$，而旋量空间上的线性变换群是 $GL(2,C)$，相应的中心子群是 $\mathrm{e}^{\mathrm{i}\alpha}I$, 其中 I 是 2×2 单位矩阵。如同把刚性闵可夫斯基标架推广为局域的，也可以把相因子 α 推广成局域函数：

$$\psi(x) \to \mathrm{e}^{\mathrm{i}\alpha(x)}\psi(x) \tag{10.38}$$

把这个相位群的表示指定为费米子场：

$$\psi(x) \to \mathrm{e}^{\mathrm{i}e\alpha(x)}\psi(x) \tag{10.39}$$

其中 e 可能是电荷。电荷可理解为这个规范群表示的特征。空间的微分同胚不变性要求 $\Delta_\mu = \partial_\mu + \Gamma_\mu(x)$，而阿贝尔规范变换 $\psi(x) \to \mathrm{e}^{\mathrm{i}e\alpha(x)}\psi(x)$

进一步要求 $D_\mu = \Delta_\mu + \frac{\mathrm{i}e}{\hbar c}A_\mu(x)$，也就是说（单分量的）$A_\mu(x)$ 是阿贝尔群联络。这样得到的协变微分为 $D_\mu = \partial_\mu + \Gamma_\mu(x) + \frac{\mathrm{i}e}{\hbar c}A_\mu(x)$。将原来的拉格朗日量 $L(\psi(x), \partial\psi(x))$ 改造为 $L(\psi(x), D\psi(x))$，再加上自由场的项 $L_0 = \frac{1}{4}F_{\mu\nu}F^{\mu\nu}$，其中 $F = \partial \wedge A$，即可得到总拉格朗日量。此处讨论的是 $U(1)$ 对称性的规范理论。基本粒子的奇异性（strangeness）这个量子数遵循的也是 $U(1)$ 对称性，这是后话。

对所有的规范理论，相互作用的性质都是由群表示决定的。规范场涉及的角色包括联络和场强，但是引力相互作用还有个度规的问题。规范场论拖到 1950 年代才得以繁荣，一方面要等到它大放异彩的舞台（新的基本相互作用），另一方面是因为数学物理到了这一步，读得懂其中数学的人已经不多了。

§ 10.6 规范场论

随着工作的深入，规范理论日渐变得清晰起来。规范理论的基本思想是，一个体系是关于一个独立于时空的变换群 G 下不变的，当该群被改造成局域变换的时候，要求体系依然是不变的。局域变换，则不同点上做出的区别（比如矩阵不同本征值对应的状态）没有物理意义，这是规范场论的关键。如此，需要将微分算符 ∂_μ 替换为协变微分，$D_\mu = \partial_\mu + A_\mu(x)$，其中 $A_\mu(x)$ 是取值落在该群的李代数中的一个矢量场，场强为 $F_{\mu\nu} = [D_\mu, D_\nu]$。规范场理论的核心是一个李群，即它的规范群。

外尔等人到 1929 年的工作涉及的是引力（广义相对论）、电磁学和量子力学，这是关于规范理论的建立阶段。当规范原理被当作出发点去构造新相互作用的理论时，它的威力才显现出来。

1938 年，克莱因试图建立起引力、电磁和核相互作用（汤川场）的统一理论时，其用到的数学结构是 $SU(2)$ 规范结构，引入了常规的 $SU(2)$

规范势 $A_\mu(x)\cdot\sigma$。所引入的场具有

$$\chi_\mu(x)=\begin{pmatrix}A_\mu(x) & \tilde{B}_\mu(x)\\ B_\mu(x) & A_\mu(x)\end{pmatrix}$$

的形式，其中 $A_\mu(x)$ 是电磁势，$\tilde{B}_\mu(x)$、$B_\mu(x)$ 分别是带正负电荷的介子的场。如果欲引入中性介子的场，可取

$$\chi_\mu(x)=\begin{pmatrix}A_\mu(x)-C_\mu(x) & \tilde{B}_\mu(x)\\ B_\mu(x) & A_\mu(x)+C_\mu(x)\end{pmatrix}$$

这样大数学家克莱因就把矢量介子场的李群从 $SU(2)$ 扩展到了 $SU(2)\times U(1)$。他太超前了。

§10.6a 杨-米尔斯的尝试

为了描述核子之间的强相互作用，海森堡于 1932 年引入了同位旋（isotopic spin, isobaric spin）这一新的粒子标签，实验证实核子相互作用过程中同位旋守恒。同位旋是个与自旋、角动量有着相同李代数的物理量。对于同位旋为 1/2 的情形，同位旋算符仍然是泡利矩阵，但作用在同位旋的希尔伯特空间上。故接下来自旋算符会用 σ 表示，同位旋算符用 τ 表示，以示区别。

电荷守恒是同相位变换不变性相联系的，电荷场的规范变换表现为选取电荷场相位因子的任意性。同位旋守恒也该有对应的基本不变性，即同位旋转动下相互作用的不变性（得写出拉格朗日量）。1954 年是规范场论发展史上的一个标志性节点。参照电磁场相对于电荷的关系，杨振宁[①] 先生（1922— ）和米尔斯（Robert Mills, 1927—1999）于 1954 年为同位旋这个粒子标签引入了相应的 B 场，以消解同位旋转动不变性同局域场概念之间的不一致。定义同位旋转动 S，要求在变换 $\psi\rightarrow\psi'=S^{-1}\psi$ 下相互作用不变。对于同位旋为 1/2 的情形，ψ 是个两分量的波函数（类

① 杨振宁先生名字的英文写法为 Chen Ning Yang，另有英文名为 Frank。特此指出，方便读者查阅文献。

似外尔旋量），对该波函数的协变微分为 $D_\mu=\partial_\mu-\mathrm{i}\varepsilon B_\mu$，变换不变性要求 $S(\partial_\mu-\mathrm{i}\varepsilon B'_\mu)\psi'=(\partial_\mu-\mathrm{i}\varepsilon B_\mu)\psi$，则有

$$B'_\mu=S^{-1}B_\mu S+\frac{\mathrm{i}}{\varepsilon}S^{-1}\frac{\partial S}{\partial x^\mu}。\qquad(10.40)$$

这最后一项和电磁势随洛伦兹变换中的梯度项类似（见式 10.34）。定义场强 $F_{\mu\nu}=\partial_\mu B_\nu-\partial_\nu B_\mu+\mathrm{i}\varepsilon(B_\mu B_\nu-B_\nu B_\mu)$，可见其满足变换 $F_{\mu\nu}\to S^{-1}F_{\mu\nu}S$。

具有同样总同位旋的不同的场，都属于同一个 S 的表示，其和同样的矩阵场 B_μ 作用。作为对照，电磁场和电荷相互作用，但不挑剔带电粒子的其他性质。这个 B_μ 场实质性的部分总可以表示为相应的同位旋“角动量”矩阵 $T^k(k=1,2,3)$ 的展开。对于任意同位旋的情形，矩阵场 B_μ 可表示为

$$B_\mu=2b_\mu\cdot T\qquad(10.41)$$

相应地，$D_\mu=\partial_\mu-2\mathrm{i}\varepsilon b_\mu\cdot T$，而场强为 $F_{\mu\nu}=2f_{\mu\nu}\cdot T$，其中 $f_{\mu\nu}=\partial_\mu b_\nu-\partial_\nu b_\mu-2\varepsilon(b_\mu b_\nu-b_\nu b_\mu)$。我们会看到，杨-米尔斯场是非阿贝尔规范场理论的一个特例。杨-米尔斯场理论后来被加上了自发对称破缺机制来处理质量问题。

杨-米尔斯理论是杨振宁先生一直引以为傲的成就。① 规范场论是杨振宁先生此后一直都在思考着的问题。到了 1974 年，杨振宁先生完成了规范理论的积分形式，证明引力是一种规范场。1975 年，吴大峻、杨振宁两位先生用不可积相位因子建立了电磁学之内禀、全面的描述，指出规范场即是数学中的主纤维丛上的联络。规范场论中的联络和微分几何中的纤维丛概念存在对应。规范场论研究沿时空中的曲线移动一个对称群的方式，并探讨相联系的曲率场。如同纤维丛理论偏离了切丛，规范场论也偏离了时空。时空有庞加莱群描述的全局对称性，场有局域的内禀对称性（还是一次型的问题），那就是局域对称性丛的纤维。

§ 10.6b 广义同位旋变换下的不变性

1955 年肖（Ronald Shaw，1929—2016）对规范场论的表述就更加明白易

---

① 在《杨振宁的科学世界》一书中有杨振宁先生自己关于 Yang-Mills 场的认识。

懂了。拉格朗日量关于时空平移和转动的对称性对应 4-矢量 P_μ 和角动量张量 $M_{\mu\nu}$ 的守恒，这穷尽了时空对称性。但是，还存在相对于与时空无关之欧几里得空间里的转动的拉格朗日量对称性。规范变换可从这个角度加以考察。

设有两个实的费米子场 ψ_1 和 ψ_2，即场 ψ 是 E_2 空间里的矢量，见于拉格朗日量

$$L_0 = \frac{1}{2}\mathrm{i}(\psi_j B\gamma_\alpha \partial^\alpha \psi_j - \partial^\alpha \psi_j B\gamma_\alpha \psi_j) + \mathrm{i}m\psi_j B\psi_j,\quad j = 1,\ 2 \tag{10.42}$$

中，其中矩阵 B 由 $B\gamma_\alpha B = -\gamma_\alpha^T$ 定义。这样，$\psi B\psi$ 是个标量，$\psi B\gamma^\alpha\psi$ 是个矢量。注意，L_0 在无穷小转动

$$\begin{aligned} \psi'_1 &= \psi_1 - c\psi_2 \\ \psi'_2 &= c\psi_1 + \psi_2 \end{aligned} \tag{10.43}$$

下不变，其中 c 是一个与时空无关的常数。相应的流密度和总荷分别为

$$s^\alpha = \mathrm{i}e(\psi_1 B\gamma^\alpha \psi_2 - \psi_2 B\gamma^\alpha \psi_1),\quad Q = \int s^\alpha d\sigma_\alpha$$

如果要求拉格朗日量在广义规范变换下，即若 (10.43) 式中的 c 是时空的函数 $c(x)$，是不变的，则必须引入相应的 (类) 电磁场。在广义规范变换下：

$$L_0 \to L'_0 = L_0 - \mathrm{i}\partial_\alpha c(\psi_1 B\gamma^\alpha \psi_2 - \psi_2 B\gamma^\alpha \psi_1) \tag{10.44}$$

为此引入拉格朗日量 $L_1 = -A_\alpha s^\alpha$，其中 A_α 是和 L_0 定义的流 s^α 耦合的场，要求当 L_0 在前述规范变换下时，场 A_α 按如下方式变换：

$$A'_\alpha = A_\alpha + \frac{1}{e}\partial_\alpha c \tag{10.45}$$

可以看出这是电磁 4-矢量的洛伦茨 (Lorenz) 规范变换，记住此处的规范函数 $c(x)$ 是 L_0 的转动生成元。进一步地再为新引入的场 A_α 定义场强 $f_{\alpha\beta} = \partial_\alpha A_\beta - \partial_\beta A_\alpha$，引入拉格朗日量 $L_2 = \frac{1}{4} f_{\alpha\beta} f^{\alpha\beta}$，则有总拉格朗日量 $L = L_0 + L_1 + L_2$，其在这个广义规范变换下不变。这三项可以解释为两个场的自由拉格朗日量及其相互间的作用项。数学啊，数学，如维格纳所

言，在物理中具有不可理喻的合理性！

上述是关于 E_2 空间（转动由一个实参数 c 定义）规范变换的例子。一般的介子理论，是关于同位旋空间（E_3 空间，转动由三个实参数 c_i 定义）中的转动不变性，而在 Salam-Polinghorne 方案中，强相互作用是关于 E_4 空间中转动下的不变性。理论的复杂度不同，但思想是一致的。

同位旋空间为 E_3 空间的规范理论可简单阐述如下。费米子场的拉格朗日量为 $L_0=\bar{\psi}(\gamma_\alpha\partial^\alpha+m)\psi$。其中 ψ 是时空里的四分量旋量和 E_3 空间里的两分量旋量。在 E_3 空间里的转动 $\varphi_j\rightarrow\varphi_j'=\varphi_j+c_{jk}\varphi_k$ 会带来变换 $\psi\rightarrow\psi'=(1+\frac{1}{2}\mathrm{i}c_j\tau_j)\psi$，其中的矢量 $c_j=\frac{1}{2}\varepsilon_{jkl}c_{kl}$。这个拉格朗日量对应的同位旋流为 $\vec{s}_\alpha=\frac{1}{2}\mathrm{i}q\bar{\psi}\gamma_\alpha\vec{\tau}\psi$，同位旋荷为 $\vec{T}=\int\vec{s}_a\mathrm{d}\sigma^a$。

现在如果矢量 $c_j=\frac{1}{2}\varepsilon_{jkl}c_{kl}$ 是时空的函数，L_0 就不是不变的了。为此要引入规范场 $\vec{B}^\alpha$，其和原来的流 $\vec{s}_\alpha$ 之间的耦合项为 $L_1=-\vec{B}^\alpha\vec{s}_\alpha$。场 $\vec{B}^\alpha$ 的变换为

$$q\vec{B}'^\alpha=q(\vec{B}^\alpha-\vec{c}\times\vec{B}^\alpha)+\partial^\alpha\vec{c} \tag{10.46}$$

这仍是电磁场规范变换的样子，但是有了差别。引入场强：

$$\vec{F}^{\alpha\beta}=\partial^\alpha\vec{B}^\beta-\partial^\beta\vec{B}^\alpha-q(\vec{B}^\alpha\times\vec{B}^\beta-\vec{B}^\beta\times\vec{B}^\alpha) \tag{10.47}$$

和拉格朗日量 $L_2=-\frac{1}{4}\vec{F}^{\alpha\beta}\vec{F}_{\alpha\beta}$，即能得到总的拉格朗日量。散度为零的流为

$$\vec{j}^\alpha=\vec{s}^\alpha-2q\vec{B}_\beta\times\vec{F}^{\alpha\beta} \tag{10.48}$$

这说明规范场也携带同位旋。这是新情况，需要特别对待。

§ 10.6c 内山的一般形式推导

日本物理学家内山龙雄（Ryoyu Utiyama, 1916—1990）试图找到引力与电磁这类相互作用的共同结构。他找到的这个结构就是联络。携带基本作用力的场，所谓规范势，就是数学上的联络。内山龙雄把外尔的规范原理由简单紧致李群的情形推广到广义李群的情形，构造的是广义规范理

论。内山指出，存在于引力和电磁相互作用之间的类比可以推广以纳入所有的相互作用。他是第一个指出引力理论可以是规范场论的。

内山的理论是一般性的规范理论，而杨-米尔斯场是非阿贝尔规范场的一个例子。内山的结果于 1954 年 5 月或 6 月即已在京都大学报告，但文章迟至 1955 年才投出，1956 年发表。无疑地，是杨振宁先生和米尔斯先发现了一个非阿贝尔的规范理论，但把非阿贝尔规范理论简单地称为杨-米尔斯理论则有失公允。

内山提出的问题是，一个拉格朗日量，在刚性李群 G 下是不变的，那么，引入什么样的规范场，这个拉格朗日量才在局域群 $G(x)$ 下是不变的？这个规范场如何在 $G(x)$ 下变换，新的拉格朗日量长什么样？答案是，应是这样的规范场 $A_\mu(x)$，一个时空矢量场，在李群的伴随表示（adjoint representation）里取值，使得导数 $D_\mu=\partial_\mu+A_\mu(x)$ 是协变导数。与此同时，原来的物质场的拉格朗日量 $L_m(Q(x),\partial_\mu Q(x))$ 得改造成 $L_m(Q(x),R(D_\mu)Q(x))$ 的样子，其中 $R(D_\mu)$ 是 D_μ 在群 G 的表示中的表象函数（representative）[①]。规范场的拉格朗日量 $L_0(A_\mu)$ 是场强 $F_{\mu\nu}=[D_\mu,D_\nu]$ 的函数。总拉格朗日量为此两个场的拉格朗日量之和。

内山认为，带电场 $Q(x)$ 的电磁相互作用在拉格朗日量中是通过 $Q_{,\mu}-\mathrm{i}eA_\mu Q$ 和 $Q^*{}_{,\mu}+\mathrm{i}eA_\mu Q^*$ 的方式体现的（参考量子力学的泡利方程），如果作用量在相位变换 $Q\to \mathrm{e}^{\mathrm{i}\alpha}Q$，$Q^*\to \mathrm{e}^{-\mathrm{i}\alpha}Q^*$ 下是不变的，则该系统的规范不变性是保证的。

这个问题可以反过来看。假设 $L(Q, Q_{,\mu})$ 在变换 $Q\to \mathrm{e}^{\mathrm{i}\alpha}Q$，$Q^*\to \mathrm{e}^{-\mathrm{i}\alpha}Q^*$ 下是不变的，现在要求在相因子为 $\alpha(x)$ 时系统仍是变换不变的，则必须引入电磁场 A_μ。$L(Q, Q_{,\mu}, A_\mu)$ 的变换不变性也决定了电磁场 A_μ 的规范变换。相关的知识，诺特在 1918 年的一篇论文中竟然已经

① representative, representative function, 有表象函数的译法。representative function 产生一个有限群上的所有函数，一个紧致群的不同不可约表示的表象函数是正交的。

为我们全准备好了。

推广这一研究程式。对于场的系统 $Q^A(x)$，考虑在依赖于参数 $\varepsilon_1, \varepsilon_2, \cdots, \varepsilon_n$ 的群 G 下的变换不变。将之推广为依赖于 $\varepsilon_1(x), \varepsilon_2(x), \cdots, \varepsilon_n(x)$ 的群 G' 之下的变换不变。那么，如何得到规范场论意义下的新拉格朗日量 $L'(Q, A)$ 呢?

由拉格朗日量 $L(Q^A, Q^A{}_{,\mu})$ 出发，要求作用量 $I=\int_\Omega L\mathrm{d}^4x$ 最小，得到欧拉-拉格朗日方程。此外，其在变换

$$Q^A \to Q^A + \delta Q^A,\ \partial Q^A \to \partial Q^A + T^A_{(a)B}\varepsilon^a Q^B \tag{10.49}$$

下也是变换不变的，其中 T 是常系数，而 ε^a，$a=1, 2, \cdots, n$，是无穷小参数。前述变换 (10.49) 构成李群 G, 常系数 T 是具有李群特征的李代数，$[T_a, T_b]=f^c_{ab}T_c$，结构因子为 f^c_{ab}，满足关系式 $f^c_{ab}=-f^c_{ba}$，进而满足相应的雅可比恒等式。作用量在群变换下不变，而积分是在任意的区域 Ω 内的积分，因此实际上是

$$\delta L=\frac{\partial L}{\partial Q^A}\delta Q^A+\frac{\partial L}{\partial Q^A_{,\mu}}\delta Q^A_{,\mu}\equiv 0 \tag{10.50}$$

而这意味着

$$\left[\frac{\partial L}{\partial Q^A}-\frac{\partial}{\partial x^\mu}\frac{\partial L}{\partial Q^A_{,\mu}}\right]\delta Q^A+\frac{\partial}{\partial x^\mu}\left[\frac{\partial L}{\partial Q^A_{,\mu}}\delta Q^A\right]\equiv 0 \tag{10.51}$$

其中前一项为零是场方程，而后一项定义了矢量流 $J^\mu_{(a)}=\dfrac{\partial L}{\partial Q^A_{,\mu}}T^A_{(a)B}Q^B$，是守恒的，$J^\mu_{(a),\mu}=0$。

好了，根据此前的规范场论构造程式，现在假设 $\delta Q^A=T^A_{(a)B}\varepsilon^a(x)Q^B$，$\varepsilon^a(x)$ 是无穷小函数，这样

$$\delta L=\left(\frac{\partial L}{\partial Q^A}T^A_{(a)B}Q^B+\frac{\partial L}{\partial Q^A_{,\mu}}T^A_{(a)B}Q^B_{,\mu}\right)_{(a)}\varepsilon^a(x)+\frac{\partial L}{\partial Q^A_{,\mu}}T^A_{(a)B}Q^B\frac{\partial\varepsilon^{(a)}}{\partial x^\mu} \tag{10.52}$$

要引入规范场 A^a，数学推导表明总可以要求

$$\delta A^a_\mu=S^{a\ \nu}_{c\mu b}A^b_\nu\varepsilon^c(x)+\frac{\partial\varepsilon^a(x)}{\partial x^\mu} \tag{10.53}$$

其结果是，可将原来的 $L(Q^A, Q^A_{,\mu})$ 直接改写成 $L(Q^A, \nabla_\mu Q^A)$，其中 $\nabla_\mu Q^A = \dfrac{\partial Q^A}{\partial x^\mu} - T^A_{(a)B} Q^B A^a_\mu$，这就是协变微分，后面一项包括规范场以及体系要遵循的李群之生成元。此外，要加上规范场的自由拉格朗日量 L_0，其是场强

$$F^a_{\mu\nu} = \frac{\partial A^a_\nu}{\partial x^\mu} - \frac{\partial A^a_\mu}{\partial x^\nu} - \frac{1}{2} f^a_{bc}\left(A^b_\mu A^c_\nu - A^b_\nu A^c_\mu\right) \tag{10.54}$$

的函数，其中 f^a_{bc} 如上是系统之李群的结构常数，只需要满足条件 $\dfrac{1}{2}\dfrac{\partial L_0}{\partial F^a_{\mu\nu}} f^a_{cb} F^b_{\mu\nu} \equiv 0$ 即可。形式上，总哈密顿量可写为 $L_T = L(Q, \nabla Q) + L_0(F)$。定义流 $J^\mu_a = \partial L_T / \partial A^a_\mu$，即

$$J^\mu_a = -\left(\frac{\partial L}{\partial \nabla_\mu Q^A} T^A_{(a)B} Q^B - \frac{\partial L_0}{\partial F^b_{\mu\nu}} f^b_{ac} A^c_\nu\right) \tag{10.55}$$

则有 $\dfrac{\partial J^\mu_a}{\partial x^\mu} = \dfrac{\partial}{\partial x^\mu}\left(\delta L_T / \delta A^a_\mu\right)$，但是右边括号里的内容就是最小作用量条件，故有 $\dfrac{\partial J^\mu_a}{\partial x^\mu} = 0$，流守恒。这就是规范场论的中心思想。

现在，把上述思想用于相位变换、同位旋空间的转动群和洛伦兹群等不同情形，可得到不同相互作用的规范场论。

(1) 相位变换

设拉格朗日系统考虑电荷(复)场 Q，Q^*，拉格朗日量在变换 $\delta Q = \mathrm{i}\alpha Q$，$\delta Q^* = -\mathrm{i}\alpha Q^*$ 下不变。这个变换是个阿贝尔群，结构常数为零。用函数 $\lambda(x)$ 替代因子 α，引入了矢量场 $A_\mu(x)$，$\delta A_\mu = \partial\lambda / \partial x^\mu$。相应地，协变微分为 $\nabla_\mu Q^A = \dfrac{\partial Q^A}{\partial x^\mu} - \mathrm{i} A_\mu Q^A$，$\nabla_\mu Q^{A*} = \dfrac{\partial Q^{A*}}{\partial x^\mu} + \mathrm{i} A_\mu Q^{A*}$，规范场场强为 $F_{\mu\nu} = \dfrac{\partial A_\nu}{\partial x^\mu} - \dfrac{\partial A_\mu}{\partial x^\nu}$，凑成总拉格朗日量 $L_T = L(Q, \nabla Q) - \dfrac{1}{4} F^{\mu\nu} F_{\mu\nu}$。守恒流为

$$J^\mu = -\mathrm{i}\left(\frac{\partial L}{\partial \nabla_\mu Q} Q - \frac{\partial L}{\partial \nabla_\mu Q^*} Q^*\right)$$

(2) 同位旋空间转动群

以杨-米尔斯场为例。场为两分量的 $\psi^a=\begin{pmatrix}\psi^1\\ \psi^2\end{pmatrix}$，拉格朗日量在三维同位旋空间的转动下不变，$\delta\psi^a=\mathrm{i}\sum_{c=1,2,3}\varepsilon^c\tau^a_{(c)b}\psi^b$，$\delta\bar{\psi}_a=-\mathrm{i}\sum_{c=1,2,3}\varepsilon^c\bar{\psi}_b\tau^b_{(c)a}$，其中 τ 是同位旋矩阵，即泡利矩阵，关系式 $\left[\mathrm{i}\tau_{(a)},\mathrm{i}\tau_{(b)}\right]=f^c_{ab}\tau_{(c)}$ 定义了结构常数。若将 ε^a 用函数 $\varepsilon^a(x)$ 扩展，则必须引入三重的杨-米尔斯场 B^c_μ，其满足的变分为 $\delta B^c_\mu=f^c_{ab}\varepsilon^a(x)B^b_\mu+\frac{\partial\varepsilon^c(x)}{\partial x^\mu}$，对应的场强为 $F^a_{\mu\nu}=\frac{\partial B^a_\nu}{\partial x^\mu}-\frac{\partial B^a_\mu}{\partial x^\nu}-\frac{1}{2}f^a_{bc}\left(B^b_\mu B^c_\nu-B^b_\nu B^c_\mu\right)$。改造微分为协变微分 $\nabla_\mu\psi^a=\frac{\partial\psi^a}{\partial x^\mu}-\mathrm{i}\tau^a_{(c)b}\psi^b B^c_\mu$，从而得到总拉格朗日量 $L_T=L(\psi^a,\nabla_\mu\psi^a)-\frac{1}{4}F^{\mu\nu}F_{\mu\nu}$，相应的守恒流为 $J^\mu_c=-\mathrm{i}\frac{\partial L}{\partial_\mu\psi^a}\tau^a_{(c)b}\psi^b-\frac{\partial L_o}{\partial F^a_{\mu\nu}}f^a_{cb}B^b_\nu$。

(3) 洛伦兹群

洛伦兹群是时空变换群，引力场在洛伦兹变换下不变。不过，引力理论较复杂。引力特殊的地方在于其联络是从度规得来的，那里度规可能是更基本的量。再者，引力的拉格朗日量是场强的线性函数。

首先，考察洛伦兹参照框架（reference frame）定义的一个场，其作用量 $I=\int L(Q^A,Q^A_{,k})\mathrm{d}^4x$ 在洛伦兹变换下不变。此处的讨论，局部 x 坐标用拉丁字母作标识，用于洛伦兹变换；曲线坐标，u 坐标，用希腊字母作标识，便于讨论广义相对论的相关内容。在每一个世界点上都要赋予一个洛伦兹框架。在局域点上，时空变换是洛伦兹的，$x^k\to x^k+\varepsilon^k_l x^l$，则 $h^\mu_k\to h^\mu_k+\delta h^\mu_k$，$\delta h^\mu_k=-\varepsilon^l_k h^\mu_l$，其中 $\varepsilon^{kl}=-\varepsilon^{lk}$。拉格朗日量用曲线坐标给出，$I=\int L(Q^A(u),Q^A_{,k}(u),h^k_\mu(u))\mathrm{d}^4u$。考察变换的结果，在洛伦兹变换下 $\delta h^k_\mu=\varepsilon^k_l h^l_\mu$，$\delta Q^A=\frac{1}{2}T^A_{(kl)B}\varepsilon^{kl}Q^B$，$T_{(kl)}=-T_{(lk)}$，$\left[T_{(kl)},T_{(mn)}\right]=\frac{1}{2}f^{ab}_{kl,mn}T_{(ab)}$；$u^\mu$ 不变；在广义点变换下，$\delta u^\mu=\lambda^\mu(u)$，

$\delta h_{\mu}^{k}=-\dfrac{\partial\lambda^{\nu}}{\partial u^{\mu}}h_{\nu}^{k}$，$\delta Q^{A}(u)=0$，$\delta Q_{,\mu}^{A}=-\dfrac{\partial\lambda^{\nu}}{\partial u^{\mu}}Q_{,\nu}^{A}$。现在，考察广义洛伦兹变换，$\delta Q^{A}=\frac{1}{2}T_{(kl)B}^{A}\varepsilon^{kl}(u)Q^{B}$，$\delta h_{\mu}^{k}=\varepsilon_{l}^{k}(u)h_{\mu}^{l}$，故而要引入一个矢量场 $A_{\mu}^{kl}(u)=-A_{\mu}^{lk}(u)$，其变分为 $\delta A_{\mu}^{kl}=\varepsilon_{m}^{k}A_{\mu}^{ml}+\varepsilon_{m}^{l}A_{\mu}^{km}+\dfrac{\partial\varepsilon^{kl}}{\partial u^{\mu}}$。这样，原来的拉格朗日量要被改造成 $L(Q^{A},Q_{,\mu}^{A},h_{\mu}^{k})=hL(Q^{A},h_{k}^{\mu}\nabla_{\mu}Q^{A})$ 的样子，其中 $\nabla_{\mu}Q^{A}=\dfrac{\partial Q^{A}}{\partial u^{\mu}}-\dfrac{1}{2}A_{\mu}^{kl}T_{(kl)B}^{A}Q^{B}$。最后一步，为规范场构建自由场的拉格朗日量 $L_{0}(h_{\mu}^{k},A_{\mu}^{kl},\partial A_{\mu}^{kl}/\partial u^{\nu})$。依广义洛伦兹变换下不变的要求，其必有形式 $L_{0}(h_{\mu}^{k},F_{\mu\nu}^{kl})$，其中场强为

$$F_{\mu\nu}^{kl}=\frac{\partial A_{\nu}^{kl}}{\partial u^{\mu}}-\frac{\partial A_{\mu}^{kl}}{\partial u^{\nu}}+A_{\mu}^{km}A_{\nu m}^{l}-A_{\nu}^{km}A_{\mu m}^{l}$$

可改写为 $F_{\mu\nu}^{kl}=\nabla_{\mu}A_{\nu}^{kl}-\nabla_{\nu}A_{\mu}^{kl}-A_{\mu}^{km}A_{\nu m}^{l}+A_{\nu}^{km}A_{\mu m}^{l}$。关系 $F_{\mu\nu}^{kl}=h^{l\lambda}h_{\sigma}^{k}R_{\lambda\mu\nu}^{\sigma}$ 将引力规范场强同黎曼张量联系上了。最后，得到流（张量）$J^{\rho\sigma}=\partial L_{0}/\partial g_{\rho\sigma}$。

顺便说一句，按照内山的这套推导，若场 Q^{A} 是狄拉克的四旋量，则得到的协变微分形式为 $\nabla_{\mu}\psi=\dfrac{\partial\psi}{\partial x^{\mu}}-\dfrac{\mathrm{i}}{4}A_{\mu}^{kl}\left[\gamma_{k},\lambda_{l}\right]\psi$，这其中用到了狄拉克矩阵。

针对上述三种情形，规范场场强可以统一地写成 $F=\partial\wedge A+A\wedge A$ 或者 $F_{\mu\nu}=[D_{\mu},D_{\nu}]$ 的形式，这可看成是规范理论的标志性公式。

§ 10.7 标准模型的数学表示

首先声明，笔者对粒子物理一窍不通。如下内容只是一点粗浅的介绍，主要是想提请读者注意到规范场论的应用以及关于基本粒子标准模型的记号 $SU(3)\times SU(2)\times U(1)$（群直积，意思是每个群各出一个元素组成的集合所构成的群）。$U(1)$ 对称性的相因子变化对应纤维丛理论语境中的圆丛（circle bundle）转过的角度，比较直观。有兴趣的读者请另行找途径深入学习。

顺带说一句，李群与李代数可能是学习相关内容的必备功底。

§10.7a 标准模型简介

关于基本粒子的标准模型，首先它是量子场论，关切的量子场包括费米子场 ψ（与物质有关），电-弱玻色子场 W_1, W_2, W_3（三分量场，也有记为$W^{\pm}$, Z的）和 B，胶子场 G_a 和希格斯（Peter Higgs, 1929— ）场 φ。将这些场及其导数所拼凑而成的拉格朗日量置于最小作用量原理之下可得到相应的动力学方程。粒子的标准模型还是规范场论，即存在一些自由度不造成物理状态的变化。标准模型的规范群为 $SU(3)\times SU(2)\times U(1)$，其中 $U(1)$ 作用于 φ 和 B 上，$SU(2)$ 作用于W上，$SU(3)$ 作用于 G_a 上。费米子场 ψ 也随这些对称性作变换。$SU(3)\times SU(2)\times U(1)$ 只是一个简化的符号，它所包含的庞大内容是对一个理论物理研究生的巨大挑战（衅，逗）。标准模型不包括引力，如何实现所有四种相互作用的统一某种意义上是物理学的终极问题。

量子场论与量子力学的关系类似经典场论同经典力学的关系。量子场 ψ 不是波函数。在不同时空点上场的强度没有变化，变化的是相因子。如同时空 4-矢量一样随洛伦兹变换而变化的是矢量场，如电弱玻色子场 W_1, W_2, W_3 和 B 以及胶子场 G_a，不随洛伦兹变换变化的是标量场，如 Higgs 场 φ。特别地，费米子场 ψ 是旋量，随洛伦兹变换以共轭的形式变化。

在低能情形，各类场是自由的。各费米子场 ψ 遵循狄拉克方程 $\mathrm{i}\hbar\gamma^{\mu}\partial_{\mu}\psi = mc\psi$，光子遵循波动方程 $\partial_{\mu}\partial^{\mu}A=0$，Higgs 场遵循克莱因 - 戈登方程 $(\eta^{\mu\nu}\partial_{\mu}\partial_{\nu}+m^2)\psi=0$，弱作用场 $W^{\pm}, Z$ 遵循普罗卡（Alexandru Proca, 1897—1955）方程 $\eta^{\rho\sigma}\partial_{\rho}\partial_{\sigma}A^{\nu}-\partial^{\nu}(\partial_{\mu}A^{\mu})+m^2A^{\nu}=j^{\nu}$。这些内容我们要循序渐进学习。

§ 10.7b 电弱作用与 $SU(2)$ 规范场

量子力学是为了理解原子发光特征应运而生的，某种意义上是关于电磁相互作用的量子理论，主角为电子和光。作为规范理论，电磁作用的标签是 $U(1)$ 群。在催生了量子力学的原子物理中，当初的原子形象是带负电的电子绕着带正电的原子核。中子的发现，提出了一个新的问题：质子和中子必定是因一种很强的相互作用而挤在一起构成原子核的，而且不是通过电荷或者质量耦合的。该理论由汤川秀树（Hideki Yukawa, 1907—1981）于 1935 年奠定。对称性要求中介质子-中子在原子核深处相互作用的粒子应为介子三重态 (π^+, π^0, π^-)。

海森堡在 1932 年曾建议用群 $SU(2)$ 的一个表示来描述状态 $N=(n, p)$，其中 n 代表中子，p 代表质子。这样，同位旋的概念被引入以解释粒子的多重性。质子-中子二重态 (n, p) 与 π-介子三重态 (π^+, π^0, π^-) 都张成 $SU(2)$ 的不可约表示空间，用 $|s, j\rangle$ 术语来说，可表示为 $p=\left|\frac{1}{2},\frac{1}{2}\right\rangle$，$n=\left|\frac{1}{2},-\frac{1}{2}\right\rangle$；$\pi^+=|1, 1\rangle$，$\pi^0=|1, 0\rangle$，$\pi^-=|1, -1\rangle$。$SU(2)$ 理论描述相互作用的一组系数为 $g_{\bar{p}p\pi^0}=-g_{\bar{n}n\pi^0}=\frac{1}{\sqrt{2}}g_{\bar{p}n\pi^+}=\frac{1}{\sqrt{2}}g_{\bar{n}p\pi^-}$。它们出现在拉格朗日量中，对应电磁相互作用中的电荷。

§ 10.7c 强相互作用与 $SU(3)$ 规范场

20 世纪 70 年代，关于夸克以及胶子的强相互作用的非阿贝尔规范理论被创立，盖尔曼（Murray Gell-Mann, 1929—2019）称之为量子色动力学（quantum chromodynamics, QCD）。色是夸克的一个指标。量子色动力学是基于 $SU(3)$ 对称性的理论，因为六种味的夸克各以三种色（色荷，与电荷相类比）存在。8 种带色的胶子可类比于光子，胶子中介了夸克间的强相互作用。夸克和胶子一起被禁闭在各种“无色”的强子（hadron）中。

色的 $SU(3)$ 对称性是严格的，是规范对称性。$SU(3)$ 群有一个 8 维表示。8 个盖尔曼矩阵（生成元）构成 $SU(3)$ 群的李代数（见式 9.24）。同 $SU(2)$ 群相比，$SU(3)$ 群的复杂程度显著提升。$SU(2)$ 是 $SU(3)$ 的子群，所以前 3 个盖尔曼矩阵就是用 0 补成 3×3 形式的泡利矩阵：

$$\lambda_i=\begin{pmatrix}\sigma_i & & 0\\ & & 0\\ 0 & 0 & 0\end{pmatrix},\quad i=1,2,3$$

$SU(3)$ 群的 8 个生成元的对易和反对易关系为

$$\left[\lambda_a,\lambda_b\right]=2\mathrm{i}f^{abc}\lambda_c,\quad f^{abc}=-\frac{\mathrm{i}}{4}\mathrm{tr}\left(\lambda_a[\lambda_b,\lambda_c]\right) \tag{10.56a}$$

$$\{\lambda_a,\lambda_b\}=\frac{4}{3}\delta_{ab}I+2d^{abc}\lambda_c,\quad d^{abc}=\frac{1}{4}\mathrm{tr}\left(\lambda_a\{\lambda_b,\lambda_c\}\right) \tag{10.56b}$$

盖尔曼矩阵可以用于描述在强相互作用中胶子场的内 (色) 转动。规范色转动的就是独立于时空的 $SU(3)$ 群元素，$U=\exp(\mathrm{i}\theta^k(x^\mu)\lambda_k/2)$。1961 年，当夸克还只有 u（up）、d（down）和 s（strange）三种味的时候，$SU(3)$ 群还被作为味 $SU(3)$ 对称性用于理解强相互作用。更多的内容请参考 $SU(3)$ 群的表示理论和粒子物理方面的专业著作。

§ 10.8 多余的话

有必要多强调一下扩展的学问，这几乎是本书的主题曲。其实，通过扩展进入新的领域、带来新的可能这事儿，在数学和物理的实践中屡见不鲜。笔者以为，明确地指出这一点是有意义的，试略举几例。1. 导线圈在带电螺线管中的往复运动 (一维的) 虽然感应产生了电，但是产生的电忽多忽少。将导线圈的运动改为在磁场中的转动 (二维的)，就能得到稳定的电流。2. 热机一开始是单室的，加热 - 冷却在一处，极大地限制了热机的效率。改成两室的结构，加热 - 冷却独立进行，热机效率就能提高。3. 用电在远处完成某种机械动作，由于损耗的原因，这个设备的工作距离相当有限。但是，继电器的发明，将发布指令和实现操作分开来了，这也是从一维到二维的扩展。由于发布指令所需的电流很小(如今都小到忽略不计了)，远程操纵变得无往不利。4. 在几何代数中，乘法从数值的乘法扩展到操作同操作对象间的乘积，到共轭型乘积，即求群元素共轭的乘法以及哈密顿发现的矢量同四元数的乘法 $v' = qvq'$。几何积由具有同样地位的矢量 a 和矢量 b 之间的相乘扩展为具有不同性质的、任意多矢量之间的相乘，由此获得了更大的描述自然的威力。学问扩展一事的意义与应用，格拉斯曼有深入的思考(参见拙著《磅礴为一》)。

爱因斯坦构造广义相对论的努力，让里奇和列维-齐维塔他们的绝对微分（张量分析）学问有了用武之地。张量形式让爱因斯坦于 1915 年底得出了他的引力方程。其实，后来贝尔特拉米证明爱因斯坦场方程形式上是不变量理论的必然选择（参见拙著《相对论（少年版)》)。将引力场方程写成最直白的 $A = B$ 的形式，为

$$G_{\mu\nu} = kT_{\mu\nu} \tag{10.57}$$

爱因斯坦坦诚他的这个方程左边是象牙做的，是纯几何的，联系着不变量理论，而方程右边是木制的，是物理的、经验的。爱因斯坦得到这个方程的过程是仓促的，关于张量 $T_{\mu\nu}$ 该有怎样的内容与形式是爱咋咋地的态度。规范场方程

$$D^{\mu}F_{\mu\nu} = J_{\nu} \tag{10.58}$$

也可作如是观，左侧是几何的而右侧是经验的。这两个方程还是在阐述因果律。

广义相对论诞生不久，列维-齐维塔于 1917 年就引入了弯曲空间的矢量平行移动的概念。基于平行移动的概念容易构造弯曲空间的几何。矢量的微小平行移动，$\mathrm{d}\xi^{\sigma} = -\Gamma^{\sigma}_{\mu\nu}\xi^{\mu}\mathrm{d}x^{\nu}$，就是比线性关系往前进了一步，作为系数的克里斯多夫符号 $\Gamma^{\alpha}_{\mu\nu}$ 是空间的函数。反过来，选择了特定的联络 $\Gamma^{\alpha}_{\mu\nu}$，就定义了特定的微分几何。针对形式 $\mathrm{d}\xi^{\sigma} = -\Gamma^{\sigma}_{\mu\nu}\xi^{\mu}\mathrm{d}x^{\nu}$，于是有指数函数形式的路径积分，然后就有了规范相因子。再往后，从电磁学这个有规范的理论出发，打开脑洞一路思考和构造下去，就有了

规范场论。物理就这么简单，没法再简单了，真的没法再简单了。爱因斯坦说，alles sollte so einfach wie möglich sein, aber nicht einfacher, 此其谓也。微分二次型加上微分1-形式引出的规范场论故事，与 $x^2=\pm1\rightarrow x^2+bx+c=0$ 的故事差不多一样精彩。

本书的目的之一，是让你知道关于 $\sqrt{-1}$ 的知识之已知部分水有多深。那个由 $\sqrt{(\frac{p}{3})^3+(\frac{q}{2})^2}$ 引出的 $\sqrt{-1}$ 问题，在量子力学和规范场论的建立过程中再次让我们对它可能包有的内涵惊讶不已。1922 年，薛定谔用 $\sqrt{-1}$（同时使用±i）让外尔的尺度因子变成了相因子，规范场论只好硬着头皮前行最后成就了基本粒子世界的标准模型。1926 年，薛定谔只用 $\sqrt{-1}$ 的可能之一（虚数 i）把扩散方程给弄成了量子力学基本方程。笔者要指出：$\gamma=\dfrac{h}{2\pi\sqrt{-1}}$ 是把外尔 1918 年理论中的实数 γ 改写为纯虚数，再现了历史上纯虚数的引入带来科学广阔新天地的神奇一幕。尤为让笔者佩服得五体投地的是，在欧拉引入 $\sqrt{-1}=\mathrm{i}$ 的记号 145 年后（1777—1922），无数人早已习惯了或者根本看不出其中的不妥之处，薛定谔这位数学物理教授坚持使用的是 $\sqrt{-1}$。我相信他要强调的是，至少在这里，$\sqrt{-1}$ 必须同时取 i 和 –i（不枉了量子力学波函数的叠加性）。笔者写作本书是一次致敬之旅。能向薛定谔表示理解后的崇敬，是个很美妙的体验。

规范场论，为理解粒子物理世界提供了一个美妙的，甚至统一的理论。统一的基础来自最小作用量原理以及时空对称性之外的局域化内部对称性。时空对称性，或者说洛伦兹群的不同表示，很大程度上决定了理论该有的模样。学了半天物理，原来，一切都深植于我们置身其中的这个时空（所能允许联络）的结构。由 (3,1) - 维几何理论带来的关于物质世界的发现证实了时空就该是 (3,1) - 维的，这也太奇妙了。

规范场论是数学物理的巅峰，是数学与物理交替促进的典型，反映的是人类为了理解自然所进行的不懈努力。学会了规范场论，一个人大约可以无愧地宣称自己是个学物理的。当然，这可能很难做到，但认清了其数学实质后，似乎又不是如初看起来那么艰涩。笔者个人深切地体会到，一要学会变分法，二要学会李群与李代数，诺特定理是理论物理的底色。有了这些工具在手，规范场论至少是我们能够欣赏的。

规范场论的内容很难。如果你坚持看完本书，看到科学家们是如何从对加减乘除的思考一步一步为我们构建了这样的简单理论的，或许就不觉得其有难度了。简单性一直是构造物理学理论应遵从的原则。或者反过来，在掌握了规范场论这种复杂理论以后回首来时路看看加减乘除所包含的深刻内容，你就不会觉得加减乘除是容易的学问小菜了。如果你认为规范场论比加减乘除有更多的内容，那你就错到家了。

对于学问，在战略上亲近之，在战术上敬畏之。学吧，朋友！

参考文献

[1] Ludvig V. Lorenz, Über die Identität der Schwingungen des Lichts mit den elektrischen Strömen, *Annalen der Physik* **207**(6), 243–263 (1867). 英文版为 On the identity of the vibrations of light with electrical currents, *Philosophical Magazine*, Series 4, **34**(230), 287–301 (1867).

[2] J. D. Jackson, L. B. Okun, Historical roots of gauge invariance, *Reviews of Modern Physics* **73**(3), 663–680 (2001).

[3] J. D. Jackson, From Lorenz to Coulomb and other explicit gauge transformations, *American Journal of Physics* **70**(9), 917–928 (2002).

[4] Waldyr A. Rodrigues Jr., Edmundo Capelas de Oliveira, *The Many Faces of Maxwell, Dirac and Einstein Equations: A Clifford Bundle Approach*, Springer (2016).

[5] Hermann Weyl, Gravitation und Elektrizität (引力与电), *Sitzungsberichte der Königlich Preußischen Akademie der Wissenschaften zu Berlin*, 465–478 (1918).

[6] Hermann Weyl, Eine neue Erweiterung der Relativitätstheorie (相对论的一种新推广), *Annalen der Physik* **364**(10), 101–133 (1919).

[7] Hermann Weyl, Elektron und Gravitation I (电子与引力I), *Zeitschrift für Physik*

56(5–6), 330–352 (1929).

[8] Hermann Weyl, *Space-Time-Matter*, 4th ed., Methuen & Co (1922). 此书为德文原版 *Raum · Zeit · Materie: Vorlesungen über Allgemeine Relativitätstheorie*, 4. Auflage, Springer (1921) 的英译本 (Henry L. Brose译)，德文版后又多次扩编，直至1993年的第8版 (Jürgen Ehlers编)，目前市面上的英文版，如Dover Publications (1952)，内容皆同1922年第4版

[9] Erwin Schrödinger, Über eine bemerkenswerte Eigenschaft der Quantenbahnen eines einzelnen Elektrons (单电子量子轨道的一个值得关注的性质), *Zeitschrift für Physik* **12**(1), 13–23 (1922).

[10] Vladimir Fock, Über die invariante Form der Wellen- und der Bewegungsgleichungen für einen geladenen Massenpunkt (带电粒子之波与运动方程的不变形式), *Zeitschrift für Physik* **39**(2–3), 226–232 (1926).

[11] Eugene Wigner, Eine Bemerkung zu Einsteins neuer Formulierung des allgemeinen Relativitätsprinzips (关于爱因斯坦广义相对论新表述的一点评论), *Zeitschrift für Physik* **53**(7–8), 592–596 (1929).

[12] Fritz London, Quantenmechanische Deutung der Theorie von Weyl (外尔理论的量子力学诠释), *Zeitschrift für Physik* **42**(5–6), 375–389 (1927).

[13] Chen Ning Yang, Integral formulism for gauge fields, *Physical Review Letters* **33**(7), 445–447 (1974).

[14] Tai Tsun Wu, Chen Ning Yang, Concept of nonintegral phase factors and global formulation of gauge fields, *Physical Review D* **12**(12), 3845–3857 (1975).

[15] Chen Ning Yang, Einstein's impact on theoretical physics, *Physics Today* **33**(6), 42–49 (1980).

[16] Chen Ning Yang, Robert L. Mills, Conservation of isotopic spin and isotopic gauge invariance, *Physical Review* **96**(1), 191–195 (1954).

[17] Chen Ning Yang, Square root of minus one, complex phases and Erwin Schrödinger, in C W. Kilmister (Ed.), *Schrödinger: Centenary Celebration of a Polymath*, 53–64, Cambridge University Press (1987).

[18] Lochlainn O'Raifeartaigh, *The Dawning of Gauge Theory*, Princeton University Press (1997).

[19] Florian Scheck, *Classical Field Theory: On Electrodynamics, Non-Abelian Gauge*

Theories and Gravitation, Springer (2012).

[20] Yuri I. Manin, *Gauge Field Theory and Complex Geometry*, 2nd ed., Springer (2002). 此书为俄文原版 *Калибровочные поля и комплексная геометрия*, Наука (1984) 的英译本 (N. Koblitz, J. R. King 译)

[21] G. Hochschild, G. D. Mostow, Representations and Representative Functions of Lie Groups, *Annals of Mathematics, Second Series*, **66**(3), 495–542 (1957).

[22] Richard Healey, *Gauging What's Real: The Conceptual Foundations of Gauge Theories*, Oxford University Press (2007).

[23] M. D. Maia, *Geometry of the Fundamental Interactions: On Riemann's Legacy to High Energy Physics and Cosmology*, Springer (2011).

[24] Ernest S. Abers, Benjamin W. Lee, Gauge theories, *Physics Reports* **9**(1), 1–141 (1973).

[25] Pierre Ramond, *Field Theory: A Modern Primer*, 2nd ed., Addison-Wesley (1989).

[26] Murray Gell-Mann, Yuval Ne'eman, *The Eightfold Way*, W.A. Benjamin (1964).

[27] Tian Yu Cao, *From Current Algebra to Quantum Chromodynamics*, Cambridge University Press (2010).

[28] John C. Taylor (Ed.), *Gauge Theories in the Twentieth Century*, Imperial College Press (2001).

[29] Anastasios Mallios, *Modern Differential Geometry in Gauge Theories*, Volume I: *Maxwell Fields*, Volume II: *Yang-Mills Fields*, Birkhäuser (2006; 2010).

[30] Michael Francis Atiyah, *Geometry of Yang-Mills Fields*, Scuola Normale Superiore (1979).

[31] Silvia De Bianchi, Claus Kiefer (Eds.), *One Hundred Years of Gauge Theory: Past, Present and Future Perspectives*, Springer (2020).

[32] Gerardus 't Hooft (Ed.), *50 Years of Yang-Mills Theory*, World Scientific (2005).

[33] Kerson Huang, *Fundamental Forces of Nature: The Story of Gauge Fields*, World Scientific (2007).

德国数学家、物理学家外尔

Hermann Weyl

1885—1955

诺特

德国数学家，有“近世代数之父”的美誉

Emmy Noether

1882—1935

理论物理学家杨振宁先生

Chen Ning Yang

1922—

跋

这本《云端脚下：从一元二次方程到规范场论》在开始构思十年之后，终于完稿了。搁笔于案，掩卷长叹。当此时也，翻出李义山的《天涯》绝句，不觉又默念再三：

> 春日在天涯，天涯日又斜。
> 莺啼如有泪，为湿最高花。

花儿湿不湿的不敢企望，夕阳里俺的一双老眼这些年倒是时常潸然有泪——苦涩的、无奈的泪。回想我这一生，名义上进过各色学堂但其实未曾受过任何象样的教育，做研究时总觉得有心无力也就是顺理成章的事儿了。固然，限于天资不足，便是天下名校任选我也不会有什么出息，但我依然认为，假如我曾受过一丁点儿真正的教育，我也不会这般愚昧无知。

在本书快写完时，看到了《罗素自传》(*The Autobiography of Bertrand Russell*) 一书中有这么一段 : "Three passions, simple but overwhelmingly strong, have governed my life: the longing for love, the search for knowledge, and unbearable pity for the suffering mankind. The three passions, like great winds, have blown me hither and thither, in a wayward course over a deep ocean of anguish, reaching to the very verge of despair."(有三种激情，简单却异常强烈，贯穿我的一生，那就是对爱的渴望，对知识的追求，以及对人类苦难的不可承受的悲悯。这三种激情像狂风一样把我吹来吹去，一路飘过痛苦的海洋，直到绝望的边缘。) 原来，悲悯可以成为一种力量。支撑我写完这本书的力量，就是我对自己的悲悯。

假如时光重来，我会尽可能地去读正经书，读正经学问人写的书。

今夏某日笔耕间隙在单位院子里闲逛，得一大欢喜，曰：

一树一串果，

一叶一片禅，

一花一妩媚，

一蝶一翩然。

有一个大爷，假装上班，其实很闲。

会读书的人，一定能从这本书里读出浓得化不开的无聊。

2020 年 9 月于北京